5G 先进技术丛书·测试认证系列

5G 终端射频及协议测试技术与实践

孙向前　周　宇　买　望　等编著

U0387753

清华大学出版社
北京

内 容 简 介

终端射频及协议性能是 5G 通信功能的基础，也是法规测试、一致性测试、运营商准入测试中最主要的内容，相关认证既是市场准入的门槛，也影响到产品的生命周期。

本书是"5G 先进技术丛书·测试认证系列"之一，介绍了无线通信终端测试认证体系，并对测试认证体系中的标准化组织、认证机构、测试设备供应商进行了介绍。在此基础上，详细介绍了 5G 终端射频测试和协议测试，尤其是针对 5G 引入的毫米波测试，由于其与传统的传导射频测试方式有较大差异，对此部分内容进行了重点论述。

本书的读者对象是终端测试工程师，也可以是 5G 终端研发人员，终端制造商中负责产品认证相关工作的人员也可以将本书作为参考书。

图书在版编目（CIP）数据

5G 终端射频及协议测试技术与实践 / 孙向前等编著. —北京：清华大学出版社，2023.7
（5G 先进技术丛书. 测试认证系列）
ISBN 978-7-302-64145-2

Ⅰ. ①5… Ⅱ. ①孙… Ⅲ. ①第五代移动通信系统—终端设备—测试技术
Ⅳ. ①TN929.53

中国国家版本馆 CIP 数据核字（2023）第 131902 号

责任编辑：贾旭龙
封面设计：秦 丽
版式设计：文森时代
责任校对：马军令
责任印制：杨 艳

出版发行：清华大学出版社
   网 址：http://www.tup.com.cn, http://www.wqbook.com
   地 址：北京清华大学学研大厦 A 座   邮 编：100084
   社 总 机：010-83470000   邮 购：010-62786544
   投稿与读者服务：010-62776969, c-service@tup.tsinghua.edu.cn
   质量反馈：010-62772015, zhiliang@tup.tsinghua.edu.cn
印 装 者：天津鑫丰华印务有限公司
经 销：全国新华书店
开 本：170mm×240mm   印 张：22.5   字 数：428 千字
版 次：2023 年 8 月第 1 版   印 次：2023 年 8 月第 1 次印刷
定 价：98.00 元

产品编号：096162-01

5G先进技术丛书·测试认证系列

编写委员会

名誉顾问：张　平

主　　编：魏　然

编　　委：马　鑫　　陆冰松　　郭　琳　　果　敢

巫彤宁　　齐殿元　　周　镒　　孙向前

訾晓刚　　安旭东

本书编写工作组

陆冰松　孙向前　周　宇

买　望　訾晓刚　刘媛媛

方　勇　黄银标　董　原

李　文　宋红梅　张　欣

马宏军　周　维　赵丹丹

丛书序 1

门捷列夫说："科学是从测量开始的。"

2021 年国家市场监督管理总局、科技部、工业和信息化部、国务院国资委和国家知识产权局联合印发的《关于加强国家现代先进测量体系建设的指导意见》指出，测量是人类认识世界和改造世界的重要手段，是突破科学前沿、解决经济社会发展重大问题的技术基础。国家测量体系是国家战略科技力量的重要支撑，是国家核心竞争力的重要标志。

"十四五"时期是我国开启全面建设社会主义现代化国家新征程、向第二个百年奋斗目标进军的第一个五年。我国已转向高质量发展阶段，构建国家现代先进测量体系，是实现高质量发展、构建高水平社会主义市场经济体制的必然选择，也是构建新发展格局的基础支撑和内在要求。

5G 技术作为数字经济发展的关键支撑，正在加速影响和推动全球数字化转型进程。我国在全世界范围内率先推动 5G 的发展，并将其作为"新型基础设施建设"的一部分。近年来发展成效显著，呈现广阔应用前景。从产业发展看，我国 5G 标准必要专利声明量保持全球领先，完整的 5G 产业链进一步夯实了产业基础；从应用推广看，5G 典型场景融入国民经济 97 大类中的 40 个，5G 应用案例超过 2 万个，为促进数字技术和实体经济深度融合，构建新发展格局，推动高质量发展提供了有力支撑。

为实现增强型移动宽带、超可靠低时延通信以及海量机器类通信的目标，5G 采用了新的空口，更复杂、更密集的集成架构，大规模 MIMO 天线以及毫米波频段等技术。为实现万物互联的目标，5G 终端呈现多元化特点。新技术和新业务形态对测量工作提出了新的挑战。

该丛书作者团队来自中国信息通信研究院泰尔终端实验室。在国内，他们承担了电信终端进网政策的支撑和技术合格的检测工作；在国际上，他们和来自电信运营商、设备制造商和科研院所的同仁一起在国际标准组织中发出中国声音。通过多年的实践，他们掌握了先进的测量理念、测量技术和测量方法，为 5G 终端先进测量体系的构建贡献了卓越的思考。该丛书包含了与 5G 终端相关的认证、检验、检测的法规、标准、测量技术和实验室实践，可以作为有志从事通信测量工作的读者的入门图书，也可为无线通信领域的广大科技工作者、管理人员提供有益的经验。

　　谨此向各位感兴趣的读者推荐该丛书，并向奋战在测量第一线的科研工作者表达崇高的敬意！

中国工程院院士

2023 年 5 月 10 日

丛书序 2

2019 年 6 月 6 日，工业和信息化部正式向中国电信、中国移动、中国联通和中国广电发放 5G 商用牌照，标志着中国 5G 商用元年的开始。截至 2022 年 10 月，我国 5G 基站累计开通 185.4 万个，实现"县县通 5G、村村通宽带"。5G 应用加速向工业、医疗、教育、交通等领域推广落地，5G 应用案例超过 2 万个。

5G 终端类型呈现多元化的特点，手机、计算机、AR/VR/MR 产品、无人机、机器人、医疗设备、自动驾驶设备以及各种远程多媒体设备，不一而足。业务应用也更加丰富多彩，涵盖了人—人、人—物到物—物的多种场景，正式开启了万物互联的时代。5G 终端涉及的关键技术包括新空口、多模多频、毫米波、MIMO 天线等，对一致性测试、通信性能测试以及软件和信息安全测试都提出了新的挑战。

泰尔终端实验室隶属中国信息通信研究院，是集信息通信技术发展研究、信息通信产品标准和测试方法制定研究、通信计量标准和计量方法制定研究，以及国内外通信信息产品的测试、验证、技术评估，测试仪表的计量，通信软件的评估、验证等于一体的高科技组织，已成为我国面向国内外的综合性、规模化电子信息通信设备检验和试验的基地。实验室在 5G 终端的测试标准、测试方法研究以及测试环境构建方面拥有国内顶尖的团队和经验。以实验室核心业务为主体打造的"5G 先进技术丛书·测试认证系列"的多位作者均在各自的技术领域拥有超过二十年的工作经验，他们分别从全球认证、射频及协议、电磁兼容、电磁辐射、天线性能等技术方向全面系统地介绍了 5G 终端测试技术。

2019 年，我国成立了 IMT-2030（6G）推进组，开启了全面布局 6G 愿景需求、关键技术、频谱规划、标准以及国际合作研究的新征程。从移动互联，到万物互联，再到万物智联，6G 将实现从服务于人、人与物，到支撑智能体高效链接的跃迁，通过人—机—物智能互联、协同互生，满足经济社会高质量发展需求，服务智慧化生产与生活，推动构建普惠智能的人类社会。从 2G 跟随，3G 突破，4G 同步到 5G 引领，我国移动通信事业的跨越式发展离不开一代代通信人的努力奋斗。实验室将一如既往地冲锋在无线通信技术研发的第一线，踔厉奋发、笃行不怠，与大家携手共创 6G 辉煌时代！相信未来会有更丰硕的成果奉献给广大读者，并与广大读者共同见证和分享我国通信事业发展的新成就！

中国信息通信研究院　总工程师

2023 年 5 月 6 日

前言

2019 年被称为 5G 元年，移动通信系统发展到 5G 时代，已经成为一个巨大且复杂的系统。测试处于整个产业链的末端，测试标准相较于核心标准要相对简单得多，但以 5G 射频测试标准为例，相关的测试标准总页数已多达 6300 多页。对于通信从业人员，尤其是新进入这个行业的人员，如何有效学习相关知识是一个巨大的挑战。

知识是有连续性的，如果直接进入 5G 的学习，会发现需要补充 4G 的相关知识，这又涉及 2G/3G，于是需要补充 2G/3G 的相关知识，然而如果从 2G/3G/4G 开始学习，又面临着海量的学习内容，这是对通信难以精通的原因之一。

本书在编写过程中，也面临着上述问题，限于精力、篇幅、能力等原因，在一本书中能够囊括通信的基础知识，哪怕是仅终端测试所需要涉及的部分，也是一项近乎不可能完成的工作。因此读者在阅读本书时如果遇到一些名词术语或技术内容在本书中没有展开介绍，还是建议参照其他的 5G 技术书籍或标准进行理解。

泰尔终端实验室于 2004 年正式开展一致性测试，经过近 20 年的持久研究和不断探索，实验室在一致性测试领域已具备国际领先水平，实验室的专家长年参加 3GPP/GCF/PTCRB 的相关会议，每年获 3GPP 批准的文稿超过百篇，同时主持和参与了国内众多通信行业标准的制定和修订工作。

本书结合作者团队在实验室开展的国内外标准化工作、技术试验、国际认证测试等方面的经验和经历，全面介绍和论述了 5G 终端射频和协议测试的要求、标准以及测试方法等内容。

本书共 9 章。第 1 章介绍了无线通信终端测试认证体系，测试认证类型，测试技术概述。第 2 章在第 1 章的基础上，详细介绍了 3GPP 和 CCSA 两个重要的通信标准化组织，重点介绍了 3GPP 标准化的工作流程。第 3 章介绍了在一致性测试方面处于核心地位的两个行业认证组织 GCF 和 PTCRB 的基本情况，以及 GCF 做平台和测试用例验证的流程；之后介绍了几家测试设备供应商的基本情况。第 4 章详细介绍了 5G FR1 各类射频测试，包括一致性测试和法规测试的基本概念、测试目的、参数配置、测试方法、测试要求、仪表和系统介绍以及测试常见问题的经验总结。第 5 章重点介绍了毫米波终端的射频测试，包括 5G FR2 毫米波射频的空口测试方法、参数配置、测试内容和测试要求。第 6 章介绍了 5G 协议栈相关知识，本章是进行协议一致性测试的基础，学习本章内容可方便读者理解第 7～9 章的内容。第 7 章重点分析了 MAC 层、RRC 层和 NAS 层的协议内容，将终端的行为与理论知识联系起来，以帮助读者更好地理解协议一致性测试。第 8 章重点介绍 5G 协议一致性测试系统、测试准备、部分测试用例的测试方法、注意事项等。第 9 章主要介绍自定义协议测试的场景、流程，在此基础上介绍如何通过 R&S CMsquares 和 Keysight SAS 软件实现自定义协议测试。

　　读者可扫描下方二维码，浏览书中部分插图的彩图。

　　也可扫码登录清大文森学堂，获得更多学习资源。

清大文森学堂

　　本书作者包括孙向前、周宇、买望、刘媛媛、方勇、黄银标、董原、李文、宋红梅、张欣、马宏军、周维、赵丹丹等。参与撰写本书的人员分工如下：孙向前撰写了第 1～3 章；周宇、刘媛媛、黄银标、董原、张欣、周维撰写了第 4 章；刘媛媛、周宇撰写了第 5 章；孙向前、买望撰写了第 6 章；买望、方勇、李文、马宏军、赵丹丹撰写了第 7 章；宋红梅撰写了第 8 章；方勇撰写了第 9 章。全书由孙向前负责统稿。

　　本书根据笔者实践项目与工作经验总结而来，虽经过再三斟酌和审校，仍难免存在技术理解上的差距和解释不到位的地方，欢迎读者批评指正。您的宝贵建议将帮助我们修正此书，大家一起努力，将传道、授业、解惑贯彻到底。

　　最后，希望本书成为您的良师益友。祝您读书快乐！

丛书涉及部分标准化组织和认证机构名称外文缩略语表

3GPP 3rd Generation Partnership Project，第三代合作伙伴计划

A2LA American Association for Laboratory Accreditation，美国实验室认可协会

ANATEL Agência Nacional de Telecomunicações，（巴西）国家电信司

ANSI American National Standard Institute，美国国家标准学会

ARIB Association of Radio Industries and Businesses，（日本）无线工业及商贸联合会

ATIS Alliance for Telecommunications Industry Solutions，（美国）电信行业解决方案联盟

CCSA China Communications Standards Association，中国通信标准化协会

CENELEC European Committee for Electrotechnical Standardization，欧洲电工标准化委员会

CISPR Comité International Special des Perturbations Radiophoniques (International Special Committee on Radio Interference)，国际无线电干扰特别委员会

CNAS China National Accreditation Service for Conformity Assessment，中国合格评定国家认可委员会

DAkkS Deutsche Akkreditierungsstelle GmbH，德国认证认可委员会

DOT Department of Telecommunication，（印度）电信部

ETSI European Telecommunications Standards Institute，欧洲电信标准组织

FCC Federal Communications Commission，（美国）联邦通信委员会

GCF Global Certification Forum，全球认证论坛

GSMA Global System for Mobile Communications Association，全球移动通信系统协会

ICES International Committee on Electromagnetic Safety，（IEEE下属）国际电磁安全委员会

ICNIRP International Commission on Non-Ionizing Radiation Protection，国际非电离辐射防护委员会

ICRP   International Commission on Radiological Protection，国际放射防护委员会

IEC   International Electrotechnical Commission，国际电工委员会

IEEE   Institute of Electrical and Electronics Engineers，电气与电子工程师 协会

INIRC   International Non-Ionizing Radiation Committee，国际非电离辐射委员会

IRPA   International Radiation Protection Association，国际辐射防护协会

ISED   Innovation, Science and Economic Development Canada，加拿大创新、科学与经济发展部

ISO   International Organization for Standardization，国际标准化组织

ITU   International Telecommunication Union，国际电信联盟

MSIT Ministry of   Science and ICT，（韩国）科学信息通信部

NVLAP   National Voluntary Laboratory Accreditation Program，（美国）国家实验室自愿认可程序

OMA   Open Mobile Alliance，开放移动联盟

PTCRB   PCS Type Certification Review Boar，个人通信服务型号认证评估委员会

RRA   National Radio Research Agency，（韩国）国家无线电研究所

SAC   Standardization Administration of the People's Republic of China，中国国家标准化管理委员会

SSM   Swedish Radiation Safety Authority，瑞典辐射安全局

TSDSI   Telecommunications Standards Development Society，（印度）电信标准发展协会

TTA   Telecommunication Technology Association，（韩国）电信技术协会

TTC   Telecommunication Technology Commission，（日本）电信技术委员会

UKAS   United Kingdom Accreditation Service，英国皇家认可委员会

目录

第 1 章

无线通信终端测试认证综述

当前市场上 5G 手机终端已经成为主流，虽然目前的智能手机功能已极为复杂，各种应用也层出不穷，但追根溯源，无线通信终端最基础、最重要的功能仍然是其通信功能。本章主要介绍无线通信终端通信性能相关的测试认证体系，测试认证类型，以及各类相关测试技术的基本情况。

1.1 无线通信终端测试认证体系

1983 年 6 月，摩托罗拉推出了世界上第一款商用手机 Dyna TAC 8000X，售价高达 3995 美元，拉开了手机商业化的序幕。经过 30 多年的发展，现今手机已经成为人们生活中最不可或缺的电子设备，移动通信也已经实现了从第一代模拟移动通信系统到第五代移动通信系统的跨越式发展。

伴随着移动通信技术的飞速发展，无线通信终端的测试技术和认证要求也不断演进，发展到现在已经形成了相对完善的测试认证体系。

1.1.1 从产品生命周期的角度看测试

从无线通信终端——产品生命周期的角度，可以将测试分为研发测试、认证测试、运营商测试、生产测试以及部署测试，无线通信终端生命周期及测试类型如图 1-1 所示。本书介绍的内容主要覆盖其中的认证测试及运营商测试。

图 1-1 中提到的第三方检测实验室是相对于第一方检测实验室和第二方检测实验室的概念。第一方检测实验室指企业自己的检测实验室，检测的是自己的产品，目的是提高自身产品的质量；第二方检测实验室也是组织内的实验室，检测的是供方提供的产品，目的是控制和提高供方产品质量；第三方检测实验室独立于第一方和第二方，以独立第三方的身份提供相对客观公正的检测结果。在进行产品认证测试时，通常由第三方检测实验室承担。

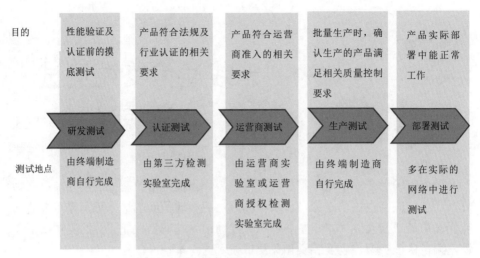

目的

| 性能验证及认证前的摸底测试 | 产品符合法规及行业认证的相关要求 | 产品符合运营商准入的相关要求 | 批量生产时，确认生产的产品满足相关质量控制要求 | 产品实际部署中能正常工作 |

研发测试　认证测试　运营商测试　生产测试　部署测试

测试地点

| 由终端制造商自行完成 | 由第三方检测实验室完成 | 由运营商实验室或运营商授权检测实验室完成 | 由终端制造商自行完成 | 多在实际的网络中进行测试 |

图 1-1　无线通信终端生命周期及测试类型

另外，图 1-1 中也提到了授权的概念，简而言之，只有具备相应检测资质的第三方检测实验室才能承担认证测试。针对无线通信终端的不同测试，有不同的资质要求。

1.1.2　从第三方检测实验室的角度看测试

站在第三方检测实验室的角度，世界各国对无线通信终端的测试要求可以分为法规测试、行业认证测试以及运营商准入测试 3 个层次，如图 1-2 所示。由于无线通信终端本身的复杂性，欲了解完整的测试认证要求，可以参看本系列丛书的《5G终端全球认证体系与实践》。

图 1-2　测试认证体系

本书主要介绍无线通信终端与通信性能（射频及协议）相关的测试，包括法规测试中的射频测试，行业认证测试中的一致性测试，并对运营商准入测试做简短的介绍。

1.1.3　测试认证体系

完整的测试认证体系包括终端制造商、芯片供应商、第三方检测实验室、标准化组织、认证机构、实验室认可机构、测试设备供应商以及运营商。

1. 终端制造商

终端制造商需要按照第三方检测实验室的要求准备测试样品、测试附件（射频线、假电池、充电器等）以及测试资料（天线连接图、用户手册等），需要配合第三方检测实验室开展测试，并根据检测结果进行测试整改调试等。在一致性测试等复杂测试中，有些测试用例的调试需要芯片供应商的配合，终端制造商需要将相关的测试信息反馈给芯片供应商，并协调芯片供应商进行相关的调测。

2. 芯片供应商

主流的无线通信芯片供应商包括海思半导体有限公司、高通（Qualcomm）公司、联发科技股份有限公司（Media Tek Inc，MTK）、三星集团、紫光展锐（上海科技有限公司）等。芯片供应商的技术实力强，且通常芯片供应商都会对其产品做较为详尽的测试，对测试中可能出现的问题有较为丰富的经验。有些芯片供应商会提供测试指南类文件给终端制造商，如果终端制造商能将相应文件提供给第三方检测实验室，能够避免很多问题。

3. 第三方检测实验室

第三方检测实验室是整个测试认证体系中的核心环节，负责依据标准组织制定的测试标准具体地执行测试，负责将最终的测试报告及相关资料提交给认证机构，接受实验室认可机构及认证机构的评审，与测试设备供应商沟通，确保测试系统的可靠，并对调测中涉及的测试设备的技术问题与测试设备供应商进行沟通。

4. 标准化组织

标准化组织负责制定相关领域的标准，包括技术要求及测试方法标准。通信性能测试领域相关的标准化组织包括 3GPP、ETSI、CCSA 等，相关的详细介绍参见第 2 章。

技术要求及测试方法标准是检测实验室的测试依据，标准中明确规定如何执行测试，以及如何判定测试通过与否。

标准化组织与第三方检测实验室没有直接的联系，但一些权威检测实验室通常有技术专家参与标准化组织的标准制修订工作。

标准化组织与认证机构之间也没有直接的联系，但双方存在一定的沟通渠道，例如认证机构可能会反馈标准化组织哪些测试用例制定的优先级更高。

5. 认证机构

认证机构通常负责核查终端制造商提供的基础信息和文件资料的合规性，核查检测实验室提交的检测报告是否符合要求，审核通过后核发检测证书（或者把通过认证的产品在其网站上公示）。有些认证机构对第三方检测实验室有明确的资质要求，会负责对第三方检测实验室进行授权，有些认证机构会安排对检测实验室进行现场审核，也有些认证机构负责制定产品的检测认证要求。

6. 实验室认可机构

对检测实验室而言，如何确保不同的检测实验室间结果的一致性呢？如何确保检测结果的可靠性和可追溯性呢？为此 ISO/IEC 制定了国际标准 ISO/IEC 17025：2017《检测和校准实验室能力的通用要求》[1]，符合 ISO/IEC17025 的要求是检测行业的基本门槛。

认可是正式表明合格评定机构具备实施特定合格评定工作能力的第三方证明。通俗地讲，认可是指认可机构按照相关国际标准或国家标准，对从事认证、检测和检验等活动的合格评定机构实施评审，证实其满足相关标准要求，进一步证明其具有从事认证、检测和检验等活动的技术能力和管理能力，并颁发认可证书。

通信检测领域常见的实验室认可机构包括中国合格评定国家认可委员会（CNAS），美国的 A2LA 和 NVLAP，英国的 UKAS 以及德国的 DAkkS 等。有些检测实验室由于市场或者时效性等多方面的考虑会申请多个认可机构的认可。

7. 测试设备供应商

多数检测都需要测试设备，且通常搭建好测试环境后，正常情况下不太需要测试设备供应商的介入。对于无线通信终端的测试，特别是一致性测试，测试系统极为复杂，在调测中经常需要确认相应测试用例失败的原因是由于被测设备还是测试系统导致，因此在测试中也需要测试设备供应商的技术支持人员参与进行定位分析。

在一致性测试领域，主流的测试设备供应商包括德国的 R&S 公司、Comprion 公司，日本的 Anritsu 公司，美国的 Keysight 公司，以及中国的星河亮点科技股份有限公司（以下简称星河亮点）、大唐联仪科技有限公司（以下简称大唐联仪）等。

8. 运营商

一方面，欧美的主流运营商将符合一致性测试要求作为无线通信终端进入其网络的前提，另一方面，一些主流运营商也针对自己的业务、服务及网络特性提出了运营商准入测试要求。运营商也积极参与标准化组织以及认证机构相关的工作，因此运营商在整个测试认证体系中具有支配地位，是无线通信终端相关的测试认证能够顺利推行的核心。

以上是针对测试认证一般化的抽象，方便业界人员理解测试认证中不同实体承担的角色。对于大部分类别的产品，都不涉及其中的芯片供应商和测试设备供应商，从此也可以看出无线通信终端通信性能测试的复杂性。

1.2　测试认证类型

产品测试也可以按照强制性测试和自愿性测试来进行区分。这里的强制性主要是指对制造商而言，相应的产品如果在指定国家或地区销售必须满足的基本要求，没有选择的可能性。法规测试通常都是强制性测试，而一致性测试和运营商准入测试则属于自愿性测试。

1.2.1　法规测试

法规测试（regulatory testing）的目的是保证产品的安全性，这里的安全是相对"广义"的安全，包括人身安全、电磁辐射、电磁兼容以及频谱等基础安全要求，是国家政府层面对产品的安全提出的基本要求。

对无线通信终端而言，国际上影响较大的法规测试包括欧盟的 CE（Conformite Europeenne，欧洲统一）认证、美国的 FCC（Federal Communications Commission，联邦通信委员会）认证、加拿大的 IC（Industry Canada，加拿大工业部）认证以及日本的 TELEC（Telecom Engineering Center，电信工程中心）认证。其中 CE 和 FCC 认证具有广泛的影响力，多数国家和地区的法规测试都是参照 CE 或 FCC 认证的要求进行制定的。上述认证的标识如图 1-3 所示。

图 1-3　各国认证标识

无论是 CE 还是 FCC 认证都包含对无线通信终端射频指标的测试要求，但二者的测试方法有较大差异。详细介绍参见第 4 章。

1.2.2 一致性测试

一致性测试（conformance testing）在无线通信终端的通信性能测试中具有核心地位，其测试面最为全面，拥有完备的机制确保测试结果的准确性，具有完善的认证机制，拥有很长的历史，也早已为业界广泛接受。

一致性测试相关的基本概念源自 ISO/IEC 9646-1：1994[2]（等同于采用的国家标准 GB/T 17178.1），但相关的描述比较晦涩，简而言之，各种移动通信协议和标准都明确定义了在各种状态下无线通信终端和网络的行为、反应和指标，一致性测试检查无线通信终端的行为是否和标准规定相一致。

无线通信终端的一致性测试认证要求是由 GCF（Global Certification Forum，全球认证论坛）和 PTCRB（PCS Type Certificaion Review Board，个人通信服务型号认证评估委员会）两个认证机构制定的，了解 GCF 和 PTCRB 认证的最直接方式是去阅读两个组织的官方文档。由于相关的认证涉及诸多细节，在此不再展开，相关的内容可以参看本系列丛书的《5G 终端全球认证体系与实践》。

从测试技术的角度，可以将一致性测试分为如下 3 个部分。

- ❑ 射频一致性测试。
- ❑ 无线资源管理一致性测试。
- ❑ 协议一致性测试。

其中的射频一致性及无线资源管理一致性测试，从检测实验室的角度，多数是在同一套测试系统上实现能力覆盖的，因此在很多时候说的"射频测试"涵盖了射频及无线资源管理测试。本书在对测试技术进行详细介绍的时候，也是将射频和无线资源管理测试放在一个章节中进行介绍。

前面提到的 CE 认证中的射频测试，其相关的技术要求源自一致性测试的技术要求，可以认为 CE 认证的射频测试是射频一致性测试的一个子集，技术细节上有一定的差异，但是差异不大，详细的介绍参见第 4 章。除美洲地区外，多数国家和地区的法规测试都是参照 CE 认证的要求制定的，这也是一致性测试在业界具有核心地位的重要原因。一致性测试是无线通信终端测试技术的源头，也是无线通信终端产品质量的基石。

1.2.3 运营商准入测试

当前在通信技术领域，中国、欧洲、北美、日本、韩国等领先，世界上其他国家和地区处于跟随状态。因此多数国家的运营商并没有运营商准入测试要求，基本都是将法规测试作为对无线通信终端的要求。即使在欧洲和北美，也仅是几个规模领先的运营商提出了自己的准入测试要求，而中国移动、中国电信、中国联通都有相应的准入测试要求。

由于上述有准入测试要求的运营商都对其测试认证文档提出了较高的保密要求，在此仅对运营商准入测试做些宏观情况的介绍，不具体展开。

整体来看，运营商准入测试可以分为射频、协议、硬件可靠性、外场测试、网络兼容性测试、稳定性测试、信息安全测试、员工试用测试、电池寿命测试、应用测试、高铁性能测试等多个类型。但运营商准入测试中的射频测试基本与一致性测试的要求一致，且数量远少于一致性测试的要求，各个运营商准入测试的核心都是协议类的测试，部分运营商有较多的外场测试要求。

1．北美的运营商准入测试

北美的运营商准入测试发展得早且要求多，在业界有最广泛的影响力。也由于北美运营商准入测试的高标准，且运营商对最终的 TA（type approval，型式认证）时间有严格的把控，无线通信终端的调测时间通常少于一致性测试，因此对无线通信终端的成熟度要求比较高。

目前美国运营商中 T-Mobile、AT&T、Verizon 有明确的准入测试要求，具体如下。

1）T-Mobile 准入测试

从 4G 开始，T-Mobile 的准入测试要求增加非常显著，其测试要求每年更新 4 次。截至 2022 年第三季度的要求，其测试计划包含 12000 多条测试用例，其中实验室测试的测试用例已接近 6000 条，外场测试用例 4000 多条。

根据销售渠道的不同，可以将终端分为 Stock 和 Non-Stock 两个类别。对于 Stock 终端，制造商在进入 T-Mobile 的实验室进行测试之前需要提交预测试的结果，但 T-Mobile 没有限定测试的执行主体。对于 Non-Stock 终端，T-Mobile 的认证要求中明确规定需要在 T-Mobile 的授权检测实验室进行测试，且不需要再进入 T-Mobile 的实验室进行测试。

T-Mobile 针对终端的预测试允许在终端的不同软件版本上进行，但制造商需要评估这些不同版本的变化是否进行了有效的集成，以确保能够顺利通过 T-Mobile 实验室的相关测试。

T-Mobile 的 5G 测试包括 FR1 和 FR2 的测试要求，当前还是以 FR1 的测试要求为主。

2）AT&T 准入测试

在所有的运营商准入测试中，AT&T 的准入测试文档最为完备，对测试标准、认证流程、过程文档等的定义都极为详尽。但近年来，相比较 T-Mobile，AT&T 的测试认证要求变化相对较少，其测试要求每年更新 3 次，目前其总测试用例约为 3800 多条（包括无线、场测和应用部分），测试数量远少于 T-Mobile 的测试要求。由于其认证要求的测试用例列表的文档名称是 10776，因此业界通常也用 10776 来代指 AT&T 的准入测试。

AT&T 也将终端分为 Stock 和 Non-Stock 两个类别。但不同于 T-Mobile，AT&T 明确要求相关测试只能在其授权实验室进行测试，且必须在同一个软件版本上通过相关测试。

AT&T 的 5G 测试包括 FR1 和 FR2 的测试要求，当前还是以 FR1 的测试要求为主。

3）Verizon 准入测试

Verizon 近年来对于运营商准入测试的策略有所调整，其在准入测试方面的投入有所下降。Verizon 是 FR2 的重要推动力，目前国内出口到美国市场的毫米波终端多数是 Verizon 定制的终端。

2. 欧洲的运营商准入测试

欧洲的运营商中 Orange 和 Vodafone 有准入测试要求，具体如下。

1）Orange 准入测试

Orange 是法国电信集团子公司，法国最大的电信运营商，在法国和西班牙两个市场有着较强的优势。Orange 的准入测试要求包括法规一致性要求和自己的企业标准要求两大部分。其中针对企业的认证测试叫作自我认证，需要在 Orange 自己的实验室、授权的第三方实验室或者授权的厂商实验室进行测试，测试内容包括天线性能测试、音频测试、外场测试、硬件可靠性测试、电池测试、IOT 测试、协议测试、应用类测试等。

与北美运营商相比，Orange 的准入测试要求不多，更新频次较慢，相比难度不大，通常是厂家出海的优先选择。

从认证流程来看，Orange 会根据不同产品定制不同的准入测试内容，通常需要制造商在 2 个或 3 个软件版本内完成相关的所有测试并修正优先级定义为 P1 的缺陷，以确保获得 TA。Orange 的 5G 测试要求当前主要还是以 FR1 为主。

2）Vodafone 准入测试

Vodafone 的准入测试包括空中下载技术（over the air technology，OTA）、比吸收率（specific absorption ratio，SAR）和音频测试，相对比较简单。

3. 日本的运营商准入测试

日本运营商中，Docomo、KDDI、Softbank 和 Rakuten 都有自己的准入测试要求，这些运营商的准入测试都以协议类测试为主。由于各个运营商对 5G 的准入需求也在变化中，下文中的测试用例数量仅供参考。除 Softbank 外，日本的运营商主要是委托测试设备供应商开发其需要的准入测试用例。

1）Docomo 准入测试

Docomo 2022 冬季的准入测试，针对 5G 部分目前分为非独立（non-standalone，NSA）组网——NSA(FR1, FR2)测试用例和独立（standalone，SA）组网——

SA(FR1, FR1+FR2)测试用例，前者有 68 个测试用例，后者有 31 个测试用例。

2）KDDI 准入测试

KDDI 是日本一家大型电信运营商。其前身是成立于 1953 年的 KDD 公司，经过多年来不断的兼并与重组，于 2001 年 4 月正式改名。

KDDI 的认证测试分为 KDDI 入库测试和市场 Open Device（开放设备）测试两种类型。其中入库测试需要测试全部测试用例，Open Device 仅测试功能验证类型的测试，大约占全部测试用例的 1/3。

KDDI 的测试内容包括室内测试、外场测试等，室内测试又主要包括射频和协议两个部分。外场测试主要由 KDDI 在日本本土执行，其余测试可由终端厂商从 KDDI 提供的第三方实验室列表中任意挑选一家进行测试。第三方授权实验室按照 KDDI 定制的测试计划安排测试，虽然测试时长不长，但是调试时间比较久，整个认证周期大概为 1～2 个月。

KDDI 的 5G 测试包括 FR1 和 FR2 的测试要求，当前还是以 FR1 的测试要求为主。

3）Softbank 准入测试

Softbank 与日本的其他几个运营商不同，其主要采购测试设备供应商提供的开发环境，自己编写测试脚本，并将相关的脚本提供给终端厂家，终端厂家可以使用 Softbank 提供的脚本用于研发测试和验证。Softbank 主要使用自己内部的实验室完成其准入测试，针对 5G，目前 Softbank 开发的脚本数量大致为126 个左右。由于同为日本公司，Softbank 无论是 4G 还是 5G，其采用的测试设备供应商都是 Anritsu 公司。

4）Rakuten 准入测试

不同于上述传统的日本三大运营商，Rakuten 是一家较新的运营商，从 2020年开始提出对 5G 终端的准入测试要求，其测试用例同样分为 NSA 和 SA，总计约 78 条测试用例。

1.3　测试技术概述

本节针对一致性测试中涉及的各类测试做一个整体介绍。这些测试技术有些并非处在同一个层次，对于本书后续不会涉及的内容在此会介绍得相对详细。

1. 射频一致性测试

射频一致性测试包括发射机测试、接收机测试和性能测试 3 个部分。发射机测试关注终端的发射指标，如最大输出功率、时间开关模板、频率误差等。接收机测试关注终端的接收指标，如参考灵敏度、接收电平等。性能测试验证终端在大量数据接收场景下的吞吐量、信道质量等统计结果是否达标。具体内容参见第 4 章和第 5 章。

2. 无线资源管理一致性测试

无线资源管理一致性测试主要考量终端的定时精度、测量精度、消息执行时延以及无线链路监测和恢复时效性等。具体内容参见第 4 章和第 5 章。

3. 协议一致性测试

协议一致性测试对空中接口的信令内容进行一致性测试，确保协议栈各个层面消息内容和控制信息与核心标准的定义相匹配。具体内容参见第 7 章。

4. 机卡接口一致性测试

机卡接口一致性测试是协议一致性测试的一个子类，机卡接口一致性测试的目的是确保通用集成电路卡（Universal Integrated Circuit Card，UICC）和终端之间的互操作性，而与各自的制造商、发卡机构或者运营商无关。UICC 或终端的任何内部技术实现都仅在通过接口情况下指定。

5. 音频一致性测试

在一致性测试中，音频一致性测试相对独立，依据的测试标准是 3GPP 26.132。对于移动通信系统，最初、最基本的服务就是语音服务，终端语音收发质量是用户体验最关键的指标之一。从 2G 开始，就对终端的音频一致性有明确的要求。

测试使用模拟人工头，将手机分别置于手持、免提和耳机的模式，使用音频分析仪和环境噪声模拟系统检测手机终端的基本音频特性指标，判断其是否符合一致性标准要求。

测试内容包括响度、空闲信道噪声、频率响应特征、侧音特征、失真、稳定性损耗、噪声抑制、延时、回声控制、语音质量等。

6. 应用测试

在一致性测试中，应用测试占的比重不大，且处于逐渐减少的趋势，彩信、可视电话以及 Java 等测试都已经不再要求。目前一致性测试中涉及的应用测试主要包括设备管理（OMA DM 1.2）、安全用户平面定位（OMA SUPL 1.0 或 OMA SUPL 2.0）、轻量级 M2M（light weight machine to machine），以及基于 LTE 的定位协议扩展协议（OMA LPPe）。其中除设备管理外，其他几个应用都与终端的定位性能相关。

上述的应用测试依据的测试标准都是由标准化组织 OMA（Open Mobile Alliance，开放移动联盟）制定的。OMA 的相关标准都比较稳定，如 DM 的标准制定于 2007 年，已经多年没有版本更新了。

由于设备管理测试的要求多年没有发生变化，且测试与所使用的接入技术无关，可以在 2G、3G 或 4G 上进行测试。由于 4G 之前就有相关要求，多数一致性实验室使用 Setcom 公司的 SCAT5020 或 SCAT6020 执行相关测试，而 SCAT5020、SCAT6020 仅支持 2G/3G 的接入方式。Setcom 公司基于 4G 的测试方案 S-Core 由于价格和非必须性的原因，仅有极少数一致性实验室具备该测试设备。在 Setcom 公司先被 Anite 并购，而 Anite 又被 Keysight 并购后，相应的产品就没有维修和维护了。因此对于仅支持 LTE 但不支持 2G/3G 的设备，如果需要做设备管理测试，会面临很难找到支持该测试的授权实验室的问题。

如果终端不支持相关的特性，则不需要做该应用测试。

7. 定位一致性测试

目前终端的定位方法包括增强型小区 ID 定位方法、检测到达时间差定位方法和全球卫星导航系统辅助定位方法。定位一致性测试包括不同定位方法的射频和协议一致性测试要求。

8. 流量测试

目前一致性测试中没有针对 5G 的流量测试要求，仅有针对 4G 的流量测试要求。

9. 近场通信测试

支持近场通信（near field communication，NFC）的终端需要依据标准 ETSI TS 102 694-1（SWP），ETSI TS 102 695-1（HCI）以及 GSMATS.27 进行测试。

支持近场通信的终端会内置非接触式前端芯片，并使用单线协议（single wire protocol，SWP）接口与其连接。SWP 接口通过一根数据线与 USIM（全球 SIM 卡）卡连接，通过 NFC 的方式与其他终端设备进行数据交互。单线协议对应 OSI 模型的物理层和数据链路层。

主机控制器接口（host controller interface，HCI）定义的是逻辑接口，对应 OSI 模型的网络层，定义了主机（host）、管道（pipe）、门（gate）、属性记录（registry）四种主要的逻辑对象类型和主机控制器协议（host controller protocol，HCP）包。

10. 连接效率测试

连接效率测试是针对 Release 8～12 的物联网（IoT）设备，其依据的测试标准是 GSMA TS.35，关于连接效率的技术要求标准是 GSMA TS.34。

部分北美运营商的准入测试中也有连接效率的测试要求，目前主流的测试平台是使用 R&S PQA 测试系统配合"IT³ Prove!"进行测试。具体的连接效率测试配置如图 1-4 所示。

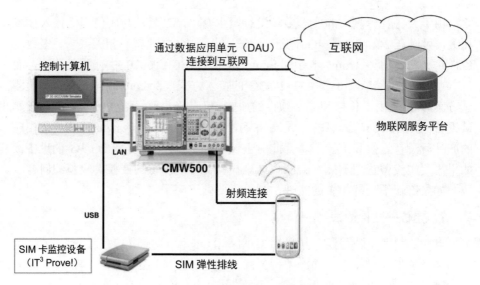

图 1-4　连接效率测试配置图

在实际的一致性项目中，该测试需求极少。

11. Remote SIM Provisioning 测试

Remote SIM Provisioning（远程 SIM 配置）测试是针对支持 eSIM 的终端进行的测试，其依据的测试标准是 GSMASGP.23，目前主流测试平台是基于 Comprion 公司的 eSIM 测试解决方案。

使用 Comprion 公司的测试解决方案的连接如图 1-5 所示。被测终端通过一个 WiFi 路由器与测试计算机相连，测试软件安装在测试计算机上。

图 1-5　Remote SIM Provisioning 测试连接图

在实际的一致性项目中，该测试需求极少。

12. 场测

前面提到的测试都是在测试实验室内使用仪器设备完成相关的测试，其优点是测试环境稳定，测试的结果可重复。但在实际的网络部署中，由于运营商可能用到多个网络设备供应商（如华为、中兴、爱立信等）的设备，且实际的网络配置和一致性测试中的配置也有差异，为了更全面地评估终端的通信性能，在 GCF 中要求终端需要在实际的通信网络中进行外场测试（简称场测）。

在 GCF 的组织架构中，场测协议组负责制定和维护场测的认证要求。场测标准以及 GCF-CC 技术如表 1-1 所示。

表 1-1　场测标准及 GCF-CC 技术

GCF 产品需求文档	附　　录	技　　术	场 测 标 准
GCF-CC	F.5.1	E-UTRA UTRA GERAN 5G NR option 3 5G NR option 2	GSMA TS.11
	F.5.2	IMS	
	F.5.4	NB-IoT Cat M1	GSMA TS.40

GCF 场测主要测量移动终端在真实网络中的性能、功能、可靠性，包括固定地点测试和路线测试。路线测试时，需要测试人员驾驶车辆沿着设定路线行走的同时进行测试。固定地点测试主要包括网络注册、语音服务、数据服务、补充服务、短信服务、SIM 相关等；路线测试主要包括语音业务、数据业务、短信业务切换前后的小区重选、小区切换和可靠性。

1）场测 RTO 授权实验室

自 2013 年 7 月 1 日起，GCF 场测必须由 GCF 授权场测实验室 GCF RTO（recognized test organization，公认的测试机构）来执行。

如何查询 GCF RTO 列表呢？根据是否需要登录 GCF 账号，具体的查询方法如下。

（1）不登录 GCF 账号，访问 GCF 官网 https://www.globalcertificationforum.org/，按照图 1-6 所示进行选择。此种方式仅能查看获得授权的 RTO 实验室列表，查看不到具体的授权范围。

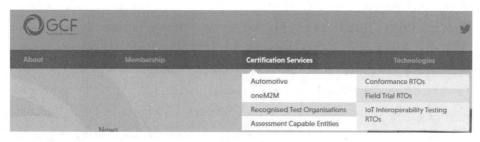

图 1-6　GCF 网站查询 RTO

（2）访问如上官网，登录 GCF 账号，在上方菜单栏中选择 RTO，然后根据类别选择即可查看相应的 RTO 列表。查询结果如图 1-7 所示。

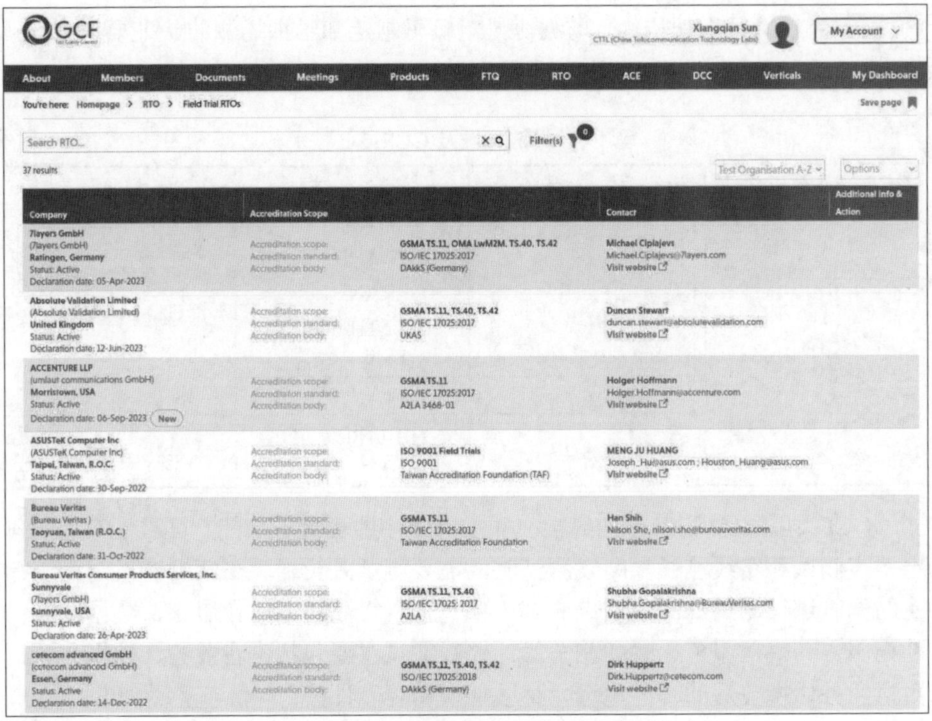

图 1-7　场测 RTO 查询示例

　　使用上述的查询方法，不仅可以查看场测 RTO 授权实验室的信息，同样可以查看一致性及 IoT 设备互操作性 RTO 实验室的授权信息。

　　2）FTQ

　　多数场测的测试用例需要在 FTQ（field trial qualified，现场测试合格）运营商网络中执行，类似于上述登录后的 RTO 实验室查询方式，可以在 GCF 网站查询 FTQ 的相关信息。对查询的 FTQ 信息进行处理，拥有 FTQ 的运营商包括 Orange Espagne、NTT DOCOMO Inc、Orange SA、Deutsche Telekom AG、Vodafone GmbH、Telefonica UK Limited、Emirates Integrated Telecommunications Company、Telefonica Moviles Espana S.A.U.、MEO-Serviços de Comunicações e Multimédia, S.A.、Bouygues Telecom、Vodafone Portugal、Vodafone UK Ltd、Telefonica Germany、Vodafone Italy、Telstra、Telecom Italia SpA、China Mobile、EE Limited、Telefonica Brasil S.A.、AT&T Services、Chunghwa Telecom、Vodafone España, S.A。当然上述信息可能发生变化，以网站查询的最新信息为准。

　　由于场测的测试用例要求最多在 5 个不同的 FTQ 网络中进行测试，而且选择测试的网络配置应尽可能不同，因此如何选择合适的 FTQ 和合理地规划测试的路线，也是场测实验室需要考虑的重要因素。

对于新测试技术要求，可能找不到合适的 FTQ 网络，相应的测试可以在非 FTQ 网络中进行。

参 考 文 献

[1] General requirements for the competence of testing and calibration laboratories: ISO/IEC 17025:2017[S/OL]. (2017-11). https://www.iso.org/standard/66912.html.

[2] Information technology -- Open Systems Interconnection -- Conformance testing methodology and framework: Part 1General concepts: ISO/IEC 9646-1: 1994 [S/OL]. (1994-12). https://www.iso.org/standard/17473.html.

[3] 3rd Generation Partnership Project; Technical Specification Group Services and System Aspects; Speech and video telephony terminal acoustic test specification: 3GPP TS 26.132 V17.1.0[S/OL]. (2022-03-11). https://portal.3gpp.org/desktopmodules/Specifications/SpecificationDetails. aspx?specificationId=1409.

[4] Smart Cards; Test specification for the Single Wire Protocol (SWP) interface: Part 1Terminal features: ETSI TS 102 694-1 V15.0.0[S/OL]. (2022-01-07). https://portal.etsi.org/ webapp/workprogram/Report_WorkItem.asp?WKI_ID=63985.

[5] Smart Cards; Test specification for the Host Controller Interface (HCI): Part 1Terminal features: ETSI TS 102 695-1 V13.0.0[S/OL]. (2019-04-26). https://portal.etsi.org/webapp/ workprogram/Report_WorkItem.asp?WKI_ID=57570.

第 2 章

终端通信性能 标准化工作

为了确保不同无线通信终端制造商的产品可以互联互通，且不同基站厂商的产品都能正常工作，必须制定无线通信终端共同遵守的标准，测试类标准是由标准化组织制定的，因此标准化组织是通信发展的重要推动力。

标准化组织是测试认证体系中的重要一环，理解标准化组织的工作方式和标准化工作流程，有助于理解一致性测试认证的整个体系，对于测试认证中遇到标准层面的错误，能够采取合理有效的措施予以解决。

2.1 标准化组织

在无线通信领域，主要的标准化组织包括 3GPP、CCSA、ETSI、OMA、ITU 以及 GSMA 等①。其中 3GPP 是目前全球范围内最有影响力的移动通信技术标准化组织，而 CCSA 则负责通信国标、行标的制修订工作，是国内最具影响力的通信标准化组织，接下来将对这两个标准化组织进行重点介绍。

2.1.1 3GPP

3GPP 作为无线蜂窝技术标准化的国际标准组织，拥有来自全球重要的通信行业标准组织七大成员的参与（见图 2-1）。它们共同合作，几十年来致力于蜂窝网络互通的技术标准研究，先后制定了 WCDMA、TD-SCDMA、LTE、LTE-A 和 5G 在内的主流移动通信全球标准，目前已成为无线蜂窝通信领域最重要的国际标准化组织。

1. 3GPP 与 ITU 的关系

3GPP 是 ITU 的领袖成员，ITU 提出技术应用的愿景需求，并委托 3GPP 标准组织进行标准化工作。

---

① 本书标准化组织中英文全称详见缩略语表。

日本　　　　美国　　　　中国　　　　欧洲　　　　印度　　　　韩国　　　　日本

图 2-1　3GPP 标准组织七大成员

以 5G 为例，ITU 为新一代无线技术定义了国际移动通信（International Mobile Telecommunication，IMT）家族，其最新技术 IMT-2020 阶段的愿景需求提出了三大 5G 技术应用：即增强型移动宽带（enhanced mobile broadband，eMBB），海量机器类通信（massive machine-type communication，mMTC），超可靠低时延通信（ultra-reliable and low-latency communication，uRLLC）。3GPP 基于此愿景开启蜂窝网络无线接口和核心网络系统的技术研究和标准实现。

纵观蜂窝网络技术的标准化历史进程，以 3G 至 5G 时代的驱动关系为例，3GPP 与 IMT 之间的对应关系如图 2-2 所示。

IMT	3GPP	
IMT-2000	UMTS (FDD & TDD), HSPA	(Rel-99 onwards)
	LTE	(Rel-8 onwards)
IMT-Advanced	LTE	(Rel-10 onwards)
IMT-2020	5G NR & LTE	(Rel-15 onwards)

图 2-2　3GPP 与 IMT 的对应关系

2．3GPP 工作架构

3GPP 工作架构（见图 2-3）基于技术领域以及系统性的设计思路，分为三大技术规范工作组（technical specification group，TSG），即业务与系统（service and system aspects，SA）组、核心网络与终端（core networks and terminals，CT）组和无线接入网络（radio access network，RAN）组。项目协调组（project coordination group，PCG）负责 TSG 整体的管理工作。

其中 SA 组负责基于 OFDM 的全新空口设计的全球性 5G 标准——5G NR（new radio，新空口）整个系统架构的定义、演进和维护，包括对各子系统的功能的分配、关键名称的定义，不同子系统提供的所需承载和服务的定义等，此外还包括整个系统的安全及隐私的定义，因此 SA 组成为标准规范启动的先头兵，由该组启动最初的系统框架和业务需求的设计与定义。

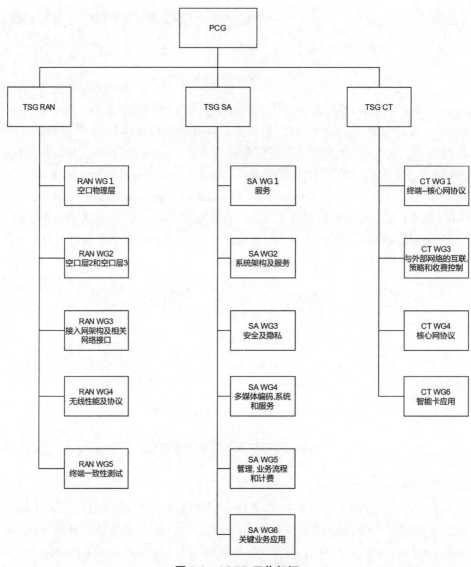

图 2-3　3GPP 工作架框

　　CT 组主要负责与 3GPP 系统的核心网络部分相关的技术功能的标准制定，包括定义终端与核心网之间的信令协议（如呼叫控制、会话管理、移动性管理等），核心网络各节点之间的信令，与外部网络的互联、运行和维护要求，智能卡应用等。

　　RAN 组负责定义无线接入网络的功能、要求和接口，更准确地说包括空中接口的无线电性能、物理层（L1）、无线链路层（L2）和无线资源控制层（L3）的技术规范；接入网络接口（包括基站与终端之间，基站与基站之间的接口等）

的规范等。

CT 组和 RAN 组各司其职，更聚焦于具体的技术实现细节，从而支撑整个标准化系统的内容，成为对新业务的最终实现的技术基础。

对于无线接入网络 RAN 组，按不同的功能又分为 1～5 个子组，即 RNA WG 1～5，RAN 对各子组的重要工作进行集中管理和决议。RAN 诸子组中，无线接入网络组中的 RAN WG 4 和 RAN WG 5 是分别负责终端设备测试指标和测试方法的工作子组。测试方法依据来自 RAN 其他子组和 CT 组的具体技术实现标准规范，所以这两个子组的工作大部分依赖于 RAN 其他核心技术组（尤其是 RAN WG 1 和 RAN WG 2）的标准化内容，以及 CT 组等核心网络规范所制定的技术标准内容的确定。

3GPP 的组与组之间独立地开展讨论，但工作之中不可避免涉及组与组之间的协同，通过多年的进化，3GPP 已经形成了比较完备和相对公正的工作方式和流程，制定的技术规范也都得到了非常广泛的市场应用，为整个通信行业的发展奠定了坚实的基础。

3．终端一致性测试标准化

如前所述，RAN WG 5 是 3GPP 无线接入组的第五组，它负责起草和维护终端设备的一致性测试标准规范。整套一致性测试规范的起草与完善由 RAN WG 5 通过每个季度一次的会议进行讨论和决议，最后交由 RAN 全会审议。

在设计终端设备测试方法的同时，RAN WG 5 不仅保持与其他各子组的核心技术的沟通，也包括与其他国际检测认证组织（如 GCF、PTCRB 等）的横向联络。每个季度，这些横向联络的函件在会议上进行讨论。这些横向联络往往涉及业务和设备的新信息、对测试方法的需求、产业实现时出现的问题等，供 RAN WG 5 进行测试标准工作时考虑和讨论。这种横向沟通的方式也体现了检测标准化的互联互通。

4．3GPP 变更请求机制

3GPP 的工作组负责相关标准的制定，在每个标准项目开始时都会指定一个标准起草人，标准起草人根据工作组的讨论起草一个标准的初始草稿，其对应的版本号为 0.0.0。

1）3GPP 的标准版本号

3GPP 的标准版本号分为 3 个部分，如图 2-4 所示。其中字母 x 代表标准的 Release 版本，字母 y 在标准内容发生技术性变更的情况下递增，字母 z 则在标准发生编辑性变更的情况下递增。

版本: *x. y.z*

x: Release 域

y: 技术域

z: 编辑域

图 2-4 3GPP 标准版本号

2）草稿的版本变化

初始草稿提交工作组讨论，如标准内容发生技术性变更，则相应版本变为 V0.1.0，经过多次迭代后，标准的完成度超过 50%，相应的版本可以升级到 1.0.0。1.0.0 版本的标准会提交 TSG 全会以供参考。之后工作组继续草稿的起草工作，直至工作组认为该草案足够稳定，可以接受正式的变更控制，且标准的完成度至少达到 80%，则相应版本变更为 V2.0.0，并提交至 TSG 全会批准。如果没有通过 TSG 全会的批准，工作组将持续更新，版本将相应变更（V2.1.0，V2.2.0，…），直至标准通过 TSG 全会的批准，则相应的版本的 *x* 变更为 Release 所对应的数字，且标准开始接受正式的变更控制。一旦标准受到变更控制，工作组和标准起草人将不具备直接更新标准的权限，标准更新只能通过 3GPP 的变更请求来进行。

3）变更请求

标准开始接受变更控制后，仍然可以对标准的内容进行更新，如进一步增加技术内容、变更技术要求或者进行编辑性更新，但所有的变化都必须通过变更请求（change request，CR）来进行。

参加 3GPP 工作组的代表，如果希望提一个 CR，可以将拟修改的 3GPP 标准下载到本地计算机，使用最新的 CR 模板准备 CR 文本。在 CR 撰写的过程中，如果涉及需要和其他代表的沟通，可以通过电子邮件等形式征求其他代表的意见，在收集到相关代表的反馈后，可以申请 Tdoc 号，并使用相应的 Tdoc 号来准备工作组讨论所需要的 Tdoc，参会代表需要在工作组规定的截止日期前将相应的 Tdoc 提交给工作组，之后在工作组的会议上会针对相应的 Tdoc 进行讨论。实际会议的情况可能比较复杂，如不同代表针对标准的同一章节的不同部分做出修改，需要确保不同 Tdoc 之间在技术上是协调一致的，在会议期间也通常需要根据代表提出的意见多次修订 Tdoc 文本，直至相应的 Tdoc 经过讨论后获得工作组批准。工作组汇集所有通过批准的 CR，并将相应的文稿提交到工作组所属的 TSG 全会进行讨论。针对 TSG 全会讨论通过的 CR，会有 3GPP 的支持人员将标准的文本依据这些 CR 进行修订，完成后会更新 3GPP 的数据库，并将相应的标准文本放入 3GPP 的服务器。

3GPP 的 CR 机制已经经过多年的实践检验，行之有效。该机制具备如下优点。

（1）3GPP 的工作组每年召开 4 次会议，因此可以实现标准的快速迭代，标准中的错误能够得到及时修正。

（2）CR 机制解决了多人协作问题，工作组代表之间可以方便地分工及协作，可以较好地实现对标准文本变化的跟踪，保证了标准文本的准确性。

（3）CR 机制使标准的修订过程可回溯，由于 3GPP 有相应的 CR 数据库，可以方便查询与标准相关的所有 CR，从而可以追溯某处修改的原因以及由哪个成员单位提出的该处修改。

以 5G 协议一致性测试所依据的标准 TS 38.523-1 为例，总计 3600 多页，如此多的内容难免会存在错误，检测实验室在测试过程中如发现存在检测标准错误，可以通过 3GPP 的 CR 机制修正标准中的错误，从最根本层面解决测试中的问题，因此检测实验室是否有专门的技术人员长年积极参与 3GPP 标准化的工作，是区分检测实验室技术能力的重要标志之一。

5．3GPP 标准版本

3GPP 使用并行 Release 系统，为标准制定人员提供一个稳定的平台，在其上给定点实现相应的 Release 的功能，然后允许在后续 Release 中添加新的功能。这与传统的标准化组织对标准的版本管理有很大的不同，传统的标准化组织，同一个标准号的标准现行有效的版本通常只有 1 个，新版本发布后取代旧版本的标准。移动终端在做产品认证时需要声明其支持的 Release 版本，检测实验室会依据其 Release 版本制订相应的测试计划。

3GPP Release 与标准的版本号有很好的对应，如表 2-1 所示。

表 2-1　3GPP Release 与标准版本号的对应

Release	标准版本号
Release 4	4.x.y
Release 5	5.x.y
Release 6	6.x.y
...	...
Release 16	16.x.y
...	...

由于历史原因，全球移动通信系统（GSM）的标准使用的是 Phase 而不是 Release，GSM Phase 与标准版本号的对应关系如表 2-2 所示。

表 2-2 GSM Phase 与标准版本号的对应关系

GSM Phase	标准版本号
GSM Phase 1	3.*x*.*y*
GSM Phase 2	4.*x*.*y*
GSM Phase 2+	5.*x*.*y*
GSM Phase 2+ Release 97	6.*x*.*y*
GSM Phase 2+ Release 98	7.*x*.*y*
GSM Phase 2+ Release 99	8.*x*.*y*
GSM Phase 2+ Release 00	9.*x*.*y*

20 多年来，3GPP 标准化工作版本不断更新，每一代技术特性的更新都显现出更大数量标准的出现（见图 2-5），这也意味着 3GPP 的参与成员的数量、行业产业的关注度、标准化贡献所投入的精力以及技术复杂度的不断逐级增加。至 5G NR Release 15 版本，标准规范已达 1400 份之多。

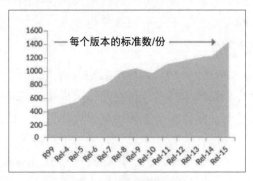

图 2-5 3GPP 标准贡献

2.1.2 CCSA

2002 年 12 月，经信息产业部、国家标准化管理委员会同意，民政部批准，CCSA 在北京成立，在全国范围内开展信息通信技术领域标准化活动。CCSA 的核心机构是技术工作委员会，当前 CCSA 下设的技术工作委员会如表 2-3 所示。

表 2-3 CCSA 下设的技术工作委员会

技术工作委员会	技 术 领 域
TC1	互联网与应用
TC3	网络与业务能力
TC4	通信电源与通信局站工作环境
TC5	无线通信

续表

技术工作委员会	技术领域
TC6	传送网与接入网
TC7	网络管理与运营支撑
TC8	网络与信息安全
TC9	电磁环境与安全防护
TC10	物联网
TC11	移动互联网应用和终端
TC12	航天通信技术

其中涉及无线通信领域的技术工作委员会是 TC5，其研究范围为移动通信、无线接入、无线局域网及短距离、卫星与微波、集群等无线通信技术及网络，无线网络配套设备及无线安全等标准制定，无线频谱、无线新技术等研究。TC5 的组织结构如表 2-4 所示。无线通信终端相关的测试标准主要由 WG9 完成。

表 2-4　TC5 的组织结构

工作组	职责及研究范围	与国际组织对口关系
WG3：无线接入工作组	负责除移动通信外的无线接入、无线局域网、短距离和集群等标准研究和制定	IEEE、ITU-R
WG5：无线安全与加密工作组	负责无线移动加密与网络安全研究和制定	3GPP、OMA 等与安全相关组
WG6：前沿无线技术工作组	负责超前无线技术需求、关键技术及方案等研究	ITU-R、WWRF
WG8：频率工作组	负责无线电频谱、无线电设备射频指标和无线电监测等技术标准研究和制定	ITU-R、APT、3GPP RAN WG 4
WG9：移动通信无线工作组	负责 2G/3G/4G/5G 移动通信无线网相关标准研究和制定	3GPP RAN、ETSINFV-ISG
WG10：卫星与微波通信工作组	卫星与微波、毫米波等技术、设备、接口及应用技术标准研究和制定，卫星通信资源研究	ITU-R
WG11：无线网络配套设备工作组	无线通信网络中与制式无直接关系的配套设备标准研究和制定	
WG12：移动通信核心网及人工智能应用	负责 2G/3G/4G/5G 移动通信核心网相关标准研究和制定，重点负责移动分组核心网	3GPP SA、CT

目前 TC5 基于 3GPP R15 版本，已经完成了 5G 第一阶段行标的制定工作，共完成 22 项 5G 行业标准（含通过送审、报批、发布），其中无线总体技术要求 1 份；基站、终端/模组、室内分步系统、直放站设备的技术要求和测试方法 18 份；NG、Xn/X2、机卡接口技术要求和测试方法 3 份。基于 3GPP R16 版本已经启动 5G 第二阶段行标的研究工作，相关工作仍在进行中。

2.2 无线通信终端性能测试标准

无线通信终端的性能测试涉及较多标准，本节根据最新的 GCF/PCRB/CE/FCC 要求进行归纳整理。无线通信终端性能测试标准汇总如表 2-5 所示。

表 2-5 无线通信终端性能测试标准

测 试 类 型	标 准	认 证	说 明
2G	3GPP TS 51.010	GCF/PTCRB	2G 射频/协议/机卡接口/定位
3G	3GPP TS 34.121	GCF/PTCRB	3G 射频/无线资源管理
3G	3GPP TS 34.123	GCF/PTCRB	3G 协议
3G	3GPP TS 31.121	GCF/PTCRB	USIM
3G	3GPP TS 31.124	GCF/PTCRB	USAT
3G	3GPP TS 26.132	GCF/PTCRB	音频
3G	3GPP TS 34.108	GCF/PTCRB	3G 通用测试环境
3G	ETSI TS 102 230	GCF/PTCRB	UICC
3G	ETSI TS 102 384	GCF/PTCRB	UICC
3G	3GPP TS 34.124	GCF/PTCRB	3G 辐射杂散
4G	3GPP TS 36.521	GCF/PTCRB	4G 射频
4G	3GPP TS 36.523	GCF/PTCRB	4G 协议
4G	3GPP TS 36.124	GCF/PTCRB	4G 辐射杂散
4G	3GPP TS 36.508	GCF/PTCRB	4G 通用测试环境
4G	3GPP TS 31.121	GCF/PTCRB	USIM
4G	3GPP TS 31.124	GCF/PTCRB	USAT
5G	3GPP TS 38.124	GCF/PTCRB	5G 辐射杂散
5G	3GPP TS 38.521	GCF/PTCRB	5G 射频
5G	3GPP TS 38.523	GCF/PTCRB	5G 协议
5G	3GPP TS 38.508	GCF/PTCRB	5G 通用测试环境
5G	3GPP TS 38.533	GCF/PTCRB	5G 无线资源管理
5G	3GPP TS 31.121	GCF/PTCRB	USIM

续表

测 试 类 型	标 准	认 证	说 明
5G	3GPP TS 31.124	GCF/PTCRB	USAT
流量	3GPP TR 37.901	PTCRB	LTE 流量
NFC	ETSI TS 102 694	GCF/PTCRB	SWP
NFC	ETSI TS 102 695	GCF/PTCRB	HCI
NFC	GSMA PRD TS.27	GCF/PTCRB	NFC
定位	3GPP TS 34.171	GCF/PTCRB	A-GPS
定位	3GPP TS 37.571	GCF/PTCRB	定位测试
IMS	3GPP TS 34.229	GCF/PTCRB	IMS 协议测试
应用	OMA-ETS-DM-V1_2	GCF/PTCRB	设备管理（DM）
应用	OMA-ETS-SUPL-V1_0	GCF/PTCRB	OMA SUPL 1.0
应用	OMA-ETS-SUPL-V2_0	GCF/PTCRB	OMA SUPL 2.0
应用	OMA-ETS-LPPe-V1	GCF/PTCRB	LPPe 测试
连接效率	GSMA PRD TS.35	GCF/PTCRB	IoT 设备的连接效率测试
远程 SIM 配置	GSMA PRD SGP.23	GCF/PTCRB	eSIM 测试

第 3 章
GCF/PTCRB 及测试设备供应商

行业认证机构 GCF/PTCRB 在一致性测试中处于核心领导地位，它规定了一致性测试必须使用经过验证的测试系统，定义了测试系统验证的规则，所有仪表供应商会依据相同的规则进行测试系统的验证，最大程度保证了不同供应商、测试实验室结果之间的有效性。

3.1 GCF/PTCRB

GCF/PTCRB 的成员都包括运营商、终端制造商、测试设备供应商以及检测实验室，其中运营商成员在这两个行业认证机构中具有主导话语权。PTCRB 的影响力集中在北美；GCF 的影响力相对更大一些，其成员数量、授权的检测实验室都较 PTCRB 多，最主要的影响力在欧洲地区。

GCF/PTCRB 定义了完整的 2G/3G/4G/5G 终端认证框架，包括终端的认证要求、测试系统的验证规则、一个非常复杂的测试数据库维护等。GCF/PTCRB 通过提供蜂窝技术的端到端认证，确保了设备和网络之间的全球互操作性，欧洲和北美地区规模较大的运营商普遍将通过 GCF/PTCRB 认证作为终端进入其网络的先决条件。

3.1.1 GCF

GCF 认证的流程如图 3-1 所示。

GCF 认证中，性能测试依据的文件是 GCF-PC，通常终端设备在做 GCF 认证时都不需要做性能测试，但如果终端设备拟出货的运营商要求时，终端制造商需要根据运营商的要求进行相关的性能测试。

终端的认证测试中，最主要参考的文件是从设备认证规则（device certification criteria，DCC）数据库导出的认证准则（certification criteria，CC）excel 文件。该文件明确定义了终端设备在做 GCF 认证时需要测试的测试用例。GCF 负责一致性测试的工作组是符合性协议组（conformance agreement group，CAG），其针对 CC 的工作流程基于工作项目（work item，WI）进行管理，从 WI 到 CC 的整个流程如图 3-2 所示，详细的过程描述可以参见 GCF-WP 文档。图 3-2 中的指导小组（steering group，SG）是 GCF 的决策机构。

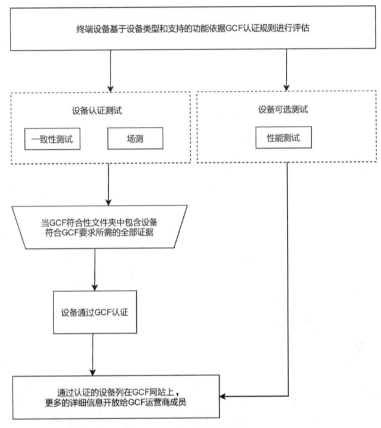

图 3-1　GCF 认证流程

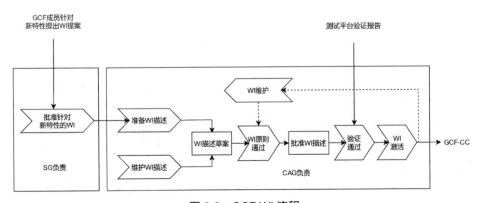

图 3-2　GCF WI 流程

3.1.2 PTCRB

PTCRB 的认证流程如图 3-3 所示。

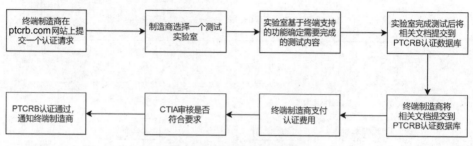

图 3-3 PTCRB 认证流程

PTCRB 认证最主要的参考文件是 PTCRB 程序管理文档（PTCRB program management document，PPMD）、北美永久性参考文档（North American permanent reference document 03，NAPRD03）和 PTCRB 数据库导出的测试用例状态 excel 文件。和 GCF 类似，在 PTCRB 负责一致性测试的工作组是 PTCRB 验证组（PTCRB validation group，PVG），其针对认证规则的工作流程基于测试请求（requests for test，RFT）进行管理，RFT 是和 GCF 的 WI 类似的概念。

3.1.3 验证流程

GCF 和 PTCRB 认证测试中都要求其授权检测实验室必须使用经过验证的测试系统，其目的主要是为了确保不同检测实验室检测结果的一致性。GCF 验证依据的文件是 GCF-VP，PTCRB 验证依据的文件是 PVG.02，本节主要基于 GCF-VP 的规定进行介绍。目前 GCF-VP 定义的 CAG 验证工作流程如图 3-4 所示。

图 3-4 中的验证组织通常是 GCF 的授权检测实验室，但在 GCF-VP 文件中明确要求验证组织有代表长期参加 3GPP 的会议并参与测试标准的相关工作，同时需要验证组织有代表长期参加 GCF CAG 和 SG 的会议，因此并非所有 GCF 授权检测实验室都是验证组织，仅其中技术实力较强的部分授权检测实验室可作为验证组织承担 CAG 的验证工作。

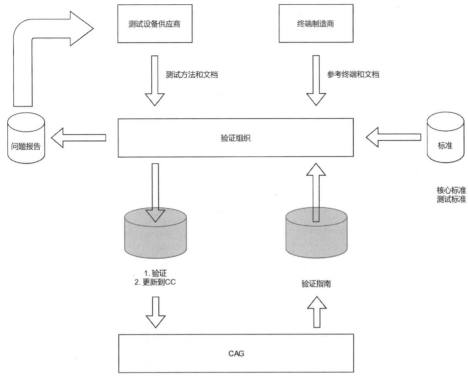

图 3-4　CAG 验证工作流程

3.1.4　TTCN 和 5G 终端协议一致性测试框架

　　TTCN（Testing and Test Control Notation，测试和测试控制表示法）是欧洲电信标准协会（European Telecommunications Standards Institute，ETSI）发布的专门针对模型测试和自动化互操作性测试的开发语言，TTCN-3 是其第 3 代，独立于协议标准、测试方法和测试仪表，可以在不同的硬件平台上运行，具有良好的灵活性、扩展性和可移植性。终端协议一致性测试依赖大量的信令交互，在 TTCN-3 实现中，这些来往于协议栈各层间的信令由消息模板承载，通过在相关协议层中控制和比对信令消息模板给出测试的评判结果。

　　3GPP TF160 专家工作组成立于 2000 年 6 月，由 3GPP 成员单位派出的 20 余位测试技术专家组成，负责 3GPP TSG RAN5 中 TTCN 测试集的开发、维护和发布。TF160 维护着一系列总数超过 5000 个的一致性测试用例，并仍在持续发展中。这些测试用例被提供给终端认证组织 GCF，用于检验移动终端设备是否符合 3GPP 的标准。

　　终端协议一致性测试框架如图 3-5 所示。5G 测试模型和 LTE 的测试模型设计思想一致,TTCN-3 代码运行于主机之上,控制硬件平台系统模拟器(system simulator,SS)的行为。适配层模块起到承上启下的作用,对上适配 TTCN-3 测试套,对下适配 SS 接口控制小区参数的配置和数据的收发。

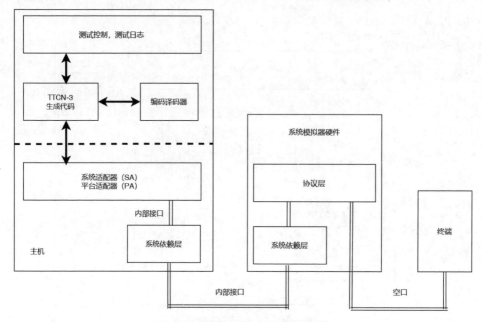

图 3-5　终端协议一致性测试框架

3GPP RAN5 规定了详细的流程来规范针对 TTCN 代码的修改需求,即通过 TTCN CR 的方式。任何使用由 TF160 开发和发布 TTCN 测试集的成员单位,都可以发起针对 TTCN 的修改提案。值得一提的是,TTCN CR 只适用于可验证(verifiable)/已同意(agreed)/已验证(approved)3 种状态的用例。若用例还在可编译的阶段,则仅需要 3GPP 成员单位邮件致信 TF160,提出修改建议即可。

TTCN 代码的问题主要在验证过程中发现,即测试用例在系统模拟平台上使用不同的终端执行测试用例期间。提交 TTCN CR 的过程主要集中在 3GPP FTP 上,由 TF160 专家组负责 TTCN CR 的审核。针对 3GPP 不同组织的代表提出的修改建议,TF160 专家需要在规定的时间内给出接受、拒绝或修改的结论,同时给出 TTCN CR 评论文稿。若代码修改建议被接受,将即时修改代码,在下个测试集发布日正式发布。

3.1.5　测试标准版本

测试标准版本是验证工作最主要的输入之一。除非 3GPP 委员会在 GCF

CAG 会议召开前至少六周内明确说明，否则 GCF 参考的有效测试标准版本为 3GPP 网站上提供的最新发布版本。所有的验证工作应使用在会议 CR 提交截止日期前由 3GPP 网站提供的最新发布版本。

1. 射频、无线资源管理（radio resource management，RRM）测试标准

除上述使用最新发布版本的原则外，测试设备供应商要关注是否有 3GPP 标准的关键性 CR。关键性 CR 是指如果不进行 CR 对测试标准的修正，可能会导致一个不符合要求的终端通过测试或者一个符合要求的终端无法通过测试。当 RAN5/RAN 全会通过针对最新版测试标准的关键性 CR，且相关关键性 CR 在 3GPP 网站上可获得时，测试设备供应商需要决定是否实现这些 CR。

因为当前的最新测试标准版本尚未合入这些 CR，因此如果测试设备供应商决定实现这些 CR，验证组织需要在验证报告中列出使用的测试标准版本以及测试设备供应商实现的关键性 CR 列表。如果测试设备供应商决定不实现这些关键性 CR，验证组织要在验证报告中列出使用的测试标准版本以及没有实现的关键性 CR 列表。验证组织提交的验证报告可以在 CAG 会议上通过（有例外），但需要在新的 DCC CC 版本发布 30 天内完成重新验证（re-validated），如果未完成，相关测试用例会被降级处理。

2. 协议测试标准

对于协议测试标准，除上述使用最新发布版本的原则外，所有的验证工作应使用在会议提交截止日期前 3GPP 网上提供的最新 ETSI TTCN 版本。在验证报告中要明确列出使用的 TTCN 版本。

类似于射频中的关键性 CR 部分的描述，对于关键性 TTCN CR，其处理方式与射频中的关键性 CR 一致。

3.1.6　验证报告的提交和批准

CAG 会议 CR（meeting CR）分为 3 个类别：验证 CR、测试平台 CR 和测试 WI CR。

测试用例的验证报告作为 DCC 验证 CR 的附件提交，DCC 自动将验证报告的文件名变更为相应的 DCC CR 号。图 3-6 是在 DCC 上新建一个 CR 的示例。

对于会议 CR，提交的截止日期是会议前 14 天。这 14 天时间，GCF 的会员可以用来审查这些会议 CR。

如果成员对部分 CR 有异议，在 CAG 会议开始前可以发起问询，对于被问询的 CR，相关方将对相关的疑问进行沟通，如果不能达成共识，相应的 CR 将无法获得批准。

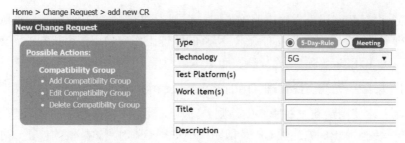

图 3-6　DCC 上新建 CR

目前由于会议 CR 的数量巨大，CAG 通常采用批量批准的方式，不会逐一审查会议 CR。

3.1.7　测试用例分类

GCF 中的测试用例分为 A/B/C/D/P 5 类，每条 TC 的类别在 CC 的 Excel 文件中均有定义。各类的具体定义如下。

（1）A 类（Category A），测试用例有一个或多个经过完全验证的测试平台，相应的测试平台没有例外。

（2）B 类（Category B），测试用例的验证结果，所有的测试平台均有例外。

（3）C 类（Category C），测试用例经过完全验证，但测试用例所属的 WI 尚未激活。

（4）D 类（Category D），降级的测试用例。

（5）P 类（Category P），新纳入认证要求的测试用例（没有测试平台做过验证），或者所有测试平台均被降级且超过 45 天。

PTCRB 中也有测试用例的定义，但略有差别。在 PTCRB 中 Category C 是保留类别，通常用不到。PTCRB 中有 E 类（Category E）测试用例，相应的测试用例也是通过验证的，但相应的测试用例如果不通过，需要提交测试用例不能通过的原因分析，但终端同样可以获得认证。另外，PTCRB 中有 S 类测试用例，指的是相应测试用例不适用于当前及以后版本的 NAPRD03。

3.1.8　持续改进机制

可以认为 3GPP 的测试标准是一致性测试的技术源头，相应的终端应该做的射频及协议测试在 3GPP 的测试标准内已经做了规定。如之前介绍的 CR 机制，保证了从标准的层面可以快速迭代，从而确保了测试标准在持续更新。

GCF/PTCRB 在 3GPP 定义的测试用例中选择了部分测试用例作为其认证要求，一方面是由于标准先行，从标准到最终终端制造商研发、生产支持相应新特性的终端有一个过程。另一方面，虽然部分特性在标准中有定义，但 GCF/PTCRB 是以运营商为主体的组织，对于部分其不关注的测试用例，同样不会纳入认证要求。同样的，如果部分测试用例是运营商关注的，但在 3GPP 标准中没有要求，GCF/PTCRB 会通过联络函与 3GPP 进行沟通，提出相应的测试用例需求。联络函机制确保了 3GPP 和 GCF/PTCRB 之间的信息沟通，使得制定测试标准时就考虑到了行业认证机构的需求。

GCF/PTCRB 通过对测试平台、测试用例的验证，在确保测试设备供应商的测试平台符合 3GPP 标准的基础上，同样会发现测试平台实现中的大量问题，有力地推动了测试设备供应商持续改进其提供的测试解决方案。

当然在进行测试用例验证的过程中，也会发现测试标准及 TTCN 中可能存在的错误，相应的错误可以通过 3GPP 的 CR 机制及 TTCN CR 机制进行修正。

在检测实验室使用经过验证的测试平台对终端进行一致性测试的过程中，通常初测都会有大量的测试用例不能通过测试的情况，终端制造商、检测实验室、芯片供应商及测试设备供应商都有可能参与此过程，通过相关的技术分析，除终端实现不符合标准的常规情况外，也经常发现一些特定测试平台的实现问题，此时可以通过 GCF/PTCRB 的测试用例降级机制，将相应的测试用例进行降级处理。如果在此过程中发现测试标准和 TTCN 的实现问题，同样可以通过 3GPP 的 CR 机制及 TTCN CR 机制进行修正。通过大量的实际测试，一方面推动测试设备供应商持续改进测试方案，同时推动测试标准的进一步完善；另一方面也推动检测实验室提高测试效率，缩减检测周期，同时也极大地促进了终端制造商改善产品的设计和实现，确保了最终上市终端的性能。

GCF/PTCRB 每年通常有 4 次会议，针对其认证要求进行讨论，对于一些业界已经非常成熟的技术，会取消或大幅消减相应的测试认证要求；对于一些新出现的认证需求会提出相应的认证要求。通过相应的定期协商，确保了认证的要求能够持续改进，从而符合整个行业的发展需求。

正是由于一致性测试行业形成了良好的持续改进机制，从而成为移动通信能够快速发展的重要基石。

3.2　5G 测试设备供应商

本节主要介绍 5G 射频和协议测试的设备供应商。在 2G/3G/4G 时代，国产测试设备供应商的解决方案没有成为市场的主流选择，可喜的是，在 5G 一致性测试系统方面，两家国内测试设备供应商：星河亮点和大唐联仪都取得了突破，得到市场的认可，成为多家国际测试实验室的选择。

1. 星河亮点

星河亮点自 2001 年 1 月成立以来，致力于通信网络技术创新，是全球领先的无线通信仪器仪表及测试测量解决方案供应商。星河亮点已在无线移动通信领域获得 100 多项专利及软件著作权，在 2G/3G/4G/5G 和 NB-IoT 移动通信及宽带无线接入终端测试行业为客户提供优质的仪器仪表设备，产品包括用于通信网络产品研发、认证和生产的测试仪器仪表及系统，以及特定网络和技术的定制化测试解决方案。

星河亮点拥有完善的软硬件开发人才，包括行业领军人才、技术专家等 200余人。近年来经过系统的产品平台化、模块化、丰富的通信技术积累，星河亮点推出了 SP9500 5G 终端测试系统，同时支持射频一致性、RRM（radio resource management，无线资源管理）一致性、协议一致性和机卡一致性，并提供定制化测试能力。同时，星河亮点注重市场拓展，在教育、卫星、短距离通信以及专用网络方面均进行了延伸，也将一如既往地在电子信息领域注重原始创新，保持技术与产品的领先性，为满足客户产品品质提高的需求提供有力的支撑。

2. 大唐联仪

大唐联仪是中信科集团的核心成员之一。公司的愿景是成为仪器仪表领域的世界级公司。2002 年开始致力于仪表的标准、研发和制造，在 3G 时代力推自主知识产权的第一款产品 TDS 一致性测试系统。从 3G 到 4G，伴随着当前 5G 技术的迅速发展，大唐联仪经过不断积累、沉淀和创新，推出商用 3G/4G/5G 协议一致性、3G/4G/5G 生产综测仪、4G/5G 扫频仪等多款仪表产品。目前 5G 协议一致性仪表在国际认证测试机构、三大运营商、法规类认证机构、主流芯片厂商、主流手机厂商均有使用且作为主要设备。在仪器仪表的无线测试测量领域，提供了一套完整的国产化方案和产品。

3. 罗德与施瓦茨公司

罗德与施瓦茨（R&S）公司是一家总部位于慕尼黑的技术公司，为企业和政府机构开发、生产和销售广泛的电子产品，致力于提供各类解决方案以打造一个更加安全与互联的世界。公司主要业务领域包括测试与测量、广播电视与媒体、航空航天/国防/安全、网络信息安全并覆盖多个不同行业及政府市场分支。

在无线通信领域，罗德与施瓦茨公司致力于为整个产业链提供全生命周期的专业测试设备。从 GSM 时代到如今的 5G，罗德与施瓦茨公司的测试与测量设备持续不断地成为无线通信业的标杆。从新流程的标准化，到元器件、无线设备和基站的研发及生产，从新技术纳入网络运营到网络的监测和优化，罗德与施瓦茨公司的测试与测量设备始终扮演着关键的角色。它支持所有无线通信标准，并为第五代移动通信技术（5G）、车用无线通信技术（V2X）、机器对机器（M2M）通信和物联网（IoT）的未来技术发展做出决定性的贡献。

4. 是德科技

是德科技（NYSE：KEYS）起源于美国惠普公司，是硅谷第一家高科技公司。1999 年惠普公司电子测量集团经重组成为安捷伦科技，2014 年再次分拆上市并取名为是德科技，成为 100%专注于电子测试测量的一家高科技跨国公司。

是德科技与惠普公司和安捷伦公司一脉相承，拥有世界一流的测量平台、软件和一致性测量技术，在多年的发展中，致力于帮助企业、服务提供商和政府客户加速创新，创造一个安全互联的世界。从设计仿真、原型验证、生产测试到网络和云环境的优化，是德科技提供了全方位的测试与分析解决方案，帮助客户深入优化网络，进而将其电子产品以更低的成本、更快的速度推向市场。其客户遍及全球通信生态系统、航空航天/国防、汽车、能源、半导体和通用电子终端市场。2021 财年，是德科技收入达 49 亿美元。

全球拥有员工约 12900 名，遍及 100 多个国家，为客户提供卓越服务。是德科技在华员工近 1000 名，其中研发团队有 300 人，总部设在北京，并在上海设有投资公司。在北京、上海、成都、深圳、广州、沈阳 6 座城市设有运营基地，并在 18 个城市设有分支机构。

5. 安立公司

安立公司（Anritsu）是一家拥有超过 110 多年历史的创新电子测量解决方案的全球供应商。公司的测试测量解决方案包括无线、光通信、微波/射频和数字信号测试仪器，为无线终端、无线接入网、光传输网络、高速高频设备与器件提供先进的研发、制造及安装维护解决方案。安立公司还为通信产品和系统提供精密微波/射频元件、光器件和高速器件。安立公司于全球各地设有办事处，业务遍布 90 多个国家，并拥有约 4100 名员工。1987 年安立公司在北京设立第一个办事处，2001 年成立了安立电子（上海）有限公司，为中国客户提供优质和高水准的售后技术服务。2011 年 9 月成立安立通讯科技（上海）有限公司，以迅速响应不断扩大的中国市场的需求。

自公司成立起，安立公司"独创且高水平"的产品相继问世并支撑着世界通信业的发展。1990 年与美国微冲公司（WILTRON）的合并，安立公司成功实现了从低频、射频到微波，从光通信到移动通信的多领域发展。在无线通信测试领域，安立开发了紧跟趋势的移动通信测量解决方案，帮助客户快速开发能够满足最新通信标准的产品。从最早使用 W-CDMA 世界标准的 3G 开始一直到最新的 5G，安立一直在为世界领先的芯片供应商、通信运营商、终端厂商等开发和提供基站模拟器（综测仪），作为实施射频和协议测试的实际解决方案。

另外，安立公司以丰富的产品为客户提供支持，包括芯片、终端和应用开发、制造、质量保证检测、基础设施安装和维护等操作的每个阶段所需的各种类型的基站模拟器，以及用于应用开发和生产线的测试仪、射频/协议一致性测试系统、用于现场安装维护的手持式测试仪。

参 考 文 献

[1] Global Certification Forum (GCF) Ltd Validation Procedures: GCF-VP V3.33.0[S/OL]. (2022-05-09). https://www.globalcertificationforum.org/document/GCF-VP-v3.33.0.html?document_class=FD00A6C8-F4B0-4CDE-BCF858FDA6C07569&showLatestVersion=true&sortOrder=upload_time-desc.

[2] PVG PTCRB Validation Group TERMS OF REFERENCE AND WORKING PROCEDURES: PVG.02 V5.8.0[S/OL]. (2022-03-29). https://cpwg.ctiacertification.org/documents/.

[3] Global Certification Forum Certification Criteria: GCF-CC V3.86.0[S/OL]. (2022-08-09). https://www.globalcertificationforum.org/document/GCF-CC-v3.86.0. html?document_class=FD00A6C8-F4B0-4CDE-BCF858FDA6C07569&showLatestVersion=true&sortOrder=upload_time-desc.

[4] Process Overview of PTCRB Certification Program and IMEI Control: PPMD V3.7 [S/OL]. https://www.ptcrb.com/certification-program/.

[5] Version Specific Technical Overview of PTCRB Certification Program: NAPRD03 V6.10[S/OL]. (2022-09). https://www.ptcrb.com/certification-program/.

[6] Global Certification Forum (GCF) Ltd Work Programme Management Procedures: GCF-WP V3.20.0[S/OL]. (2021-12-19). https://www.globalcertificationforum.org/document/GCF-WP-v3.20.0.html?document_class=FD00A6C8-F4B0-4CDE-BCF858FDA6C07569&showLatestVersion=true&sortOrder=upload_time-desc.

第 4 章

5G FR1 射频测试

从 2G、3G，到 LTE 和当前的 5G，无线终端的射频性能测试正变得越来越重要，因为无线终端的发射和接收性能决定着其在移动通信网络中的表现。3GPP 中 5G 射频测试标准包括 TS 38.521-x 以及 TS 38.533。鉴于 FR1 和 FR2 射频测试每个都有非常多的内容，且存在较大的差异，所以本书分为独立的两章来介绍。本章将详细介绍 5G FR1 各类射频测试（包括一致性测试和法规测试）的基本参数、测试目的、参数配置、测试方法、测试要求、仪表和系统以及测试常见问题的经验总结。

4.1 FR1 基础参数

本节我们将介绍涉及 5G FR1 射频测试的基础参数。在本节内容中包含了很多表格，因为进行 5G NR 终端设备的开发，尤其是测试时会经常用到这些表格，但由于篇幅原因，仅以部分频段为例进行介绍便于理解，本节大多数表格来自 TS 38.101-1 和 TS 38.508-1，如果需要查看更详细的内容，可以查阅相关 3GPP 标准。

需要注意的是，5G 的命名方案已经变更，正如 4G LTE 在命名中使用字母 B 指代频段，5G 在命名中重新加入字母 n，用以指代新空口（NR）。5G NR 使用 LTE 相同的频段编号，只是加上 n 标识符。

4.1.1 工作频段

在 5G NR 中，3GPP 规定了两个大的频率范围。一个是 FR1（frequency range 1），也称为 Sub 6GHz，另一个是 FR2，通常称为毫米波，如表 4-1 所示。

表 4-1　频率范围定义

频率范围分类	对应频率范围/MHz
FR1	410～7125
FR2	24250～52600

FR1 工作频段及对应的频率范围如表 4-2 所示。上行（up link，UL）指的是基站接收和终端发射方向，下行（down link，DL）指的是基站发射和终端接收的方向。双工模式分为频分双工（frequency-division duplex，FDD）、时分双工（time-division duplex，TDD）、下行辅助（supplementary download，SDL）和上行辅助（supplementary upload，SUL）4 种模式。

表 4-2 FR1 工作频段及对应的频率范围（以部分工作频段为例）

工 作 频 段	上行工作频率范围/MHz ($F_{UL\_low} \sim F_{UL\_high}$)	下行工作频率范围/MHz ($F_{DL\_low} \sim F_{DL\_high}$)	双 工 模 式
n1	1920～1980	2110～2170	FDD
n2	1850～1910	1930～1990	FDD
n3	1710～1785	1805～1880	FDD
n5	824～849	869～894	FDD
n8	880～915	925～960	FDD
n75	N/A	1432～1517	SDL
n78	3300～3800	3300～3800	TDD
n79	4400～5000	4400～5000	TDD
n80	1710～1785	N/A	SUL

1. 载波聚合

载波聚合技术（carrier aggregation，CA）将多个移动网络载波合并成一条数据信道，提高上行链路和下行链路的数据率和吞吐量，同时优化现有带宽的使用率，网络运营商能够灵活地使用任何载波聚合类型（如带内连续、带内非连续或带间非连续载波聚合）部署非特许频谱，如图 4-1 所示。

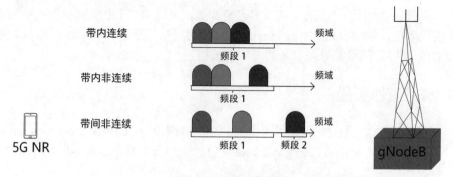

图 4-1 载波聚合类型

带内载波聚合指的是在同一个频段内进行载波聚合，NR 带内载波聚合分为连续和非连续载波聚合。带间载波聚合指多个不同频段的子信道载波进行载波聚合。由于不同频率子信道载波会经历不同的路径损失，且路径损失随频率的增加而增加，所以不同频率子信道载波提供的覆盖范围不同，即对应的小区大小不同。在图 4-2 的示例中，只有中间的终端可以用到所有 3 个子信道载波，而左边的终端不在小圆圈表示的子信道载波的覆盖区域内。

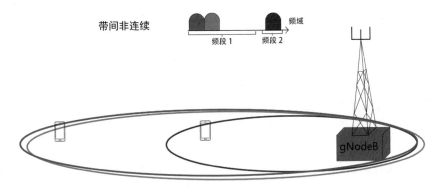

图 4-2　载波聚合（PSC 和 SSC）

LTE 通过载波聚合技术逐渐提高下行链路数据率和接收数据率，让大量手机消费者获益。5G NR 技术扩大了这一趋势，在 FR1 和 FR2 中都使用载波聚合，最高支持 16 个分量载波。5G 载波聚合将提供带有非对称上下载功能的多重连接能力。在频分双工或时分双工模式下，每条分量载波能够获得 1.4MHz、3MHz、5MHz、10MHz、15MHz 或 20MHz 带宽。在时分双工条件下，分量载波的带宽和数量必须在上下行链路保持相同。在 5G NR 条件下，还有另外一个载波聚合方案，该方案中 LTE 与 5G NR 都使用载波聚合，被称为双重连接（EUTRA-NR dual connection，EN-DC），该方案能够聚合 4G LTE 和 5G NR 频段。

2. 上行 MIMO

上行 MIMO（multiple in multiple out，多入多出）对于 5G 移动网络的大规模部署具有十分重要的意义，可以增强上行链路的性能，进一步扩展数据率，提升最终用户的体验。FR1 支持上行 MIMO 的工作频段如表 4-3 所示。

表 4-3　FR1 上行 MIMO 工作频段

NR 工作频段									
n1	n30	n41	n71	n84	n3	n38	n48	n78	n96
n2	n34	n46	n77	n95	n7	n39	n66	n79	n97
n25	n40	n70	n80	n98					

4.1.2　物理层参数

对物理层参数进行配置是进行射频测试的准备工作之一，为了更好地理解并进行正确配置，下面对射频测试中常用的物理层参数进行逐一介绍。

1. 波形

在 5G NR 开发过程中，第一步是为 5G NR 设计物理层，其中波形是一个核心技术参数。在审查多个提案以及考虑到与 LTE 和 MIMO 的兼容性、频谱效率、峰值平均功率比（PAPR）以及 URLLC 场景、实现复杂度等多种因素后，3GPP 选择扩展使用频分复用技术，在 Release 15 中确定 5G NR 的上行和下行使用添加循环前缀正交频分复用（CP-OFDM）波形，CP-OFDM 技术利用多个平行窄带子载波来传输信息，而不使用单个宽带载波。该技术定义充分，且已在 4G LTE 下行链路和 WiFi 通信标准成功实施，因此也适合用于 5G NR 设计。

此外，5G NR 上行链路还提供了一种不同的波形格式，这种波形格式类似 4G LTE 上行链路使用的波形模式——离散傅里叶变换扩频正交频分复用（discrete Fourier transform-spread-OFDM，DFT-s-OFDM）波形，与 CP-OFDM 波形互补用于低峰均比的上行信号。DFT-s-OFDM 波形是一种 4G 采用的波形，结合了循环前缀正交频分复用和 PAPR 的优点。DFT-s-OFDM 波形对上行链路有帮助，对于高功率的功率等级 2 的应用或者当用户设备位于基站蜂窝的边缘位置并远离信号塔时，DFT-s-OFDM 可以是首选波形。

DFT-s-OFDM 非常类似于 LTE 上行链路使用的单载波频分多址（SC-FDMA），CP-OFDM 非常类似于 LTE 下行链路使用的正交频分多址（OFDMA）。CP-OFDM 在 MIMO 空间复用上的效率更高，这相当于提高了频谱效率，CP-OFDM 波形可用于单流和多流（即 MIMO）传输，而 DFT-s-OFDM 波形只限于针对上行链路峰均比较低的情况的单流传输。CP-OFDM 能够面向复杂程度较低的接收器，而且在一些最重要的 5G 性能指标上（如与多天线技术的兼容性）排名最高。同时 CP-OFDM 的时域控制良好，这一点对于低延时关键应用和时分双工部署具有重要意义。另外与其他波形相比，CP-OFDM 对于相位噪声和多普勒效应（频率变化与波长变化）的耐受性更强。因此在大规范部署条件下，CP-OFDM 非常适合上行链路传输。表 4-4 列出了 FR1 信号波形要求。

表 4-4　FR1 信号波形要求

	波　　形
下行波形	CP-OFDM
上行波形	CP-OFDM
	DFT-s-OFDM

2. 子载波间隔

为适应多种不同子载波间隔（subcarrier spacing，SCS）的 OFDM 波形，在 5G NR 中引入了参数集，子载波间隔不再局限于 LTE 时代的 15kHz，而是根据不同的使用场景进行适配，这也是 5G NR 的一个重要特性，并对时隙和子帧产生影响。5G NR 提供的子载波间隔方案（包括 FR2）是 2 的整数次幂乘以 15kHz，分别为 15kHz、30kHz、60kHz、120kHz 和 240kHz。灵活的载波间隔可用于适当支持 5G NR 所需的多元化频段、频谱类型及部署模式。参数集 numerology = 0 表示子载波距为 15kHz，与 LTE 相同。第二列中看到的就是 5G NR 中除了 15kHz 之外的子载波间隔。并不是所有的 numerology 都能用于所有的物理通道和信号。表 4-5 展示了 FR1 支持的传输参数集与物理通道的配合关系。

表 4-5　FR1 支持的传输参数集与物理通道的配合关系

μ	SCS/kHz	每个时隙的符号数	每帧时隙数	每个子帧时隙数	工作频段	支持的最大信道带宽/MHz	是否支持数据传输	是否支持同步
0	15	14	10	1	FR1	50	是	是
1	30	14	20	2	FR1	100	是	是
2	60	14	40	4	FR1/FR2	100（FR1）/ 200（FR2）	是	否
3	120	14	80	8	FR2	400	是	是
4	240	14	160	16	FR2		否	是

那么，为什么 5G 采用这么复杂的参数集，并要设定这么多不同的子载波间隔呢？5G 业务使用的频段的跨度很大，部署方式也多种多样，因此需要一个可以灵活扩展的 OFDM 参数集。扩展系数 2^n 意味着不同的数集的时隙和 OFDM 符号在时域是对齐的，这对于 TDD 网络有着重要的意义。参数 n 的选择取决于很多因素，包括部署的方式（FDD 或者 TDD）、载频、业务需求（时延、可靠性和数据速率）、硬件品质（本地晶振的相位噪声）、移动性，以及实现复杂性。例如，设计大的子载波间隔的目的是支持时延敏感型业务（URLLC）、小面积覆盖场景和高载频场景，而设计小的子载波间隔的目的是支持低载频场景、大面积覆盖场景、窄带宽设备和增强型广播/多播（eMBMSs）业务。

OFDM 符号的持续时间与子载波间隔成反比，由于在所有的参数集中，每个时隙中的 OFDM 符号数量都一样（14 OFDM 符号/时隙），这意味着随着子载波间隔变大，时隙的持续时间变短，可以缩短 2、4、8 或 16 倍，OFDM 符号的传输时间缩短，从而物理层的延迟缩短了，即传输相同的内容用的时间减少了，传输相对而言就更快。所以使用大子载波间隔时时延减少了。这样就能为用户提供对时延有苛刻要求的业务，如 URLLC 业务，这是 LTE 无法提供的。OFDM 符号长度与子载波间隔成反比，子载波间隔越小，OFDM 符号长度越长。有了更长的 OFDM 符号，我们可以有更多的空间来使用循环前缀。循环前缀越长，小区半径越大，对衰落信道的容忍度越高。

同时对于相同数量的子载波，间隔越远，占用的带宽就越大，即会增加带宽。间隔为 15kHz 时，支持的最大带宽为 50MHz。随着子载波间隔增加，最大带宽也会随之翻倍，在间隔为 120kHz 时可达 400MHz。而当子载波间隔为 240kHz 时，支持的子载波数减半，因而所能支持的最大带宽依然为 400MHz。

在低频段，如 6GHz 以下的频段没有更宽的频谱，对于 5G FR1 最大带宽是 100MHz。所以为了在有限的频谱中得到尽可能多的子载波，需要使用尽可能小的子载波间隔。这就是为什么在较低频段使用小的子载波间隔，如 15kHz、30kHz、60kHz。那么，为什么不使用更小的子载波？因为在 OFDM 中，保持子载波之间的正交性是很重要的，传输的信号会经过各种衰落信道，导致每个子载波的频率漂移。当发射机或接收机移动得很快时，频率漂移的程度就变得更加严重。使用的子载波间隔越窄，对衰落的容忍度就越弱。

较宽的子载波间隔如 120kHz、240kHz，主要用于毫米波频段。当工作在非常高的频率时，如毫米波，随着载波频率的提高，移动发射机或接收机的频率漂移程度也随之提高，即多普勒传播随着载波频率的提高而变宽。为了克服这种宽频率范围的频率漂移（或移位），需要使用更宽的子载波间距。毫米波中子载波间隔更宽的另一个原因是使用了基于海量 MIMO 的波束赋型，从而很难控制子载波间隔较窄的信号的相位。此外，随着频率的增加，相位噪声的恶化程度也会增加。采用更宽的子载波间距更容易实现相位噪声估计和校正。

3. 资源块

资源块（resource block，RB）是数据信道资源分配的基本调度单位。在 5G 38.211 中与 LTE 类似，一个 NR 资源块由频域上连续的 12 个子载波组成，即一个 RB 的定义是一个时隙包含的 14 个符号×12 个子载波。和 LTE 中资源块带宽固定为 180kHz 不同，资源块中带宽是不固定的。对于不同的子载波间隔，资源块带宽的大小是不一样的。

3GPP R16 中上下行的资源块参数如表 4-6 所示，也与 LTE 有所不同。相比 4G 最高仅 90%的信道带宽利用率，5G NR 进一步提高信道带宽利用率，30kHz 子载波间隔最高可达 98.3%。

表 4-6 资源块最小值、最大值和带宽

μ	最小值	最大值	SCS/kHz	最大频域带宽	最大频域利用率
0	24	270	15	48.6	97.2%
1	24	273	30	98.28	98.3%
2	24	135（FR1） 264（FR2）	60	97.2（FR1） 190.08（FR2）	97.2%（FR1） 95%（FR2）
3	24	264	120	380.16	95%
4	24	138	240		

4. 物理信道和信号

物理信道一般是指依托物理媒介传输信息的通道。承载高层（在物理层之上的各层）信息的时频资源被称为物理信道。简单理解就是对一个 10ms 帧内所有的时频资源，即频域上的子载波和时域上的时隙、符号进行分类，得到各种物理信道，用于物理层之上的 L2、L3、APP 层进行通信，传输特定类型信息，不同类型的信息标识了不同类型的物理信道。

1）物理通道

5G 中的上行物理信道和 4G 相比并没有发生改变，在射频测试中常用的上行和下行物理信道传输要求如表 4-7 所示。其物理信道和信号的相互关系如图 4-3 所示。

表 4-7　上行和下行物理信道传输要求

上行物理信道	下行物理信道
物理上行共享信道	物理广播信道
物理上行控制信道	物理下行共享信道
物理随机接入信道	物理下行控制信道

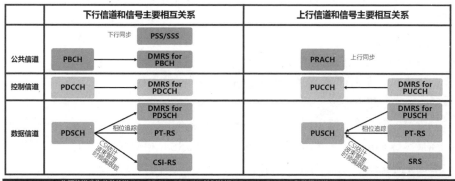

图 4-3　物理信道和信号的相互关系

（1）物理上行共享信道（physical uplink shared channel，PUSCH）：对应于物理下行共享信道的上行物理信道，用于传输上行用户数据，还可以用来承载上行控制信息。

（2）物理上行控制信道（physical uplink control channel，PUCCH）：用于承载上行控制信息、反馈 HARQ-ACK 信息、CQI（channel quality indication，信道质量指示）反馈、指示下行的传输块是否正确接收、上报信道状态信息以及调度请求指示等 L1/L2 控制信令，当上行数据到达时请求上行资源。

（3）物理随机接入信道（physical random access channel，PRACH）：用于用户随机接入请求信息。

（4）物理下行共享信道（physical downlink shared channel，PDSCH）：主要用于承载下行用户数据，也可以用于寻呼消息和系统消息的传输。

（5）物理下行控制信道（physical downlink control channel，PDCCH）：用于传输下行控制信息，即终端接收上下行调度信息、功控、时隙格式指示和抢占指示（preemption indication，PI）等控制信令的传输。

（6）物理广播信道（physical broadcast channel，PBCH）：用于承载系统广播消息。

2）物理层参考信号

物理层之间进行通信使用的是物理层参考信号，仅用于物理层内部。上行和下行物理信号主要包括以下 5 种，其中上行解调参考信号和相位噪声跟踪参考信号与下行的设计基本相同。

（1）同步信号（synchronization signal，SS）。用于下行时频同步和小区搜索。

（2）信道状态信息参考信号（channel state information reference signal，CSI-RS）。用于下行信道测量、波束管理、RRM/RLM 测量和精细化时频跟踪等。

（3）解调参考信号。用于上行和下行数据解调、时域同步等

（4）相位噪声跟踪参考信号。用于上行和下行相位噪声的跟踪和补偿。

（5）探测参考信号（sounding reference signal，SRS）。用于上行信道测量、时频同步、波束管理等。

下行同步信道包括主同步信号（primary synchronization signal，PSS）、辅同步信号（secondary synchronization signal，SSS）和 PBCH。因为 PSS、SSS和 PBCH 需要按照相同的方式进行波束扫描，NR 将 PSS、SSS 和 PBCH 组合起来定义为一个同步块（synchronization signal/PBCH Block，SSB），波束扫描以 SSB 为单位进行。

5．调制方式

5G NR 的下行 OFDM 调制方式为 QPSK、16 QAM、64 QAM 和 256 QAM，上行 DFT-s-OFDM 调制方式为 PI/2 BPSK、QPSK、16 QAM、64 QAM 和 256 QAM。上行增加了 PI/2 BPSK，主要考虑在 mMTC 场景，低数据速率下实现功率放大器的更高效率。除了 PI/2 BPSK，5G NR 与 LTE-A 使用相同的调制阶数，物理信道支持的调制方式如表 4-8 所示。另外 3GPP 也正在考虑将 1024 QAM 引入。

表 4-8 物理信道支持的调制方式

物 理 信 道		调 制 方 式
下行	PDSCH	QPSK
		16 QAM
		64 QAM
		256 QAM
	PDCCH	QPSK
	PBCH	QPSK
上行	PUSCH	PI/2 BPSK
		QPSK
		16 QAM
		64 QAM
		256 QAM
	PUCCH	BPSK
		QPSK

4.1.3 信道带宽

5G NR 中最大信道带宽和子载波间隔根据工作频段而变化，子载波间隔
（15kHz，30kHz）只能在 FR1 中使用，子载波间隔（120kHz）仅可用于 FR2，
而子载波间隔（60kHz）可以在 FR1 和 FR2 中使用。在 FR1 中，最大信道带宽
为 100MHz，在 FR2 中最大信道带宽为 400MHz。

终端的信道带宽支持上行或下行单个射频载波，其配置是灵活的。终端可
以配置一个或多个部分带宽（bandwidth part，BWP）/载波，每个载波都有自己
的信道带宽，终端不需要知道基站信道带宽，也不需要知道基站如何给不同终
端分配带宽。NR 信道的信道带宽和最大传输带宽配置的定义如图 4-4 所示。

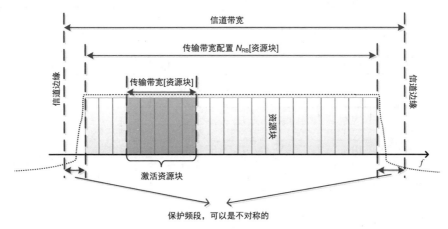

图 4-4 NR 信道的信道带宽和最大传输带宽配置的定义

1. 传输带宽配置

FR1 终端不同信道带宽和子载波间隔对应的最大传输带宽的资源块配置 N_{RB} 不同，如表 4-9 所示。

表 4-9　不同信道带宽和子载波间隔对应的最大传输带宽的 N_{RB}

SCS /kHz	信道带宽/MHz														
	5	10	15	20	25	30	35	40	45	50	60	70	80	90	100
15	25	52	79	106	133	160	188	216	242	270	N/A	N/A	N/A	N/A	N/A
30	11	24	38	51	65	78	92	106	119	133	162	189	217	245	273
60	N/A	11	18	24	31	38	44	51	58	65	79	93	107	121	135

2. 最小保护带宽

不同信道带宽和子载波间隔的最小保护带宽如表 4-10 所示。

表 4-10　不同信道带宽和子载波间隔时的最小保护带宽　　　单位：kHz

SCS /kHz	信道带宽/MHz														
	5	10	15	20	25	30	35	40	45	50	60	70	80	90	100
15	242.5	312.5	382.5	452.5	522.5	592.5	572.5	552.5	712.5	692.5	N/A	N/A	N/A	N/A	N/A
30	505	665	645	805	785	945	925	905	1065	1045	825	965	925	885	845
60	N/A	1010	990	1330	1310	1290	1630	1610	1590	1570	1530	1490	1450	1410	1370

注：最小保护带宽用公式 $(BW_{Channel} \times 1000（kHz）- N_{RB} \times SCS \times 12) / 2 - SCS/2$ 计算，其中 N_{RB} 参见表 4-9，$BW_{Channel}$ 表示信道带宽。

3. 工作频段对应的信道带宽

3GPP Release 17 版本定义的工作频段和子载波间隔对应的信道带宽如表 4-11 所示。此信道带宽的定义适用于发射和接收链路。

表 4-11　工作频段和子载波间隔对应的信道带宽（以部分工作频段为例）

NR 频段	SCS /kHz	信道带宽/MHz														
		5	10	15	20	25	30	35	40	45	50	60	70	80	90	100
n1	15	5	10	15	20	25	30		40	45	50					
	30		10	15	20	25	30		40	45	50					
	60		10	15	20	25	30		40	45	50					
n2	15	5	10	15	20	25	30	35[4]	40							
	30		10	15	20	25	30	35[4]	40							
	60		10	15	20	25	30	35[4]	40							
n12	15	5	10	15												
	30		10	15												
	60															
n78	15		10	15	20	25	30		40		50					
	30		10	15	20	25	30		40		50	60	70	80	90	100
	60		10	15	20	25	30		40		50	60	70	80	90	100

4．测试信道带宽

测试信道带宽在射频测试用例中需要用到，测试中通常需要测量高、中、低 3 种情况的信道带宽，表 4-12 列出了 FR1 部分工作频段的这 3 种测试信道带宽要求。

表 4-12　FR1 工作频段的测试信道带宽要求（以部分工作频段为例）

NR 频段	低测试信道带宽/MHz	中测试信道带宽/MHz	高测试信道带宽/MHz
n1	5	15，25	20，50
n2	5	15	20
n12	5	10	15
n78	10	50	100

5．载波聚合的带宽类别

终端信道带宽、子载波间隔和工作频段的组合如表 4-13 所示。其中 $BW_{Channel,max}$ 是所有波段支持的最大信道带宽，在回退组内，终端必须能够回退到低阶 CA 带宽等级配置，不强制终端可以回退到属于不同回退组的低阶 CA 带宽类配置。表 4-14 列出的是带内非连续上行载波聚合分级。

表 4-13　载波聚合带宽类别

CA 带宽类别	聚合信道带宽	连续载波数	回　退　组
A	$BW_{Channel} \leqslant BW_{Channel,max}$	1	1，2，3
B	$20MHz \leqslant BW_{Channel\_CA} \leqslant 100MHz$	2	2，3
C	$100MHz < BW_{Channel\_CA} \leqslant 2\,BW_{Channel,max}$	2	1，3
D	$200MHz < BW_{Channel\_CA} \leqslant 3\,BW_{Channel,max}$	3	
E	$300MHz < BW_{Channel\_CA} \leqslant 4\,BW_{Channel,max}$	4	
G	$100MHz < BW_{Channel\_CA} \leqslant 150MHz$	3	
H	$150MHz < BW_{Channel\_CA} \leqslant 200MHz$	4	
I	$200MHz < BW_{Channel\_CA} \leqslant 250MHz$	5	2
J	$250MHz < BW_{Channel\_CA} \leqslant 300MHz$	6	
K	$300MHz < BW_{Channel\_CA} \leqslant 350MHz$	7	
L	$350MHz < BW_{Channel\_CA} \leqslant 400MHz$	8	
M[3]	$50MHz \leqslant BW_{Channel\_CA} \leqslant 200MHz$	3	
N[3]	$80MHz \leqslant BW_{Channel\_CA} \leqslant 300MHz$	4	3
O[3]	$100MHz \leqslant BW_{Channel\_CA} \leqslant 400MHz$	5	

表 4-14 带内非连续上行载波聚合分级

上行 CA 分级	最大允许频率间隔
I	100MHz
II	200MHz
III	600MHz

4.1.4 信道栅格与测试频点

1. 信道间隔

相邻 NR 载波间的信道间隔取决于部署场景、频率块的宽度和系统信道带宽。标称相邻 NR 载波信道间隔定义如下。

对于信道栅格为 100kHz 的 NR 工作频段，标称信道间隔= $(BW_{Channel(1)} + BW_{Channel(2)})/2$。

对于信道栅格为 15kHz 的 NR 工作频段，标称信道间隔= $(BW_{Channel(1)} + BW_{Channel(2)})/2+\{-5kHz，0kHz，5kHz\}$。

其中，$BW_{Channel(1)}$ 和 $BW_{Channel(2)}$ 为两个相邻 NR 载波的信道带宽。信道间隔可按照信道栅格进行调整以优化某种特定部署场景的性能。

2. 总频率栅格

总频率栅格定义了一组射频参考频点 F_{REF}，用于信令识别射频信道、同步信号块 SSB 和其他元素的位置，标记一个 RE 映射到具体的频点位置。总频率栅格使用一组 RF 参考频点标记 0Hz～100GHz 的频率，在这 100GHz 的频段总共分出了 3279165 个栅格，这些栅格从 0 开始编号，一直编号到 3279165。每个编号都代表着一个绝对的频域位置，这些编号就叫作 NR 绝对射频信道号（NR-ARFCN）。

总频率栅格的栅格划分粒度称为 ΔF_{Global}，对于每个工作频段，该频段存在特定的栅格划分粒度，称为 ΔF_{Raster}，通常不小于 ΔF_{Global}。射频参考频率由总频率栅格范围(0…3279165)的 NR-ARFCN 指定。NR-ARFCN 与 RF 参考频率 F_{REF} 的关系由下式给出，其中 N_{REF} 为 NR-ARFCN，总频率栅格的 NR-ARFCN 参数如表 4-15 所示。

$$F_{REF} = F_{REF-Offs} + \Delta F_{Global}(N_{REF} - N_{REF-Offs})$$

表 4-15 总频率栅格的 NR-ARFCN 参数

频率范围/MHz	ΔF_{Global}/kHz	频率 $F_{REF-Offs}$/MHz	$N_{REF-Offs}$	N_{REF} 范围
0～3000	5	0	0	0～599999
3000～24250	15	3000	600000	600000～2016666

3．信道栅格

5G NR 用 ARFCN 将 0Hz～100GHz 的频段分成了若干段，FR1 每个工作频段对应的信道栅格如表 4-16 所示，可以看出信道栅格是 ARFCN 的子集。

表 4-16　FR1 每个工作频段适用的 NR-ARFCN（以部分工作频段为例）

NR 工作频段	ΔF_{Raster}/kHz	上行 N_{REF} 范围 （最前 – <步进> – 最后）	下行 N_{REF} 范围 （最前 – <步进> – 最后）
n1	100	384000 – <20> – 396000	422000 – <20> – 434000
n67	100	N/A	147600 – <20> – 151600
n78	15	620000 – <1> – 653333	620000 – <1> – 653333
	30	620000 – <2> – 653332	620000 – <2> – 653332
n80	100	342000 – <20> – 357000	N/A

4．同步栅格

同步栅格用于在系统没有提供明确同步块位置时为 UE（user equipment，用户设备）指示同步块具体的频点位置，与信道栅格不同，它不是 ARFCN 的子集，而是另外一套绝对的频域位置。每个同步信号的频点位置使用 SS_{REF} 和对应的总同步信道号 GSCN 定义，GSCN 是每个频域位置唯一的编号，总频率栅格的 GSCN 参数如表 4-17 所示。

表 4-17　总频率栅格的 GSCN 参数

频　率　范　围	同步信号块频点位置 SS_{REF}	GSCN	GSCN 范围
0～3000MHz	$N \times 1200kHz + M \times 50kHz$, N=1：2499, $M \in \{1,3,5\}$ (Note 1)	$3N + (M-3)/2$	2～7498
3000～24250MHz	$3000MHz + N \times 1.44MHz$ $N = 0$：14756	$7499 + N$	7499～22255

在定义了 GSCN 后，由于 ARFCN 的频域位置是绝对的，GSCN 的频域位置也是绝对的，所以对于用 ARFCN 范围划分的每个工作频段，其内的 GSCN 也就固定了，每个工作频段适用的 SS 栅格如表 4-18 所示。表 4-18 中同时指示了该工作频段内同步信号块的子载波间隔和时域模板。

表 4-18　每个工作频段适用的 SS 栅格（以部分工作频段为例）

NR 工作频段	同步信号块 SCS/kHz	同步信号块 模板	GSCN 块 （最前 – <步进> – 最后）
n1	15	Case A	5279 – <1> – 5419
n5	15	Case A	2177 – <1> – 2230
	30	Case B	2183 – <1> – 2224

续表

NR 工作频段	同步信号块 SCS/kHz	同步信号块 模板	GSCN 块 （最前 – <步进> – 最后）
n38	15	Case A	6432、6443、6457、6468、6479、6493、6507、6518、6532、6543
	30	Case C	6437 – <1> – 6538

5．测试频点

射频一致性测试中通常每个工作频段需要测量高、中、低 3 个工作频点，表 4-19 列出了 5G FR1 各工作频段的 3 个工作频点，以及默认的 TX 通道（载波中心频率）到 RX 通道（载波中心频率）的间隔。

表 4-19　5G FR1 各工作频段高、中、低频点（以部分工作频段为例）

频段	模式	下行/MHz			下行/上行 带宽/MHz	上行/MHz			双工间 隔/MHz
		低	中	高		低	中	高	
n1	FDD	2110	2140	2170	60	1920	1950	1980	190
n29	SDL	717	722.5	728	11				
n78	TDD	3300	3550	3800	500				
n80	SUL				75	1710	1747.5	1785	

4.1.5　测量公差

测量公差（test tolerance，TT）在 3GPP 测试规范中比较常见。它来源于测试系统的不确定性、法规要求和系统性能的重要性。因此，测试公差有时可能被设为零。测试公差不应因任何原因而修改，如常见的测试系统错误（失配、电缆损耗等）。

在 3GPP 一致性测试标准中对于测试要求有两个，即最小要求和测试要求。最小要求是由核心规范定义的，没有考虑测量不确定度和测量公差。测试要求在一致性测试标准中被提出，通常通过使用标准附录中定义的测量公差来放宽最小要求。当测量公差为零时，测试要求将与最小要求相同。当测量公差非零时，测试要求将不同于最小要求。

关于测量公差的取值范围以及在一致性测试规范中的适用性有如下 3 种情况。

（1）测量公差等于 0（TT=0），核心规范的最小要求没有被放宽。即在每次测试中一个临界良好的终端被判断为 FAIL 的概率等于一个临界不良的终端被判断为 PASS 的概率。TT=0 会被一致性测试规范采用。

（2）测量公差大于 0（TT>0），核心规范的最小要求被 TT 放宽，即在每次测试中一个临界良好的终端被判断为 FAIL 的概率小于一个临界不良的终端被判断为 PASS 的概率。测量公差小于测量不确定度（uncertainty of measurement，MU）且大于 0（0<TT<MU）会被一致性测试规范采用。测量公差最高值达到测量不确定度（TT=MU）会被一致性测试规范采用，这也被称为"决不错判任何性能良好的终端"原则。

（3）测量公差小于 0（TT<0），核心规范的最小要求被 TT 进一步严格限制，即在每次测试中一个临界良好的终端被判断为 FAIL 的概率大于一个临界不良的终端被判断为 PASS 的概率。TT<0 不会在一致性测试规范中采用。

4.1.6　LTE 锚点不可知法

在 EN-DC NSA 测试用例中，需要注意的一个描述就是 LTE 锚点不可知法是否适用于该用例。

那么什么是锚点？锚点正如汉语中词的本义一样，船在水中抛锚后，船无论怎样都是围绕这个锚点在晃动和绕圈。引申到 5G NR 中，在非独立组网工作模式下，终端通过 LTE 空口和 NR 双连接方式接入连接 4G 核心网的 4G 基站（eNB）和 5G 基站（gNB），其中 4G 基站为主站（MN），5G 基站为辅站。这里 LTE 基站就是切换的移动性锚点。

TS 38.521-3 中我们可以看到 LTE 锚点不可知法的描述，指对于 EN-DC 双连接模式下的终端，NR 的发射和接收性能与 LTE 锚点无关，即要求在锚资源不干扰 NR 操作的情况下进行验证。表 4-20 列举了 FR1 支持 LTE 锚点不可知法的 EN-DC 测试用例。

表 4-20　LTE 锚点不可知法的 EN-DC 测试用例

测 试 用 例	描　　　述
6.2B.2.3	FR1 内带间 EN-DC 的最大输出功率回退
6.3B.1.3	FR1 内带间 EN-DC 的最小输出功率
6.3B.3.3	FR1 内带间 EN-DC 的发射开关时间模板
6.4B.1.3	FR1 内带间 EN-DC 的频率误差
6.4B.2.3.1	FR1 内带间 EN-DC 的误差矢量幅度
6.4B.2.3.2	FR1 内带间 EN-DC 的载波泄露
6.4B.2.3.3	FR1 内带间 EN-DC 的带内发射
6.4B.2.3.4	FR1 内带间 EN-DC 的 EVM 均衡器频谱平坦度
6.5B.1.3	FR1 内带间 EN-DC 的占用带宽
6.5B.2.3.1	FR1 内带间 EN-DC 的频谱发射模板
6.5B.2.3.3	FR1 内带间 EN-DC 的邻道泄漏抑制比
7.3B.2.3	FR1 内带间 EN-DC 的参考灵敏度
7.4B.3	FR1 内带间 EN-DC 的最大输入电平

对于 LTE 锚点可能会对 NR 的性能产生干扰的情况，则需要对 LTE 锚点进行分析和测量，这时 LTE 锚点不可知法不再适用。这些情况下，TS 38.521-3 中会有额外的测试要求。

4.2 FR1 发射机测试

射频一致性测试依据 3GPP 标准可以分为三部分：第一部分是发射机与接收机测试；第二部分是性能测试，即解调性能和 CSI（channel status information，信道状态信息）上报测试（TS 38.521-4）；第三部分是无线资源管理测试（TS 38.533）。其中第一部分发射机与接收机测试又细分为三部分，即 FR1 SA 模式（TS 38.521-1），FR2 SA 模式（TS 38.521-2）以及 FR1/FR2 NSA 模式（TS 38.521-3）。FR2 部分由于测试方法和测试指标的较大差异，其相关内容会在第 5 章中单独介绍，这里将介绍 FR1 的射频一致性测试方法。

发射机测试是射频测试中至关重要的部分，一方面要求能够精确产生符合标准要求的有用信号，另一方面要求把无用发射和干扰电平控制在一定水平之内，因此主要考察发射机 4 个方面的性能：输出功率、输出功率动态范围、发射信号质量和频谱发射性能。5G 发射机测试具体的考察内容基本延续了 LTE 的发射机内容。

表 4-21 是 5G FR1 发射机测试用例概览。如 4.1 节所述，需要注意 NSA 模式下不适用 LTE 锚点不可知法的用例。

表 4-21　5G FR1 发射机测试用例概览

类　　型	测 试 用 例	子测试用例	LTE 锚点不可知法适用
输出功率	最大输出功率	无	否
	最大功率回退（MPR）		是
	额外的最大功率回退（AMPR）		是
	配置输出功率		否
输出功率动态范围	最小输出功率	无	是
	发射关断功率		是
	发射开关时间模板		是
	功率控制	绝对功率容差	是
		相对功率容差	是
		累计功率容差	是

续表

类　　型	测　试　用　例	子测试用例	LTE 锚点不可知法适用
发射信号质量	频率误差	无	是
	发射调制质量	误差矢量幅度	是
		载波泄漏	是
		带内发射	是
		误差矢量幅度①频谱平坦度	是
输出射频频谱特性	信道带宽	无	是
	带外发射	邻信道泄漏比	是
		频谱发射模板	是
		额外的频谱发射模板	是
	杂散发射	通用杂散发射	否
		共存杂散发射	否
		补充的杂散发射	是
	发射互调		是

① 误差矢量幅度（error vector magnitude，EVM）。

关于测试中的上行 RB 配置，除非测试用例另有说明，本节中发射机测试用例将使用表 4-22 中给出的配置。

表 4-22　FR1 部分带宽的通用上行配置

信道带宽/MHz	SCS/kHz	OFDM	RB 分配							
			Edge_Full_Left	Edge_Full_Right	Edge_1RB_Left	Edge_1RB_Right	Outer_Full	Inner_Full	Inner_1RB_Left	Inner_1RB_Right
5	15	DFT-s	2@0	2@23	1@0	1@24	25@0	12@6	1@1	1@23
		CP	2@0	2@23	1@0	1@24	25@0	13@6	1@1	1@23
	30	DFT-s	2@0	2@9	1@0	1@10	10@0	5@2	1@1	1@9
		CP	2@0	2@9	1@0	1@10	11@0	5@2	1@1	1@9
	60	DFT-s	N/A	N/A	N/A	N/A	N/A	N/A	N/A	N/A
		CP	N/A	N/A	N/A	N/A	N/A	N/A	N/A	N/A
40	15	DFT-s	2@0	2@214	1@0	1@215	216@0	108@54	1@1	1@214
		CP	2@0	2@214	1@0	1@215	216@0	108@54	1@1	1@214
	30	DFT-s	2@0	2@104	1@0	1@105	100@0	50@25	1@1	1@104
		CP	2@0	2@104	1@0	1@105	106@0	53@26	1@1	1@104
	60	DFT-s	2@0	2@49	1@0	1@50	50@0	25@12	1@1	1@49
		CP	2@0	2@49	1@0	1@50	51@0	25@12	1@1	1@49

续表

信道带宽/MHz	SCS /kHz	OFDM	RB 分配							
			Edge_ Full_ Left	Edge_ Full_ Right	Edge_ 1RB_ Left	Edge_ 1RB_ Right	Outer_ Full	Inner_ Full	Inner_1 RB_ Left	Inner_ 1RB_ Right
100	15	DFT-s	N/A	N/A	N/A	N/A	N/A	N/A	N/A	N/A
		CP	N/A	N/A	N/A	N/A	N/A	N/A	N/A	N/A
	30	DFT-s	2@0	2@271	1@0	1@272	270@0	135@67	1@1	1@271
		CP	2@0	2@271	1@0	1@272	273@0	137@68	1@1	1@271
	60	DFT-s	2@0	2@133	1@0	1@134	135@0	64@32	1@1	1@133
		CP	2@0	2@133	1@0	1@134	135@0	67@33	1@1	1@133

对于具体测试用例中涉及的测试配置参数及其选择的考虑、测试过程和测试要求等都将在下面逐一展开介绍。

4.2.1 输出功率

终端的输出功率是首要关注的射频指标。在设计终端功率时,到底功率大好还是功率小好呢?一方面,我们希望在能保证正常通信情况下,输出功率越小越好,因为输出功率越小、耗电量就越小,待机时间、通话时间越长,且对别的无线设备干扰越小,这不仅给别的无线设备创造了好的无线环境,同时也意味着小区容量越大。另一方面,在有些情况下,为了保证通信质量终端输出功率能被调整得大些,因为当终端在小区的远端时,为了保证终端信号经过长距离传输到达基站后仍能被正确解调,输出功率要足够大,以克服信号经过长距离传输的衰减,或者被建筑物或其他物体遮挡。在无线阴影区内,终端输出功率也要足够大,以克服终端信号必须经过多次的反射、折射及长距离传输的衰减,或者在干扰比较大的情况下,输出功率也要足够大,以克服噪声的干扰。综合两方面,输出功率存在着两面性,一方面在能保证正常通信情况下,手机输出功率越小越好;另一方面,在有些情况下,为了能保证通信质量,手机输出功率必须要大一些。

输出功率考察内容细分为最大输出功率、最大功率回退、额外的最大功率回退和配置输出功率。

1. 最大输出功率

终端最大输出功率需要满足标准规定的标称最大输出功率与容限的范围,超出范围的最大输出功率可能干扰其他信道或其他系统,而过小的最大输出功率会缩小覆盖范围。

对于具有 NSA 能力的终端，LTE 锚不定法不再适用，除了对 SA 模式下的 NR 功率进行测量外，还需要对 NSA 模式下的组合功率进行测试。NSA 模式下，对于 FR1 中的 E-UTRA 和 NR 的带间 EN-DC，最大输出功率测量为每个 UE 天线接头的最大输出功率之和。测量周期应为至少一个子帧（1ms）。应测量来自不同频段的所有组成载波的最大输出功率。如果每个频段都有独立的天线接头，则最大输出功率测量为每个 UE 天线接头的最大输出功率之和。无论是同时传输 E-UTRA 数据和 NR 数据，还是只传输 E-UTRA 数据或只传输 NR 数据，都需要确保终端满足功率等级要求。对于同时传输 E-UTRA 数据和 NR 数据的情况，需要保证 $\hat{P}_{\text{LTE}} + \hat{P}_{\text{NR}} <= \hat{P}_{\text{Total}}^{\text{EN-DC}}$ 。

1）测试配置的考虑和选择

调制方式选择 0dB MPR 时最小和最大的上行配置。目前的研究并没有发现子载波间隔（SCS）会影响测量功率，但为了避免出现可能没有发现的问题，所以目前选择测量最小和最大的 SCS。

2）NSA 模式的测试配置

与 TS 36.101 对 E-UTRA CG 和 TS 38.101-1 对 SA NR FR1 CG 规定的 MPR 要求相比，FR1 配置中 EN-DC 的 E-UTRA CG 和 NR CG 的 MPR 要求没有额外增加，所以 NSA 中 E-UTRA 和 NR 可以分别选择与 LTE MOP（maximum output power，最大发射功率）测试和 FR1 SA MOP 测试的测试环境、测试频率、测试信道带宽和上行链路类似的配置。上行调制方式选择 DFT-s-OFDM PI/2 BPSK 和 DFT-s-OFDM QPSK 两种，表 4-23 和表 4-24 分别为 FR1 SA 和 FR1 NSA 模式下最大输出功率的测试配置，其中 NSA 模式仅以 DFT-s-OFDM PI/2 BPSK 调制为例。

表 4-23　FR1 SA 模式最大输出功率的测试配置

初始条件			
测试环境	常温常压、低温低压、低温高压、高温低压、高温高压		
测试频率	低、中、高		
测试带宽	最小、中、最大		
子载波间隔	最小、最大		
测试参数			
测试 ID	下行配置	上行配置	
		调制方式	RB 分配
1	N/A	DFT-s-OFDM PI/2 BPSK	Inner_Full
2		DFT-s-OFDM PI/2 BPSK	Inner_1RB_Left
3		DFT-s-OFDM PI/2 BPSK	Inner_1RB_Right
4		DFT-s-OFDM QPSK	Inner_Full
5		DFT-s-OFDM QPSK	Inner_1RB_Left
6		DFT-s-OFDM QPSK	Inner_1RB_Right

表 4-24　FR1 NSA 模式最大输出功率的测试配置（以 NR DFT-s-OFDM PI/2 BPSK 为例）

初始条件	
测试环境	常温常压、低温低压、低温高压、高温低压、高温高压
测试频率	Low 对于 E-UTRA CC1 和 NR CC1、Mid 对于 E-UTRA CC1 和 NR CC1、High 对于 E-UTRA CC1 和 NR CC1
测试带宽	5MHz 对于 E-UTRA CC1 和 Lowest 对于 NR CC1、Highest 对于 E-UTRA CC1 和 Highest 对于 NR CC1
子载波间隔	最小、最大

测试参数								
测试 ID	测试 频率	E-UTRA 带宽	NR 带宽	下行 配置	EN-DC 上行配置			
					E-UTRA 小区		NR 小区	
					调制方式	RB 分配	调制方式	RB 分配
1	High	Default	Default		QPSK	1RB_Right	DFT-s-OFDM PI/2 BPSK	Inner_1RB_Right
2	Low	Default	Default		QPSK	1RB_Left	DFT-s-OFDM PI/2 BPSK	Inner_1RB_Left
3	Default	Default	Default		QPSK	Partial_Allocation	DFT-s-OFDM PI/2 BPSK	Inner_Full
7	High	5MHz, Highest	Lowest		QPSK	1RB_Right	N/A	N/A
8	Low	5MHz, Highest	Lowest	N/A	QPSK	1RB_Left	N/A	N/A
9	Default	5MHz, Highest	Lowest		QPSK	Partial_Allocation	N/A	N/A
10	High	5MHz	Lowest, Highest		N/A	N/A	DFT-s-OFDM PI/2 BPSK	Inner_1RB_Right
11	Low	5MHz	Lowest, Highest		N/A	N/A	DFT-s-OFDM PI/2 BPSK	Inner_1RB_Left
12	Default	5MHz	Lowest, Highest		N/A	N/A	DFT-s-OFDM PI/2 BPSK	Inner_Full

SA 模式测试时在每个上行调度信息中连续发送上行功控 up（上升）命令给 UE，从第一个 TPC 命令开始允许至少 200ms，以保证 UE 达到对应的 P_{UMAX} 电平发射。测量无线接入模式下 UE 信道带宽内的平均功率。测量周期至少为上行符号的一个连续子帧（1ms）。无须测试有暂态的 TDD 时隙。

对于 NSA 模式，连续发送上行功率控制 up 命令给 UE 的 NR 和 E-UTRA 载波，直到 UE 在其 P_{UMAX} 电平上传输。测试 ID 1-6 测量 EN-DC 中所有 EN-DC

组件载波上的平均输出功率之和，测试 ID 7-15 测量 E-UTRA 载体或 NR 载体上的平均输出功率。

得到的最大输出功率应该在表 4-25 中规定的额定最大输出功率和表 4-26 的 UE 最大输出功率测试容差确定的范围之内。

表 4-25　最大输出功率测试要求

功 率 等 级	功率/dBm	容差/dB
1	31	+2+TT/−3−TT
1.5	29	+2+TT/−3−TT
2	26	+2+TT/−3−TT
3	23	±2±TT

表 4-26　UE 最大输出功率测试容差

	$f \leqslant 3.0\text{GHz}$	$3.0\text{GHz} < f \leqslant 4.2\text{GHz}$	$4.2\text{GHz} < f \leqslant 6.0\text{GHz}$
BW≤40MHz	0.7dB	1.0dB	1.0dB
40MHz<BW≤100MHz	1.0dB	1.0dB	1.0dB

不同功率等级的终端的最大输出功率测试要求结果在规定的额定最大输出功率和容差确定的范围之内。需要注意的是，UE 的每个频段功率等级上报是独立的，包括 SA 和 NSA 模式。在 3GPP Release16 以后，UE 的频段功率等级上报会将 SA 和 NSA 分别上报。这种情况下务必逐个确认测试频段的功率等级，避免造成错误测试。例如，SA n41 频段的功率等级为 2，并不一定代表 NSA 3A-n41A 的功率等级就一定也是 2。3GPP 中允许 5G 频段在 SA 和 NSA 两种模式下设置成不同的功率等级。

2. 最大功率回退

功率回退这个测试用例从 LTE 开始引入，LTE 的信号结构和 WCDMA 不同，下行采用 OFDM 信号，上行采用 SC-FDMA 信号。虽然 SC-FDMA 信号的功率峰均比比 OFDM 信号低，但是当 SC-FDMA 信号的功率峰均比比较高时，意味着终端的射频功率放大器必须具有高度的线性来保证终端发射信号不失真。但使用线性射频功率放大器会导致发射机的成本大幅增加，而且即使是用线性射频功率放大器，也会严重降低整个系统的效率。而实际系统基本都是峰值功率受限的系统，大多数实际系统为了保证一定的效率，通常在一定的输出功率回退条件下使用非线性功率放大器对信号进行放大，所以考察功率回退测试项是很有必要的。当上行信号的功率峰均比比较高时，就需要进行功率回退到放大器的线性区内。当资源块越多，调制方式越高，则需功率回退值越大。

5G NR 和 LTE 同理，对于支持增强型移动宽带场景的 6GHz 以下频段，SA 模式下功率等级 2 和 3 的终端，由于更高阶调制和传输带宽配置，系统允许 UE 降低最大输出功率。而 5G 出于减少测试时间的考虑，需要寻找性能最差的上行配置，即最关键的配置，所以对于 MPR 测试配置进行选择前，对每个上行配置进行逐一分析。首先考虑频谱利用率和最小保护带宽。不同信道带宽和 SCS 下的最大传输带宽 N_{RB} 配置如表 4-27 所示。

表 4-27　最大传输带宽 N_{RB} 配置

SCS/kHz	信道带宽/MHz										
	5	10	15	20	25	30	40	50	60	80	100
15	25	52	79	106	133	160	216	270	N/A	N/A	N/A
30	11	24	38	51	65	78	106	133	162	217	273
60	N/A	11	18	24	31	38	51	65	79	107	135

通过最大资源块和 SCS 信息（假设每个资源块有 12 个子载波）计算每个信道带宽和每个 SCS 的最大传输带宽，单位为 MHz，如表 4-28 所示。

表 4-28　最大传输带宽　　　　　　　　　　　　单位：MHz

SCS/kHz	信道带宽/MHz										
	5	10	15	20	25	30	40	50	60	80	100
15	4.5	9.36	14.22	19.08	23.94	28.8	38.88	48.6	N/A	N/A	N/A
30	3.96	8.64	13.68	18.36	23.4	28.08	38.16	47.88	58.32	78.12	98.28
60	N/A	7.92	12.96	17.28	22.32	27.36	36.72	46.8	56.88	77.04	97.2

另外，表 4-29 列出了 SCS 下每个 UE 信道带宽和 SCS 的最小保护带宽。这个保护带宽是信道边缘和传输带宽边缘之间的频率间隔。可以看出，最低的 SCS（每个信道带宽）有最小保护带宽。所以考虑到频谱利用率和最小保护频段，需要对最小的 SCS 进行测试。

表 4-29　每个 UE 信道带宽和 SCS 的最小保护带宽　　　　单位：kHz

SCS/kHz	信道带宽/MHz										
	5	10	15	20	25	30	40	50	60	80	100
15	242.5	312.5	382.5	452.5	522.5	592.5	552.5	692.5	N/A	N/A	N/A
30	505	665	645	805	785	945	905	1045	825	925	845
60	N/A	1010	990	1330	1310	1290	1610	1570	1530	1450	1370

其次考虑到副载波的影响。表 4-29 中保护带宽的频率范围说明了各 SCS 和信道带宽的频率范围。但是，如果假设每个子载波的频率响应都不是理想的，

那么根据在这个保护带宽内可以保留多少副载波来研究这个保护带宽。这一信息使我们可以估计由于发射机的非线性，有多少功率会输出到信道带宽之外。

表 4-30 描述了保护带宽内的副载波数。大多数情况下，最高的 SCS 在保护带宽内有更少的次级高电平，因此，如果它们没有被信道带宽滤波器过滤，这种功率将是信道外不需要的杂散发射。基于以上分析，需要测试最大的 SCS。

表 4-30　最后一个子载波的每个信道带宽和 SCS 保护带宽所包含的副载波数　单位：个

SCS/kHz	信道带宽/MHz										
	5	10	15	20	25	30	40	50	60	80	100
15	16.16	20.83	25.5	30.16	34.83	39.5	36.83	46.16	N/A	N/A	N/A
30	16.83	22.16	21.5	26.83	26.16	31.5	30.16	34.83	27.5	30.83	28.16
60	N/A	16.83	16.5	22.16	21.83	21.5	26.83	26.16	25.5	24.16	22.83

对于测试频率，考虑到终端滤波器的实现，在特定频段工作的 UE 滤波器设计通常是基于一个参考频率设计其发射机中的有源元件。一般来说，最关键的情况是 UE 中的发射机滤波器的中心频率远离参考频率，所以性能最差的情况就是偏离参考频率最远的信道，即最低和最高信道。

关于测试带宽，从表 4-29 可知，对于特定的 SCS，具有最窄保护带宽的信道带宽对应于最低信道带宽。这种情况使得 UE 的滤波器带通很窄，斜率很高，很难在不增加滤波器带通损耗的情况下获得。因此需要对最低信道带宽进行测试。然而，带通更高的信道带宽对于用尺寸较小的高斜率滤波器获得斜坡下降尤其敏感，所以测试最高带宽也是需要的。此外，由于 MPR、邻频道泄漏比（ACLR）和频谱发射模板（SEM）将涵盖所有可能的非线性（频率、调制、信道带宽和 SCS）的测试，如果遵循 LTE 准则，测试点的数量将大幅增加。因此，应该要求合理地减少测试点。所以最低和最高带宽可以覆盖最关键的情况，最终选择测试最低和最高带宽。

在 LTE 中，用于不连续资源分配的测试信道带宽是最高的，FR1 MPR 测试可以参照 LTE 并选择最高测试信道带宽用于几乎连续的资源分配。此外，TS 38.817 中对 MPR 的最低符合性要求中提到，几乎连续分配时，15kHz、30kHz 和 60kHz 的 NRB_alloc + NRB_gap 分别大于 106RB、51RB 和 24RB，这意味着非连续资源分配的测试信道带宽应大于 20MHz。所以对于几乎连续的分配 MPR 测试应选择最高测试信道带宽（大于 20MHz）。

关于上行调制，在 LTE 的 ACLR 和 MPR 测试用例中，与调制、频率、信道带宽和分配相关的配置表使用相同的值。但是，根据 3GPP 的讨论，ACLR/SEM 可以在 MPR 测试点的子集上进行测试。此外，目的是在调制和 RB 分配方面尽可能覆盖 RAN4 MPR 表。

关于连续 RB 分配的情形，由于在 LTE 中只对每个 MPR 最小符合性要求的调制组合和最大的 RB 分配进行 MPR 测试，所以调制方式为 DFT-s-OFDM: PI/2 BPSK/QPSK/16 QAM/64 QAM/256 QAM，CP-OFDM: QPSK/16 QAM/64 QAM/256 QAM 和 DFT-s-OFDM: PI/2 BPSK with PI/2 BPSK DMRS。RB 方面，RB 数目是在满足 ACLR 以及由立方量度引发的最大功率回退要求基础上来确定的。除了边缘 RB 分配，FR1 MPR 测试参照 LTE 的选择。在 MPR 中没有测试 Edge_Full 分配，因为由于较高的 PSD，Edge_1RB 可以被认为是更关键的情况，低信道可以选择 Edge_1RB_Left，高信道可以选择 Edge_1RB_Right。

对于几乎连续 RB 分配，根据一致性要求，几乎连续分配仅适用于 CP-OFDM，因此对几乎连续分配的测试只需选择 CP-OFDM 即可。此外，在上述的最小一致性要求中提到，对于几乎连续分配，15kHz、30kHz 和 60kHz 的 $N_{RB\_alloc}+N_{RB\_gap}$ 分别大于 106RB、51RB 和 24RB，这意味着几乎连续分配测试只能选择大于 20MHz 的 Outer_Full 和大于 30MHz 的 Inner_Full，如表 4-31 所示。最小的 N_{RB_alloc} 和最大的 N_{RB_gap} 几乎连续分配被认为是 MPR 测试的最关键情况。因此，只需选择 N_{RB_alloc} 最小和 N_{RB_gap} 最大的几乎连续分配，并将 N_{RB_alloc} 分隔为两个相同或几乎相同的部分，用于每个 MPR 最小符合要求。为了使测试点保持一致，ACLR 和 SEM 也选择几乎连续的分配。

表 4-31 几乎连续分配的调制方式和 RB 分配组合

调 制 方 式	分 配
CP-OFDM QPSK	Inner_Full
CP-OFDM QPSK	Outer_Full
CP-OFDM 16 QAM	Inner_Full
CP-OFDM 16 QAM	Outer_Full
CP-OFDM 64 QAM	Outer_Full
CP-OFDM 256 QAM	Outer_Full

根据上面的分析，以功率等级 3 的测试配置表（DFT-s-OFDM PI/2 BPSK）为例，MPR 的上行测试配置的总结如表 4-32 所示。

表 4-32 功率等级 3 的测试配置

初始条件	
测试环境	常温常压、低温低压、低温高压、高温低压、高温高压
测试频率	低、高
测试带宽	最小、最大
子载波间隔	最小、最大

续表

信道带宽的测试参数				
测试编号	频率	下行配置	上行配置	
			调制方式	资源块分配
1	默认	不适用于 MPR 测试用例	DFT-s-OFDM PI/2 BPSK	Inner_Full
2	低		DFT-s-OFDM PI/2 BPSK	Edge_1RB_Left
3	高		DFT-s-OFDM PI/2 BPSK	Edge_1RB_Right
4	默认		DFT-s-OFDM PI/2 BPSK	Outer_Full

测试要求以 UE 功率等级 3 为例，针对满足以下两个标准的信道带宽，允许的最大功率回退如表 4-33 所示。

表 4-33　功率等级 3 的最大功率回退

调制方式	MPR/dB		
	边缘 RB 分配	外部 RB 分配	内部 RB 分配
DFT-s-OFDM PI/2 BPSK	≤3.5	≤1.2	≤0.2
	≤0.5		0
DFT-s-OFDM QPSK	≤1		0
DFT-s-OFDM 16 QAM	≤2		≤1
DFT-s-OFDM 64 QAM	≤2.5		
DFT-s-OFDM 256 QAM	≤4.5		
CP-OFDM QPSK	≤3		≤1.5
CP-OFDM 16 QAM	≤3		≤2
CP-OFDM 64 QAM	≤3.5		
CP-OFDM 256 QAM	≤6.5		

（1）信道带宽≤100MHz。

（2）TDD 频段的相对信道带宽≤4%，FDD 频段的相对信道带宽≤3%。如无特殊说明，ΔMPR 取零。当相对信道带宽大于 4%（TDD）或 3%（FDD）时，ΔMPR 定义如表 4-34 所示。

$$相对信道带宽 = 2 \times 信道带宽 / (F_{UL\_low} + F_{UL\_high})$$

表 4-34　ΔMPR 定义

NR 频段	功 率 等 级	信 道 带 宽	ΔMPR/dB
n28	3	30MHz	0.5

3．额外的最大功率回退

某些情况下，网络可能提出额外频谱发射要求，此时 UE 也应该满足特殊调度情景的额外要求。为了满足这些额外要求，允许输出功率有额外的最大功率回退（AMPR）。在没有调制和波形类型的情况下，AMPR 适用于所有调制和波形类型。

该测试要求应用在补充频谱发射模板用例中网络标定值为 NS_03，NS_03U，NS_04，NS_06，NS_35，NS_40，NS_41，NS_42 和 NS_100 的情况以及应用在补充杂散发射中网络标定值为 NS_04，NS_05，NS_05U，NS_43，NS_43U，NS_17，NS_18，NS_37，NS_38 和 NS_39 的情况。表 4-35 是以部分工作频段为例的网络信令标签的映射，表中空栏表示这些频段尚未使用。

表 4-35　网络信令标签的映射

NR 频段	补充频谱发射							
	0	1	2	3	4	5	6	7
n1	NS_01	NS_100	NS_05	NS_05U				
n2	NS_01	NS_100	NS_03	NS_03U				
n3	NS_01	NS_100						
n5	NS_01	NS_100						
n7	NS_01							
n8	NS_01	NS_100	NS_43	NS_43U				

MPR 和 AMPR 是基于功率等级的功率回退，不叠加使用，满足条件时取各功率回退的最大值。如对于 NS_04，不在 MPR 上添加 AMPR。当发出 ns_04 的信号时，MPR 应在 P_{CMAX} 方程中设置为 0，以避免双重计数 MPR。此时 A-MPR=max(MPR, AMPR)。

以 NS_100 为例，表 4-36 是允许的最大 AMPR。符合要求的 AMPR 是对 MPR 的补充，经最大功率回退或额外最大功率回退修正过的用户最大输出功率，要满足最大输出功率中规定的功率限制。

表 4-36　NS_100 的 AMPR

调制/波形		输出/dB
DFT-s-OFDM	PI/2 BPSK	≤2
	QPSK	≤2
	16 QAM	≤2.5
	64 QAM	≤3
	256 QAM	≤4.5
CP-OFDM	QPSK	≤4
	16 QAM	≤4
	64 QAM	≤4
	256 QAM	≤6.5

4．配置输出功率

这个测试是为了验证确保 UE 配置的最大输出功率 P_{CMAX} 在指定的范围内。P_{EMAX} 指网络指示的最大输出功率，UE 实际的 P_{CMAX}，在任何情况下，任何特定信道的上行功率都不能超过此功率。UE 根据上述参量，设定 P_{CMAX}，满足上述网络指示功率限制，且功率回退不超过门限。P_{CMAX} 通过 PHR 上报通知网络侧。UE 在上行功控时使用 P_{CMAX}，保证自己的输出功率不超过设定值。

正如在 MPR 的配置选择中所分析的，选择测试 SCS 的关键因素是实现最大的频谱利用率，其结论是最低的 SCS 将提供最大的频谱利用率，所以本测试用例选择最小的 SCS。

关于上行调制和 RB 分配。在 LTE 中只对调制和 RB 分配的组合（不适用 MPR）进行配置传输功率测试。该策略与本测试用例的目的是一致的，即验证当 P-MAX 是决定传输功率的主要因素时，UE 的行为是否正确。在 NR 中可以采用类似的方法，并对 DFT-s-OFDM PI/2 BPSK+Inner_Full allocation 和 DFT-s-OFDM QPSK+ Inner_Full allocation 的组合进行测试。

测试环境、测试频率、测试带宽和 LTE 采用同样的要求，具体如表 4-37 所示。

表 4-37   输出功率测试配置

初始条件			
测试环境	常温常压、低温低压、低温高压、高温低压、高温高压		
测试频率	中		
测试带宽	最小、中、最大		
子载波间隔	最小		
测试参数			
测试 ID	下行配置	上行配置	
		调制方式	RB 分配
1	N/A	DFT-s-OFDM PI/2 BPSK	Inner_Full
2		DFT-s-OFDM QPSK	Inner_Full
3		DFT-s-OFDM PI/2 BPSK	Inner_Full

最小一致性要求是允许 UE 为每个时隙中的服务小区 c 的载波 f 设置其配置最大输出功率 $P_{CMAX,f,c}$，不同功率范围的 $P_{CMAX,f,c}$ 值的容差须满足表 4-38 中要求的范围。

表 4-38 P_{CMAX} 容差

$P_{CMAX,f,c}$/dBm	容差 $T(P_{CMAX,f,c})$/dB
$23 < P_{CMAX,c} \leq 33$	2.0

续表

$P_{CMAX,f,c}$/dBm	容差 T（$P_{CMAX,f,c}$）/dB
$21 \leqslant P_{CMAX,c} \leqslant 23$	2.0
$20 \leqslant P_{CMAX,c} < 21$	2.5
$19 \leqslant P_{CMAX,c} < 20$	3.5
$18 \leqslant P_{CMAX,c} < 19$	4.0
$13 \leqslant P_{CMAX,c} < 18$	5.0
$8 \leqslant P_{CMAX,c} < 13$	6.0
$-40 \leqslant P_{CMAX,c} < 8$	7.0

　　测量得到的配置输出功率不应超出表 4-39 和表 4-40 中要求的范围，其中默认终端的功率等级是 3，表 4-39 和表 4-40 列出常见的范围要求，详细的各频段要求请参见 3GPP 标准。

表 4-39　P_{CMAX} 配置 UE 输出功率

UE 输出功率测试点	最大输出功率/dBm	
	测试 ID 1、2	测试 ID 3
1	$-10 \pm (7+TT)$	$-10 \pm (7+TT)$
2	$10 \pm (6+TT)$	$10 \pm (6+TT)$
3	$15 \pm (5+TT)$	$15 \pm (5+TT)$
4	$20 \pm (2.5+TT)$	$23 \pm (2+TT)$

表 4-40　测试容差（配置输出功率）

	$f \leqslant 3.0GHz$	$3.0GHz < f \leqslant 6.0GHz$
$BW \leqslant 40MHz$	0.7dB	1.0dB
$40MHz < BW \leqslant 100MHz$	1.0dB	1.0dB

4.2.2　输出功率动态范围

　　输出功率动态范围指的是发射机最大输出功率和最小输出功率之间的范围，可以理解为最大输出功率下不损害发射机线性度，最小输出功率下保持输出信号信噪比。其中最大输出功率已有专门的用例进行了考察，所以输出功率动态范围测试考察最小输出功率、发射开关时间模板、功率控制等。如果最小输出功率以及发射关断功率过大，就会对其他终端和系统造成干扰。发射开关时间模板验证终端能否准确地打开或者关闭其发射机，否则会对其他信道造成干扰或者增加上行信道的发射误差。

1. 最小输出功率

　　无论是 WCDMA 还是 LTE 都有对最小输出功率指标的要求，在最小子帧

（1ms）的测试周期内，所有带宽和 RB 配置下都应该满足最小输出功率小于某个规定的大小。这个指标的含义是在手机终端和基站足够近的场景下，手机应该能够响应基站的要求，发射足够小的功率，从而可以最大可能地长时间上网。

本测试用例验证当功率设置为最小值时，UE 以低于测试要求指定值的带宽输出功率进行传输的能力。测试配置如表 4-41 所示，基本上参考了 LTE 的测试配置。

表 4-41　测试配置表

初始条件	
测试环境	常温常压、低温低压、低温高压、高温低压、高温高压
测试频率	低、中、高
测试带宽	最小、中、最大
子载波间隔	最大

测试参数			
测试 ID	下行配置	上行配置	
		调制方式	RB 分配
1	N/A	DFT-s-OFDM QPSK	Outer_Full

测试时在每个上行调度信息中连续发送上行功控 down（下降）命令给 UE，保证 UE 最小输出功率电平发射，测量无线接入模式下 UE 信道带宽内的平均功率。最小输出功率定义在一个子帧（1ms）时间内的平均功率，不超过表 4-42 和表 4-43 中的规定值。

表 4-42　最小输出功率

信道带宽/MHz	最小输出功率/dBm	测量带宽/MHz
5	−40+TT	4.515
10	−40+TT	9.375
15	−40+TT	14.235
20	−40+TT	19.095
25	−39+TT	23.955
30	−38.2+TT	28.815
40	−37+TT	38.895
50	−36+TT	48.615
60	−35.2+TT	58.35
70	−34.6+TT	68.07
80	−34+TT	78.15
90	−33.5+TT	88.23
100	−33+TT	98.31

表 4-43　测试容差（最小输出功率）

	$f \leq 3.0GHz$	$3.0GHz < f \leq 6.0GHz$
$BW \leq 40MHz$	1.0dB	1.3dB
$40MHz < BW \leq 100MHz$	1.3dB	1.3dB

2. 发射开关时间模板

错误的功率发射会增加对其他信道的干扰，也可能会增加上行信道的传输误差。通用发射开关时间模板如图 4-5 所示，发射开关时间模板为每种子载波间隔定义了发射机从"开"到"关"和从"关"到"开"的观测周期。开/关的场景包括 DTX 的开始和结束、测量间隙、连续和不连续发射等。发射开关时间模板除通用发射开关时间模板外，还有 PRACH 时间模板、SRS 时间模板、PUSCH-PUCCH 和 PUSCH-SRS 时间模板等，这些要求可详见 TS 38.521-1。

图 4-5　通用发射开关时间模板

发射开关时间模板测试步骤包含了发射关功率测试。发射关功率的概念和 LTE 完全相同，定义为发送器关闭时通道带宽的平均功率。网络要求终端关闭发射时，射频收发器的发射电路和 PA 都关闭，此时在射频口测试到的功率即是发射关功率。这个指标反映的是终端保持安静的能力，主要是测试射频发射前端电路是否彻底关闭，以及是否有自激或者接收电路的锁相环电路泄漏等。

发射关功率测量周期至少为 1 个时隙，不包括任何转换时间。发射开功率测量周期为 1 个时隙，不包括任何转换时间。UE 不允许发射时，或处于不发射子帧的周期时，发射机被认为是关闭状态。在 DTX 和测量间隔期间，UE 不被认为是关闭状态。

发射开关时间模板测试配置包含测试环境、测试频率、测试带宽和 NR 工作频段带的子载波间隔，如表 4-44 所示。

表 4-44　发射开关时间模板测试配置

初始条件	
测试环境	常温常压、低温低压、低温高压、高温低压、高温高压
测试频率	低、中、高
测试带宽	最小、中、最大
子载波间隔	最小、最大

续表

		测试参数	
测试 ID	下行配置	上行配置	
		调制方式	RB 分配
1	N/A	DFT-s-OFDM QPSK	Inner_Full

测试时在 PUSCH 发射之前的一个时隙测量 UE 发射关功率，测量时间不包括时隙结尾的 10μs 切换时间，然后在一个时隙上测量 UE PUSCH 发射的输出功率（UE 发射开功率）。之后在 PUSCH 发射之后的一个时隙测量 UE 发射关功率，测量时间不包括时隙开始的 10μs 切换时间。其中关功率测量时间定义为至少一个时隙的持续时间，切换时间排除在外。开功率测量时间定义为一个时隙上的平均功率，切换时间排除在外。

发射关功率测量时间定义为至少一个时隙的持续时间，切换时间排除在外。发射开功率测量时间定义为一个时隙上的平均功率，切换时间排除在外。发射关断功率的要求应该不超过表 4-45 和表 4-46 中给定的测试范围。

表 4-45　通用发射开关时间模板

SCS /kHz	信道带宽/最小输出功率/测量带宽/MHz												
	5	10	15	20	25	30	40	50	60	70	80	90	100
发射关功率 /MHz	$\leqslant -50+TT$												
发射关功率 测量带宽	4.515	9.375	14.235	19.095	23.955	28.815	38.895	48.615	58.35	68.07	78.15	88.23	98.31
发射开功率 /MHz	$\pm (9+TT)$												

表 4-46　发射开功率、发射关功率测试容差

	$f\leqslant 3.0\text{GHz}$	$3.0\text{GHz}<f\leqslant 6\text{GHz}$
$BW\leqslant 40\text{MHz}$	1.5dB	1.8dB
$40\text{MHz}<BW\leqslant 100\text{MHz}$	1.7dB	1.8dB

3. 功率控制

在无线通信系统中需要通过相应的流程改变发射机的输出功率进行功率控制。发射机功率控制是非常重要的概念，无线信号在空中接口传播时根据传播距离的不同有不同的链路损耗。距离越大则损耗越大，鉴于两端距离变化以及干扰电平高低不同，对发射机而言，只需要保持"足够让对方接收机准确解调"的信号强度即可；过低则通信质量受损，过高则增加功率消耗，对于手机这样以电池供电的终端尤其在意。

通过功率控制可以减小本系统干扰。本系统干扰是指邻区之间的相互干扰，还可以扩展小区覆盖范围。在 CDMA 类系统中，由于不同用户共享同一载频，因此任何一个用户的信号对于其他用户而言，都是覆盖在同一频率上的干扰，若各个用户信号功率有高有低，那么高功率用户就会淹没低功率用户的信号；因此系统采取功率控制的方式，对于到达接收机的不同用户的功率，发出功控指令给每个终端，最终使得每个用户的空口功率一样。

功率控制根据链路的方向可以分为上行功率控制和下行功率控制。上行功率控制是指基站给 UE 下发控制指令，改变 UE 上行的输出功率；下行功率控制是指 UE 给基站下发控制命令，改变基站的下行输出功率。无线网络在 2G 时代就引入了功率控制功能，在 3G、4G 和 5G 网络中也保留了该功能。在 2G 和 3G 网络中，功率控制包含上行功率控制和下行功率控制；从 4G 开始，功率控制只有上行功率控制没有下行功率控制；5G 的功率控制算法基本上沿用了 4G 的设计，也只支持上行功率控制。4G 和 5G 没有下行功率控制，其主要原因是从 4G 开始整个网络只有分组业务，为了满足分组业务的特点，无线空口接口不再使用专用的业务信道，每个用户的资源都是通过调度的方式进行共享的；通过调度机制，可以改变每个用户的频率资源，从而间接改变每个用户的下行功率，达到和功率控制同样的效果，因此下行功率控制的必要性不是太大。

功率控制测试包括绝对功率容差、相对功率容差和累计功率容差等。功率控制的目的是限制终端的干扰电平和补偿信道衰落，这部分测试主要是验证终端能否正确地设置其输出功率，并且输出功率在一定的容差之内。

1）绝对功率容差

绝对功率容差是验证 UE 发射机在连续传输或非连续传输的大于 20ms 的传输间隙的开始处，将其初始输出功率设置为第一子帧（1ms）的特定值的能力。容差包括信道估计误差。

绝对功率容差测试配置如表 4-47 所示，基本参考了 LTE 的测试配置。

表 4-47　绝对功率容差测试配置

初始条件			
测试环境	常温常压		
测试频率	中		
测试带宽	最小、中、最大		
子载波间隔	最小、最大		
测试参数			
测试编号	下行配置		上行配置
	调制方式	RB 分配	调制方式	RB 分配
1	N/A（对绝对功率容差测试用例）		CP-OFDM QPSK	Outer_Full

关于调制方式，LTE 测试用例只使用 QPSK。如果 PA 处于饱和状态，最大功率时可能影响功率精度，这个测试用例没有测试最大功率，可以不考虑。另外也不考虑调制，CP-OFDM 波形具有最高的 PAPR。所以 QPSK CP-OFDM 有最高的 PAPR，而且调制方法和 QPSK 类似，此外，CP-OFDM 在 RB 分配中具有更高的有效 BW，所以最终选择 CP-OFDM QPSK。

上行配置 LTE 使用完全分配，因为很多引起功率精度误差的因素在高带宽情况下更显著，具体如下。

（1）由于发射链路中带宽的限制，在带宽边发生了陡降。这将降低 BW 边缘的输出功率，降低整体功率。

（2）双工器频率纹波补偿，对于 1RB 时非常简单，在更高的带宽中变得更加复杂和容易出错，特别是因为频率选择性。

（3）如果采用反馈功率测量路径，由于反馈路径带宽限制，将再次影响功率精度。所以 FR1 也选择 Outer_Full 的最大 RB 配置。

测试时测量 UE PUSCH 第一次传输的第一个子帧（1ms）的初始输出功率。重复两个测试点，且两个测试点之间的执行时间应大于 20ms，测量的功率要求不得超过表 4-48 和表 4-49 中规定的值。

表 4-48　绝对功率容差（测试点 1）

		信道带宽（/MHz）对应的期望输出功率（/dBm）											
		5	10	15	20	25	30	40	50	60	80	90	100
SCS 对应期望测量功率	15	-6	-2.8	-1.0	0.3	1.2	2.0	3.3	4.3				
	30	-6.6	-3.2	-1.2	0.1	1.1	1.9	3.3	4.2	5.1	6.4	6.9	7.4
	60		-3.6	-1.4	-0.2	0.9	1.8	3.1	4.1	5.0	6.3	6.8	7.3
功率容差/dB		±9.0											

表 4-49　绝对功率容差（测试点 2）

		信道带宽（/MHz）对应的期望输出功率（/dBm）											
		5	10	15	20	25	30	40	50	60	80	90	100
SCS 对应期望测量功率	15	6	9.2	11.0	12.3	13.2	14.0	15.3	16.3				
	30	5.4	8.8	10.8	12.1	13.1	13.9	15.3	16.2	17.1	18.4	18.9	19.4
	60		8.4	10.6	11.8	12.9	13.8	15.1	16.1	17.0	18.3	18.8	19.3
功率容差/dB		±9.0											

2）相对功率容差

相对功率容差验证在子帧之间的传输间隙大于 20ms 时，UE 发射机相对于最近发送的参考子帧的功率在目标子帧（1ms）中设置其输出功率的能力。

相对功率容差测试配置如表 4-50 所示，测试环境、测试频率以及 RB 分配等都参考了 LTE 的测试配置。关于测试波形，为了排除 MPR 在接近最大输出功率时的任何影响，结合内部 RB 分配和 QPSK，DFTS-s-OFDM 波形对应 0dB MPR，所以建议用 DFT-s-OFDM 波形进行测试。由于不可能动态地进行波形重构（需要 RRC 重构），建议在整个测试中保持 DFT-s-OFDM。所以在相对功率测试中采用 DFTS-s-OFDMQPSK。

表 4-50　相对功率容差测试配置

初始条件			
测试环境	常温常压、低温低压、低温高压、高温低压、高温高压		
测试频率	低		
测试带宽	最小、中、最大		
子载波间隔	最小、最大		
测试参数			
信道带宽/MHz	下行配置		上行配置
	调制方式	RB 分配	调制方式	RB 分配
5、10、15、20、25、30、40、50、60、80	不适用		DFT-s-OFDM QPSK	参见表 4-52、表 4-53 和表 4-54

相对功率控制过程分为几个子测试，以验证相对功率控制的不同方面。子测试的功率模式如图 4-6～图 4-8 所示。测量 PUSCH 传输的功率以验证 UE 相对功率控制是否满足测试要求，重复测试下面不同的模式，在模式中的不同点移动 RB 分配变化，以强制 UE 在功率范围中的各个点处进行更大功率步进。

（1）上升功率测试模式：使用 1dB 功率步长向 UE 发送上行功率控制命令，以确保 UE 以−30.3dBm +/− 2.7dB 发送 PUSCH。调度 UE 的 PUSCH 数据传输如图 4-6 所示，图 4-6（a）FDD 模式 A 子测试分为 4 个任意无线电帧，每个无线电帧有 10 个主动上行子帧，图 4-6（b）TDD 模式 A 子测试分为 20 个任意无线帧，每个无线帧有 2 个上行活跃子帧。上行 RB 分配视信道带宽而定。测量 PUSCH 传输功率，验证 UE 相对功率控制满足测试要求。重复测试模式 B 和模式 C。RB 改变位置：模式 A 上行 RB 分配位置改变为 10 个上行活跃子帧后，模式 B 上行 RB 分配位置改变为 20 个上行活跃子帧后，模式 C 上行 RB 分配位置改变为 30 个上行活跃子帧后。

（2）下降功率测试模式：与上升功率测试模式类似，只是考察减功率的控制能力。将用于 PUSCH 的适当 TPC 命令发送到 UE，以确保 UE 以 18dBm +/− 2.7dB 发送 PUSCH，如图 4-7 所示，SS 将为子帧中的每个第一时隙发送-1dB TPC 命令，重复分测试不同的模式 B、C，测量 PUSCH 传输的功率。

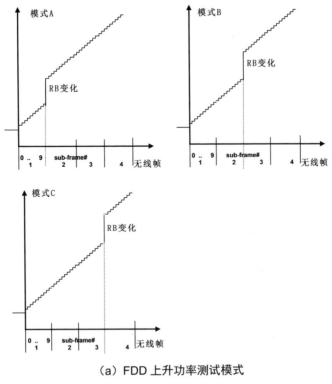

（a）FDD 上升功率测试模式

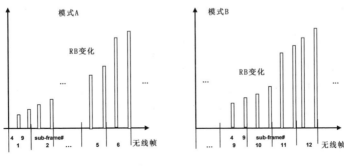

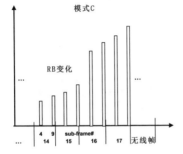

（b）TDD 上升功率测试模式

图 4-6　上升功率测试模式

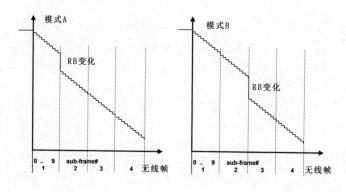

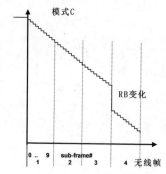

（a）FDD 下降功率测试模式

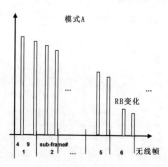

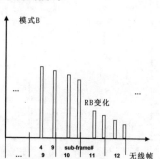

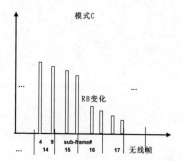

（b）TDD 下降功率测试模式

图 4-7　下降功率测试模式

（3）交替功率测试模式：将用于 PUSCH 的适当 TPC 命令发送到 UE，以确保 UE 以-10dBm +/- 2.7dB 发送 PUSCH，如图 4-8 所示，针对 10 个子帧调度 UE 的 PUSCH 数据传输，测量 PUSCH 传输的功率。

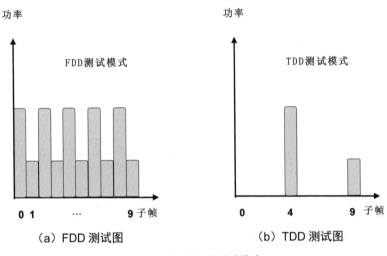

图 4-8 交替功率测试模式

当目标和参考子帧的功率在最小输出功率和测量 P_{UMAX} 范围内时，适用表 4-51 中规定的相对功率容差最小要求。

表 4-51 相对功率容差最小要求

功率步长（升或降）/dB	PUSCH 和 PUCCH 转换的所有组合/dB	PUSCH/PUCCH 和 SRS 在子帧之间转换的所有组合/dB	PRACH/dB
$\Delta P<2$	±2.0	±2.5	±2.0
$2\leqslant\Delta P<3$	±2.5	±3.5	±2.5
$3\leqslant\Delta P<4$	±3.0	±4.5	±3.0
$4\leqslant\Delta P\leqslant10$	±3.5	±5.5	±3.5
$10\leqslant\Delta P<15$	±4.0	±7.0	±4.0
$15\leqslant\Delta P$	±5.0	±8.0	±5.0

功率上升子测试和下降子测试需要测试 SCS 15kHz 和 SCS 30kHz，表 4-52 和表 4-53 中测试配置及测试要求以发送带宽 5MHz，SCS 15kHz 为例。交替功率测试以带宽 5MHz 为例，测试要求如表 4-54 所示。其他情况的测试要求可以参见 3GPP 38.521-1。

表 4-52　相对功率容差要求，功率上升子测试

测试 SCS/kHz	子测试 ID	适用子帧	上行 RB 分配	TPC 命令	期望功率步长（升）ΔP/dB	功率步长范围（升）ΔP/dB	PUSCH /dB
15	1	RB 变化之前的子帧	Fixed = 1	TPC=+1dB	1	$\Delta P \leq 1$	1 +/-0.7
		RB 变化	1RB～5RB	TPC=+1dB	7.99	$4 \leq \Delta P < 10$	7.99 +/- 3.5
		RB 变化之后的子帧	Fixed = 5	TPC=+1dB	1	$\Delta P \leq 1$	1 +/-0.7
15	2	RB 变化之前的子帧	Fixed = 1	TPC=+1dB	1	$\Delta P \leq 1$	1 +/-0.7
		RB 变化	1RB～15RB	TPC=+1dB	12.76	$10 \leq \Delta P < 15$	12.76 +/- 4
		RB 变化之后的子帧	Fixed = 15	TPC=+1dB	1	$\Delta P \leq 1$	1 +/-0.7

表 4-53　相对功率容差要求，功率下降子测试

测试 SCS/kHz	子测试 ID	适用子帧	上行 RB 分配	TPC 命令	期望功率步长（升）ΔP/dB	功率步长范围（升）ΔP/dB	PUSCH /dB
15	1	RB 变化之前子帧	Fixed = 5	TPC=−1dB	1	$\Delta P \leq 1$	1 +/-0.7
		RB 变化	5RB～1RB	TPC=−1dB	7.99	$4 \leq \Delta P < 10$	7.99 +/- 3.5
		RB 变化之后子帧	Fixed = 1	TPC=−1dB	1	$\Delta P \leq 1$	1 +/-0.7
	2	RB 变化之前的子帧	Fixed = 15	TPC=−1dB	1	$\Delta P \leq 1$	1 +/-0.7
		RB 变化	15RB～1RB	TPC=−1dB	12.76	$10 \leq \Delta P < 15$	12.76 +/- 3.5
		RB 变化之后子帧	Fixed = 1	TPC=−1dB	1	$\Delta P \leq 1$	1 +/-0.7

表 4-54　相对功率容差要求交替子测试

带宽 /MHz	测试 SCS/kHz	子测试 ID	上行 RB 分配	TPC 命令	期望功率步长（升）ΔP/dB	功率步长范围（升）ΔP/dB	PUSCH /dB
5	15	1	Alternating 1 and 2	TPC=0dB	3.01	$3 \leq \Delta P < 4$	3.01 +/- 3
		2	Alternating 1 and 5	TPC=0dB	6.99	$4 \leq \Delta P < 10$	6.99 +/- 3.5
		3	Alternating 1 and 15	TPC=0dB	11.76	$10 \leq \Delta P < 15$	11.76 +/- 4
	30	1	Alternatting 1 and 2	TPC=0dB	6.02	$4 \leq \Delta P < 10$	6.02 +/- 3.5
		2	Alternating 1 and 7	TPC=0dB	11.46	$10 \leq \Delta P < 15$	11.46 +/- 4

3）累计功率容差

累计功率控制容差是 UE 在响应 0dB 命令和 3GPP TS 38.213 中规定的所有其他功率控制参数保持不变的前提下，验证 UE 发射机在 21ms 内的非连续传输期间维持其功率的能力。该测试分为两个子测试，以分别验证 PUCCH 和 PUSCH 累计功率控制容差。

累计功率容差测试配置如表 4-55 所示。配置参数的测试带宽、测试频率的选择参考 LTE 的选择。为了允许足够长的测量时间，使用格式 1 "long" PUCCH

信号。对于 OFDM 类型，使用 CP-OFDM，因为对于所有的 CP-OFDM 波形，由于灵活的 RB 分配和较高的峰均比，带宽较大。上行配置方面，RB 配置的选择基于功率精度的误差考虑，分析同前面的绝对功率控制，LTE 使用 0MPR 的最大 RB 分配，FR1 也采用全 RB 分配。

表 4-55　累计功率容差测试配置

初始条件			
测试环境		常温常压	
测试频率		中	
测试带宽		最小、中、最大	
子载波间隔		最小、最大	
测试参数			
	测试序号	下行配置	上行配置
PUCCH 信道	1	不适用	PUCCH 格式 = 格式 1，OFDM 符号长度= 14
PUSCH 信道	1	不适用	调制方式　　　　　　RB 分配
			CP-OFDM QPSK　　　　Outer_Full

PUCCH 子测试向 UE 发送用于 PUCCH 的适当 TPC 命令，以确保 UE 在 0dBm +/- 3.5dB + TT 下发送 PUCCH 用于载波频率 $f \leq 3.0$GHz 或 0dBm +/- 3.5dB + TT 用于载波频率 3.0GHz$<f$。每 5 个子帧（5ms）经由 PDCCH 向 UE 下行链路 PDSCHMAC 填充位以及用于 PUCCH 的 0dBTPC 命令发送，在适当的时隙中调度下行链路传输，以使 UE 发送 PUCCH。测量 5 个连续 PUCCH 传输的功率以验证 UE 发送的 PUCCH 功率保持在 21ms 内。

PUSCH 子测试将用于 PUSCH 的适当 TPC 命令发送到 UE，以确保 UE 在 0dBm +/- 2.5dB + TT 下发送 PUSCH 用于载波频率 $f \leq 3.0$GHz 或 0dBm +/- 2.5dB + TT 用于载波频率 3.0GHz$<f$。每 5 个子帧（5ms）调度 UE 的 PUSCH 数据传输 1 个子帧（1ms），并且经由 PDCCH 发送用于 PUSCH 的 0dBTPC 命令以使 UE 发送 PUSCH。上行链路传输模式如图 4-9 所示，测量 5 次连续 PUSCH 传输的功率以验证 UE 发送的 PUSCH 功率在 21ms 传输内保持。

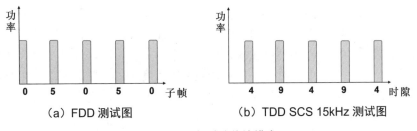

（a）FDD 测试图　　　　　　（b）TDD SCS 15kHz 测试图

图 4-9　上行链路传输模式

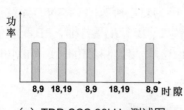
（c）TDD SCS 30kHz 测试图

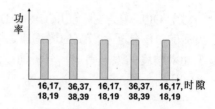
（d）TDD SCS 60kHz 测试图

图 4-9   上行链路传输模式（续）

最小一致性要求在最小输出功率和最大输出功率限制的功率范围的累计功率容差测量结果适用如表 4-56 所示要求。

表 4-56   累计功率容差

TPC 命令	上行信道	21ms 内累计功率容差功率测量测试需求
0dB	PUCCH	给定模式中的 5 次功率测量值，第 2 个和之后的测量值应在第 1 个测量值的±2.5dB 范围内
0dB	PUSCH	给定模式中的 5 次功率测量值，第 2 个和以后的测量值应在第 1 个测量值的±3.5dB 范围内

4.2.3 发射信号质量

发射信号质量包括频率误差、误差矢量幅度、载波泄漏、带内发射、频谱平坦度等。终端发射信号质量是考察发射机调制性能的非常重要的指标。OFDM 系统对频偏和相位噪声比较敏感，OFDM 技术区分各子信道的方法是利用各子载波之间严格的正交性。频偏和相位噪声使各子载波之间的正交特性恶化，造成系统的性能下降。所以频率误差、误差矢量幅度、载波泄漏（IQ 不平衡）等是终端必须要考察的指标。

1. 频率误差

频率误差验证接收机和发射机正确处理频率的能力。对于接收机考察其在理想的传播条件和低功率水平下，从系统模拟器正确地提取频率能力；对于发射机考察其从接收机得到正确结果来产生正确的调制载波频率能力。

引起载波频率误差的主要因素是发射机中振荡电路或锁相环的频差。频率转换使射频频率从参考频率对载波频率误差影响较小，所以只测试 1 个测试频率有利于平衡测试精度和时间。从测试频率的角度，由于振荡电路的性能对射频频率的转换影响较小，因此无法定义性能最差的情况，进行中信道测试。测试信道带宽和测试子载波间距对频率误差没有影响，信道带宽是针对调制后的信号，不影响载波频率，因此仅测试 1 个信道带宽和子载波间距是足够的。考虑到最高的信道带宽和最小的子载波间距时可能对载波频率误差产生影响，因为它在选择最低的子载波间距和分配全 RB 时处理最宽的频率范围，因此，选择最高信道带宽和最高子载波间隔进行测试。由于频率误差在参考灵敏度级用下行进行测试，所以 FR1 中频率误差的上行和下行 RB 分配遵循参考灵敏度的配置。频率误差测试配置如表 4-57 所示。

表 4-57　频率误差测试配置表

初始条件			
测试环境	常温常压、低温低压、低温高压、高温低压、高温高压		
测试频率	中		
测试带宽	最大		
子载波间隔	最小		
测试参数			
测试 ID	下行配置		上行配置	
	调制方式	RB 分配	调制方式	RB 分配
1	CP-OFDM QPSK	Full RB	DFT-s-OFDM QPSK	REFSENS[①]

① REFSENS 代表参考灵敏度。

UE 在测试期间以 P_{UMAX} 电平传输，用发射机测试方法测量频率误差。对于 TDD，只测试由 UL 符号组成的时隙。UE 的调制载波频率精度在超过 1ms 的观测期间，相对于从 NR Node B 接收到的载波频率需在±0.1ppm[①]之内。频率误差 Δf 必须满足测试要求$|\Delta f| \leqslant$（0.1ppm+15Hz）。

2．误差矢量幅度

误差矢量幅度用来测量参考波形和被测量波形的差别，这种差别称为误差矢量。在计算 EVM 前，被测量波形通过采样时间、RF 频率偏移和校正。然后，在计算 EVM 时，需要将载波泄漏从测量波形中去除。

被测量波形采用 EVM 均衡器频率平坦度的信道估计进一步进行均衡。对于 DFT-s-OFDM 波形，EVM 定义为前端 FFT 和 IDFT 后平均误差功率和平均参考功率比的平方根，用%表示。对于 CP-OFDM 波形，EVM 定义为前端 FFT 后平均误差功率和平均参考功率比的平方根，用%表示。时间域的基本 EVM 测量间隔是一个 PRACH 的前导序列和 PUCCH 及 PUSCH 的一个时隙或者一个跳频周期（如果在同一个时域的 PUCCH 和 PUSCH 采用频域调频）。

EVM 测试配置如表 4-58 所示。在 LTE 中，EVM 测试频率选择低、中和高。由于 FR1 NR UE 的 RF 前端为每个波段配置滤波器，因此选择与 LTE 相同的测试配置，以确保 EVM 不会因滤波器与 PAs 的传输特性相结合而恶化。

---

① ppm 即百万分之一，全称为 parts per million。

表 4-58   EVM 测试配置

初始条件	
测试环境	常温常压
测试频率	低、中、高
测试信道带宽	最小、最大
测试 SCS	所有

测试带宽在 LTE 中，EV 测试选择最低 5MHz 和最高的信道带宽。这是为了测试相对于不同的信道带宽 UE 发射机的行为与频率选择性。然而，为了减少测试时间，5G FR1 忽略中间信道带宽，因为它不构成极端情况。

对于 PUSCH，为了确保 UE 满足所有调制方式要求，测试涵盖 PI/2-BPSK、QPSK、16 QAM、64 QAM 和 25 QAM。由于调制方式的不同（有和没有预编码）以及 DFT-s-OFDM 和 CP-OFDM 的 CREST 因子不同，所以两种波形都应该进行测试。在 LTE 中，EVM 以完全分配和无 MPR 的最高部分分配来衡量。对于 64 QAM 和 256 QAM 适用相同的 MPR，只使用 Outer_Full 测试这些调制就足够了。对于较低的调制方式，需使用 Outer_Full 和 Inner_Full 分配测试，以考虑不同的 MPR 情况，因为 EVM 取决于功率级别。使用表 4-59 所示的调制方式和 RB 分配组合对 EVM PUSCH 进行测试。

表 4-59   调制方式和 RB 分配组合

测 试 序 号	上 行 配 置	
	调 制 方 式	RB 分配
1	DFT-s-OFDM PI/2 BPSK	Inner_Full
2	DFT-s-OFDM PI/2 BPSK	Outer_Full
3	DFT-s-OFDM QPSK	Inner_Full
4	DFT-s-OFDM QPSK	Outer_Full
5	DFT-s-OFDM 16 QAM	Inner_Full
6	DFT-s-OFDM 16 QAM	Outer_Full
7	DFT-s-OFDM 64 QAM	Outer_Full
8	DFT-s-OFDM 256 QAM	Outer_Full
9	CP-OFDM QPSK	Inner_Full
10	CP-OFDM QPSK	Outer_Full
11	CP-OFDM 16 QAM	Inner_Full
12	CP-OFDM 16 QAM	Outer_Full
13	CP-OFDM 64 QAM	Outer_Full
14	CP-OFDM 256 QAM	Outer_Full

对于 PUCCH，根据 PUCCH 格式，采用 QPSK 或 PI/2- BPSK 调制。在 LTE

中，对 FDD 格式 1a 和 TDD 格式 1a/1b 进行测试。5G 也应遵循同样的方法。由于调制方式的不同（有和没有预编码）以及 DFT-s-OFDM 和 CP-OFDM 的 CREST 因子不同，两种波形都应该进行测试。下行配置在 LTE 中，下行链路采用 QPSK 调制，RB 为部分分配。然而，PUCCH 的 EVM 不依赖于下行链路分配，因此不需要规范下行链路分配。所以 EVM PUCCH 测试用 DFT-s-OFDM 和 CP-OFDM，FDD 使用格式 1a，TDD 使用格式 1a/1b。

对于 PRACH，在 LTE 中，TDD 和 FDD 采用了特定的 PRACH 序言格式。FDD 的 PRACH 配置索引为 4，导致序言格式为 0，随机接入序言的子载波间距为 1.25kHz，任意系统帧号和一个子帧号等于 4。在 5G 组网中，PRACH 配置的索引为 17。LTE TDD 的 PRACH 配置指数为 53，产生序言格式 4，子载波间隔为 7.5kHz。对于 5G，通过应用序言格式 3，子载波间距为 5kHz 是可能的。这是通过 PRACH 配置索引等于 52 实现的。与 LTE 相比，RS EPRE 的设置改变以考虑不同的子载波间距。按照表 4-60 的格式对 EVM PRACH 进行测试。

表 4-60　EVM PRACH 前导码格式

	FDD	TDD
PRACH 配置索引	17	52
RS EPRE 设置测试点 1（dBm/15kHz）	−71	−65
RS EPRE 设置测试点 2（dBm/15kHz）	−86	−80

测试时给 UE 连续发送 PUCCH 功率控制 up 命令直至 UE 按照 P_{UMAX} 功率发射，EVM 测量评估是通过 10 个上行的子帧（不含任何瞬态区间）来计算平均 EVM，通过 60 个子帧（不含任何瞬态区间）来计算参考信号 EVM 的。

对非 256 QAM 的调制方式来说，测试功率只要求比最小输出功率高即可，而 256 QAM 的测试要求功率比最小功率高 10dB 以上，即并不需要在最大功率下测试 EVM，大多数场景下只需要比最小功率大即可，但我们测试往往是设置的最大功率，这样的场景最恶劣，也最容易发现问题。不同调制方式的情况下不超过表 4-61 中定义的值。对于 EVM 所有 PRACH 序言格式 0～4 以及所有 5 种 PUCCH 格式，要求与 QPSK 调制要求相同。

表 4-61　EVM 最小需求

参　　　数	单　　　位	平均 EVM 取值
PI/2-BPSK	%	30
QPSK	%	17.5
16 QAM	%	12.5
64 QAM	%	8
256 QAM	%	3.5

3. 载波泄漏

IQ 不平衡对于信号质量 EVM 的结果有重大的影响。IQ 不平衡表现为最初的星座图的 IQ 偏移，是由于 DSP 的取整等导致的直流偏移所引起的。IQ 两路信号是分别放大的，由于器件的不一致性难免导致 I 路和 Q 路增益的不平衡，使得 IQ 幅度不一样，这样本来正方形的星座图将变成长方形，即相同频点上，信号的幅度和相位发生了变化。然而，在 R99 规范上并无相关的测试，主要是通过测量 EVM 来衡量信号的调制品质的。由于 OFDM 技术对相位和频偏敏感，通过对 IQ 不平衡性的测量，能更好地衡量发射机调制的性能。IQ 原点偏移用相对载波泄漏功率（IQ 原点偏移功率）来衡量。

载波泄漏表现为载波频率或聚合载频的中心频率上叠加的未调制的正弦波。它类似一种恒定幅度的干扰，与有用信号的幅度无关。信号的 IQ 分量会对中心的子载波造成干扰，尤其是输出的调制信号较小时影响更大，本测试项以载波泄漏的形式测试 UE 发射机的调试质量。载波泄漏测试配置如表 4-62 所示。

表 4-62　载波泄漏测试配置

初始条件		
测试环境	常温常压	
测试频率	低、中、高	
测试信道带宽	中	
测试子载波间隔	最小	
测试参数		
测试序号	下行配置	上行配置
		调制方式	RB 分配
1	N/A	DFT-s-OFDM QPSK	Inner_1RB_Left

测试时将上行调度信息中相应的 TPC 命令发给 UE，直到 UE 输出功率为 $10 \pm P_W$ 和 $0 \pm P_W$，P_W 见表 4-63 中步骤 1，以及 $-30 \pm P_W$ 和 $-40 \pm P_W$，P_W 见表 4-63 中步骤 2，其中 P_W（指定功率）是根据表 4-63 的载波频率 f 和信道带宽配置的功率窗口（$-P_W \sim P_W$）大小。

表 4-63　载波泄漏的功率窗口大小　　　　　　　　　单位：dB

步骤	信道带宽	$f \leqslant 3GHz$	$3GHz < f \leqslant 4.2GHz$	$4.2GHz < f \leqslant 6GHz$
1	带宽≤20MHz	1.4	1.7	2
	20MHz<带宽≤40MHz	1.4	1.7	2.2
	40MHz<带宽≤100MHz	2.1	2.3	2.3
2	带宽≤40MHz	1.7	2.0	2.2
	40MHz<带宽≤100MHz	2.1	2.3	2.5

载波泄漏是一种附加的正弦波形，其频率与调制波形载波频率相同。测量间隔视为一个时隙。在上行链路共享的情况下，载波泄漏可能有 7.5kHz 的载波频率偏移。相对载波泄漏功率是附加正弦波形和调制波形的功率比。根据 UE 输出功率的不同，相对载波泄漏功率要求不同，即不得超过表 4-64 规定的值。

表 4-64　载波泄漏的功率要求

参　　数	相对门限/dBc
输出功率＞10dBm	−28
0dBm≤输出功率≤10dBm	−25
−30dBm≤输出功率≤0dBm	−20
−40dBm≤输出功率＜−30dBm	−10

4．带内发射

带内发射是一种测量落入未分配资源块的干扰的方法。带内发射定义为 12 个子载波的平均发射，是已分配的上行传输带宽边缘的 RB 偏移量的函数。带内发射测量是未分配 RB 中终端输出功率与已分配 RB 中终端输出功率的比值。这个指标反映的是分配部分 RB 时对带内其他 RB 资源的干扰情况，因为都在分配带宽内，故称为带内杂散。

基本的带内辐射测量间隔在时域的一个时隙上定义，但是当带内发射测量值平均超过 10 个子帧时，适用最小要求。当 PUSCH 或 PUCCH 传输时隙使用 SRS 进行多路复用而缩短时，带内发射测量间隔将相应地减少一个或多个符号。

此测试的目的是检验 UE 发射机带内发射的调制质量。PUSCH 和 PUCCH 带内发射初始测试配置如表 4-65 所示。

表 4-65　PUSCH 和 PUCCH 带内发射初始测试配置

初始条件		
测试环境	常温常压	
测试频率	低、中、高	
测试信道带宽	最小、中、最大	
测试子载波间隔	最小	
PUSCH 测试参数		
测试 ID	下行配置	上行配置
		调制参数	RB 配置
1	不适用	DFT-s-OFDM QPSK	Inner_1RB_Left
2		DFT-s-OFDM QPSK	Inner_1RB_Right
3		CP-OFDM QPSK	Inner_1RB_Left
4		CP-OFDM QPSK	Inner_1RB_Right

续表

PUCCH 测试参数					
ID	下行配置		上行配置		
	调制方式	RB 配置	波形	PUCCH 格式	RB 索引
1	CP-OFDM QPSK	全部 RB	DFT-s-OFDM	PUCCH 格式 =格式 1 OFDM 符号长度 = 14	0
2	CP-OFDM QPSK		DFT-s-OFDM		N_{RB}−1
3	CP-OFDM QPSK		CP-OFDM		0
4	CP-OFDM QPSK		CP-OFDM		N_{RB}−1

测试步骤同载波泄漏，超过 10 个子帧的基本带内发射测量的平均值不应超过表 4-66 中指定的值。

表 4-66　带内发射要求

参 数 描 述	单　　位	限 制 条 件		适 用 频 率
普通	dB	$\max\{-25-10\cdot\lg(N_{RB}/L_{CRB}),$ $20\cdot\lg EVM-3-5\cdot(\mid\Delta_{RB}\mid-1)/L_{CRB},$ $-57dBm+10\lg(SCS/15kHz)-P_{RB}\}$[①]		任何未分配的频率
IQ 镜像	dB	−28	输出功率＞10dBm	镜像频率
		−25	输出功率≤10dBm	
载波泄漏	dBc	−28	输出功率＞10dBm	载波泄漏频率
		−25	0dBm≤输出功率≤10dBm	
		−20	−30dBm≤输出功率＜0dBm	
		−10	−40dBm≤输出功率＜−30dBm	

① 参见 3GPP 38.521-1。

5. 频谱平坦度

频谱平坦度是从 LTE 终端射频测试中开始新增的测试项，频谱平坦度对应频段内波纹的大小，它直接影响终端射频的稳定性，因此需要对频谱平坦度进行测试。如果波纹变化很大，相当于终端的输出功率变化很大，那么功率放大器的输出效率在不停地变化，进而引起供电电压的变化，对终端发射机性能造成不利影响。

为满足 EVM 测量的频谱平坦度要求，EVM 测量过程迫零均衡器矫正必须有效。EVM 频谱平坦度定义为 EVM 测量过程中产生的分配的上行块变化（dB）时均衡器系数的最大震荡总振幅（dB）。EVM 均衡器频谱平坦度要求不限制测量过程的信号是如何矫正的，但所用的均衡器矫正必须满足均衡器频谱平坦度的最小需求，以保证 EVM 结果有效。基本测量区间和 EVM 一致。

EVM 平坦度测试配置如表 4-67 所示。测试时使 UE 在测试期间按照 P_{UMAX} 功率发射，用 Global In-Channel Tx-Test 测量。TDD 时隙转换期间不用测试。

表 4-67　EVM 平坦度测试配置

初始条件	
测试环境	常温常压、低温低压、低温高压、高温低压、高温高压
测试频率	低、中、高
测试带宽	最小、中、最大
子载波间隔	最小

测试参数			
测试序号	下行配置	上行配置	
		调制参数	RB 配置
1	N/A	DFT-s-OFDM QPSK	Outer_Full
2		CP-OFDM QPSK	Outer_Full

这个测试项分为测试信号位于整个频段的中间和边缘两种情况。如表 4-68 和表 4-69 中定义，范围 1 意味着测试信号位于整个频段的中间，要求频谱的波动范围在 4dB。范围 2 意味着测试信号位于整个频段的边缘处，一般情况下要求频谱的波动范围在 8dB，极端情况下允许放宽至 12dB。为了保证系统的正常工作，需要在频段中间平坦度要比边缘处好。

表 4-68　EVM 均衡器频谱平滑度最小要求（一般情况）

频 谱 范 围	最大变化/dB
$F_{\text{UL Meas}} - F_{\text{UL Low}} \geqslant 3\text{MHz}$ 且 $F_{\text{UL High}} - F_{\text{UL Meas}} \geqslant 3\text{MHz}$（范围 1）	4
$F_{\text{UL Meas}} - F_{\text{UL Low}} < 3\text{MHz}$ 或 $F_{\text{UL High}} - F_{\text{UL Meas}} < 3\text{MHz}$（范围 2）	8

表 4-69　EVM 均衡器频谱平滑度最小要求（极端情况）

频 谱 范 围	最大变化/dB
$F_{\text{UL Meas}} - F_{\text{UL Low}} \geqslant 5\text{MHz}$ 且 $F_{\text{UL High}} - F_{\text{UL Meas}} \geqslant 5\text{MHz}$（范围 1）	4
$F_{\text{UL Meas}} - F_{\text{UL Low}} < 5\text{MHz}$ 或 $F_{\text{UL High}} - F_{\text{UL Meas}} < 5\text{MHz}$（范围 2）	12

除此之外，还需满足额外的要求：表 4-68 中的范围 1 的最大系数和范围 2 的最小系数差必须不大于 5dB，极端情况下不大于 6dB；表 4-69 中的范围 2 的最大系数和范围 1 的最小系数差必须不大于 7dB，极端情况下不大于 10dB。

4.2.4　发射杂散

射频发射机本应该在规定的频率范围内发送无线信号，即发射带内信号。由于射频发信机的内部元器件并非理想器件，存在或多或少的非线性，这些非线性元器件在发射无线信号的过程中，产生了很多非规定频率范围内的信号，如谐波分量、寄生辐射、互调产物、变频产物等，即发生了杂散辐射。终端的有用频谱发射必须严格符合标准要求，而射频发信机发射的非自己频率范围内的信号，属于无用发射，更需要进行严格的限制，否则会对其他用户的系统造成严重的干扰。

为了防止一个系统的杂散辐射对其他无线通信系统造成干扰，ITU-R（国际电信联盟无线电通信组）在参考建议文件 Rec. ITU-R SM.329 中，系统地讨论了发信机骚扰发射测量的方法。SM.329 最重要的内容是引入了杂散发射（spurious emission）的概念。它按照距离主频信号中心频点的远近，将整个测量频段划分成 3 个域（domain）：工作域、带外域和杂散域，如图 4-10 所示。主频信道中心频率 f_0，工作带宽（或占用的信道带宽）为 B，以 f_0 为基准，在 $+/-2.5B$ 以外频率范围的都是杂散域（spurious domain）。频率落在杂散域内的无用信号称作杂散信号。

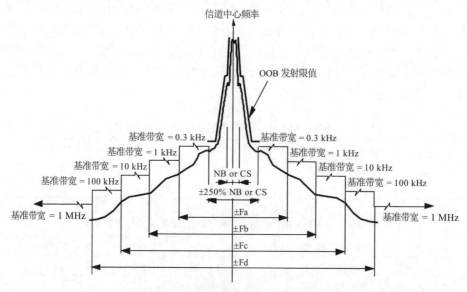

图 4-10　通用的杂散域无用发射掩模 0

3GPP 随后在针对不同移动通信制式制定的测试标准中，进一步规定了两种类型的杂散发射测试：传导杂散测试（测量从射频发射链路输出的杂散信号幅度）和辐射杂散测试（将待测物看作一个黑盒（enclosure），测量天线接收整个黑盒对外的杂散发射，而不区分哪些是从手机天线辐射的噪声，哪些是从其他部分辐射的噪声）。5G FR1 射频一致性测试中进行的是传导杂散测试，包括占用带宽、带外发射、杂散发射和发射互调。

1. 占用带宽

占用带宽在绝大多数系统里都是指 99% 的功率分布的带宽，在 5G FR1 中，这点和 LTE 没有任何区别。

占用带宽测试配置如表 4-70 所示，基本参考和遵循 LTE 的测试配置。值得注意的是测试频率，在 LTE 中，占用带宽测量是一种不可知性频率测量，即在测试 EARFCN 独立性的情况下，UE 传输的最大信道带宽保持不变。但在 NR FR1 中，有几个高带通的频段，在某些情况下，高频率范围可达 900MHz。根据 NR 工作频段的带宽对其进行了分类，分为两种：类型 1（与 LTE 定义的频段相似，频段带宽低于 200MHz），类型 2（频段带宽较宽，高于 500MHz）。对于类型 1 的频段，需要考虑 UE 中滤波器、放大器等有源元件的频率响应，这些有源元件可以改变被发射信号的幅值和相位，可能使频谱传输与频率相关。所以类型 1 频段的测试频率选择中信道，类型 2 的频段选择低、中和高测试频率，具体频段如表 4-71 所示。

表 4-70　占用带宽测试配置

初始条件	
测试环境	常温常压
测试频率	默认为中信道
测试带宽	所有
子载波间隔	最小

测试参数			
测试 ID	下行配置	上行配置	
		调制方式	RB 分配
1	N/A	CP-OFDM QPSK	Outer_full

表 4-71　占用带宽的测试频率（类型 2）

5G NR 频段	测试频率
n78	低、中、高
n79	低、中、高
n28	30MHz 带宽时为高信道

测试时给 UE 连续发送上行功率控制 up 命令，从而使 UE 在测试期间按照 P_{UMAX} 功率发射，以中心频率起算，测量占用带宽的 2 倍或者更大范围的功率谱分布。滤波器特性接近高斯滤波器（典型的谱分析滤波器）。在连续活动上行链路时隙上，持续测量时间至少为 1ms，计算测量的总频率的功率和并保存其值为总功率。

识别中心对准信道中心的测量窗口，该窗口的测量功率之和为总功率的 99%，即为占用带宽。所以占用带宽是包含在指定信道上整个传输频谱平均功率 99%的带宽。所有传输带宽配置（资源块）的占用带宽应小于表 4-72 中的信道带宽。

表 4-72　占用带宽

信道带宽/MHz	5	10	15	20	25	30	40	50	60	80	90	100
占用带宽/MHz	5	10	15	20	25	30	40	50	60	80	90	100

2. 带外发射

带外发射包含邻频道泄漏比（ACLR）和频谱发射模板（SEM），其中 SEM 单位是绝对值 dBm，而 ACLR 单位是相对值 dBc，在这里它用于评估由于调制过程和发射机的非线性引起的信道外的不需要的发射，表征的是"发射机噪声"的一部分，只是这些噪声不是在发射信道之内，而是发射机泄漏到临近信道中的部分。顾名思义，都是描述本机对其他设备的干扰。它们有个共同点，即对干扰信号的功率计算也是以一个信道带宽为计。这种计量方法表明，这一指标的设计目的是考量发射机泄漏的信号对相同或相似制式的设备接收机的干扰，即干扰信号以同频同带宽的模式落到接收机带内，形成对接收机接收信号的同频干扰。

1）ACLR

ACLR 指的是指定的信道对相邻的信道滤波后的平均功率之比，这个参数的好坏反映的当前终端对同系统的其他用户的影响。

在 LTE 中，ACLR 的测试有两种设置，即 EUTRA 和 UTRA，前者是描述 LTE 系统对 LTE 系统的干扰，后者是考虑 LTE 系统对 UMTS 系统的干扰。同理 5G FR1 中 ACLR 也考察两种设置，即 NR 和 UTRA，和 LTE 类似，5G NR 也有相应的对 UMTS（WCDMA 和 TD-SCDMA）的邻道干扰的指标，ACLR1 指的是 5G 信道边缘±2.5MHz，ACLR2 指的是 5G 信道边缘±7.5MHz。5G FR1 中测量带宽是一样的，而 LTE 中 EUTRA ACLR 的测量带宽是 LTE RB 的信道带宽，UTRA ACLR 的测量带宽是 UMTS 信号的信道带宽（FDD 系统为 3.84MHz，TDD 系统为 1.28MHz）。可以看出 ACLR 描述的是一种对等的干扰，即发射信号的泄漏对同样或者类似的通信系统发生的干扰。

这一定义是有非常重要的实际意义的。实际网络中同小区、邻小区还有附近小区经常有信号泄漏过来，所以网规网优的过程实际上就是容量最大化和干扰最小化的过程，而系统本身的邻道泄漏对于邻近小区就是典型的干扰信号；从系统的另一个方向来看，拥挤人群中用户的手机也可能成为互相的干扰源。同样的，在通信系统的演化中，是以平滑过渡为目标，即在现有网络上升级改造进入下一代网络。那么两代三代甚至更多代系统共存就需要考虑不同系统之间的干扰，LTE 引入 UTRA 即是考虑了 LTE 在与 UMTS 共存的情况下对前代系统的射频干扰，5G FR1 也是如此。

在 LTE 中，MPR、ACLR 和 SEM 测试会测量低、中和高信道，来考察基于频率的非线性特性带来的发射机在不同频点上的性能，这个选择是合理的。为了缩短测试时间，在特定频段工作的 UE 滤波器设计，通常是基于一个参考频率来设计其发射机中的有源元件。一般来说，性能最差的情况是 UE 中的发射机滤波器的中心频率远离参考频率。如果 UE 基于中信道设计，最低和最高的信道是最远的频点。如果 UE 基于边缘设计，如最高或最低的信道，距离最远的信道也是最低或最高的信道之一。所以基于以上分析，测量最低和最高的信道就可以覆盖性能最差的情况。

测试配置中调制方式包括 DFT-s-OFDM PI/2 BPSK、DFT-s-OFDM QPSK、DFT-s-OFDM 16 QAM、DFT-s-OFDM 64 QAM、DFT-s-OFDM 256 QAM 以及 CP-OFDM QPSK、CP-OFDM 16 QAM、CP-OFDM 64 QAM、CP-OFDM 256 QAM，功率等级 3 的测试配置如表 4-73 所示。

表 4-73　功率等级 3 测试配置（以 DFT-s-OFDM PI/2 BPSK 为例）

初始条件						
测试环境		常温常压、低温低压、低温高压、高温低压、高温高压				
测试频率		低、高				
测试带宽		最小、最大				
子载波间隔		最小、最大				
测试参数						
测试序号	频率	带宽	SCS	下行配置	上行配置	
					调制方式	RB 分配
1	默认	默认	默认	N/A	DFT-s-OFDM PI/2 BPSK	Inner_Full
2	低				DFT-s-OFDM PI/2 BPSK	Edge_1RB_Left
3	高				DFT-s-OFDM PI/2 BPSK	Edge_1RB_Right
4	默认				DFT-s-OFDM PI/2 BPSK	Outer_Full

测量时使 UE 在测试期间按照 P_{UMAX} 功率发射，根据测试配置测量 UE 在无线接入模式信道带宽中的平均功率，测量指定 NR 信道经矩形滤波后的平均功率，测量带宽如表 4-74 所示。

表 4-74　NR 信道测量带宽

NR 信道带宽/MHz	5	10	15	20	25	30	40	50	60	80	90	100
NR ACLR 测量带宽/MHz	4.515	9.375	14.235	19.095	23.955	28.815	38.895	48.615	58.35	78.15	88.23	98.31

然后分别在指定 NR 信道的上下两侧测量第一个 NR 相邻通道的矩形滤波平均功率，之后分别计算测量值的功率比，即上下两侧 NR ACLR。同样的方法，计算上下两侧 UTRA ACLR。若测量的邻信道功率高于-50dBm，则 NR 邻道泄漏功率比应大于表 4-75 中的值。

表 4-75　NR/UTRA ACLR 要求

	功率等级 1	功率等级 2	功率等级 3
NR ACLR		31dB	30dB
UTRA$_{ACLR1}$			33dB
UTRA$_{ACLR2}$			36dB

2）SEM

SEM 是一个带外指标，与杂散发射区分开来，后者在广义上是包含了 SEM 的，但是着重看的其实是发射机工作频段之外的频谱泄漏，其引入也更多的是从电磁兼容（EMC）的角度。

SEM 提供了一个频谱模板，然后在测量发射机带内频谱泄漏时，看有没有超出模板限值的点。可以说它与 ACLR 有关系，但是又不相同：ACLR 是考虑泄漏到邻近信道中的平均功率，所以它以信道带宽为测量带宽，体现的是发射机在邻近信道内的噪声底；SEM 反映的是以较小的测量带宽（往往为 100kHz～1MHz）捕捉在邻近频段内的超标点，体现的是以噪声底为基础的杂散发射。

如果用频谱仪扫描 SEM，可以看到邻信道上的杂散点普遍的高于 ACLR 均值，所以如果 ACLR 指标本身没有余量，SEM 就很容易超标。反之 SEM 超标并不一定意味着 ACLR 不良，有一种常见的现象就是有本振的杂散或者某个时钟与本振调制分量（往往带宽很窄，类似点频）串入发射机链路，这时即使 ACLR 很好，SEM 也可能超标。

测试配置中调制方式包括 DFT-s-OFDM PI/2 BPSK、DFT-s-OFDM QPSK、DFT-s-OFDM 16 QAM、DFT-s-OFDM 64 QAM、DFT-s-OFDM 256 QAM 以及 CP-OFDM QPSK、CP-OFDM 16 QAM、CP-OFDM 64 QAM、CP-OFDM 256 QAM。以 DFT-s-OFDM PI/2 BPSK 为例的测试配置如表 4-76 所示。

表 4-76　测试配置（以 DFT-s-OFDM PI/2 BPSK 为例）

默认条件						
测试环境				常温常压		
测试频率				低、高		
测试带宽				最小、最大		
子载波间隔				最小、最大		
测试参数						
测试 ID	频率	带宽	SCS	下行配置	上行配置	
					调制方式	RB 分配
1	低	默认	默认	N/A	DFT-s-OFDM PI/2 BPSK	Edge_1RB_Left
2	高				DFT-s-OFDM PI/2 BPSK	Edge_1RB_Right
3	默认				DFT-s-OFDM PI/2 BPSK	Outer_Full

UE 频谱发射模板适用于从指定 NR 信道带宽边缘起始的带外辐射（out-of-band emission，OOB）频率（Δf_{OOB}）。对于频率偏移量大于 Δf_{OOB} 的情况，测试时使 UE 在测试期间按照 P_{UMAX} 功率发射，根据表 4-77 使用带宽测量滤波器测量发射功率，且滤波器的中心频率需按表中 Δf_{OOB} 的范围连续步进，每步都记录测量功率。获得的测试终端在规定的信道带宽内的平均功率不得超过表 4-77 中规定的电平。

表 4-77　通用 NR 频谱模板

Δf_{OOB} /MHz	频谱发射门限 （/dBm）/信道带宽 （/MHz）												测量带宽
	5	10	15	20	25	30	40	50	60	80	90	100	
±0~1	−13	−13	−13	−13	−13	−13	−13						1%信道带宽
±0~1								−24	−24	−24	−24	−24	30kHz
±1~5	−10	−10	−10	−10	−10	−10	−10	−10	−10	−10	−10	−10	1MHz
±5~6	−13												
±6~10	−25	−13											
±10~15		−25	−13										
±15~20			−25	−13									
±20~25				−25	−13								
±25~30					−25	−13							
±30~35						−25							
±35~40							−13						
±40~45							−25						
±45~50								−13					
±50~55								−25					
±55~60									−13				
±60~65									−25				
±65~80										−13			
±80~85										−25			
±85~90											−13		
±90~95											−25		
±95~100												−13	
±100~105												−25	

3. 杂散发射

杂散发射分为通用杂散发射和共存杂散发射。为了提高测量的精度、灵敏度和有效性，分辨带宽可小于测量带宽。当分辨带宽小于测量带宽时，应将计算结果在测量带宽上积分，得到测量带宽的等效噪声带宽。

1）通用杂散发射

通用杂散发射与 LTE 的要求非常类似，是杂散域的频谱要求。由于 ENDC NSA 对于 NR 和 LTE 均有额外的要求，所以不适用 LTE 锚不定法。

FR1 SA 的测试配置如表 4-78 所示。为了使频谱利用率最大，通常选择最低的 SCS 进行 TX 测量。最高的 SCS 比最低的 SCS 在保卫带内产生的副载波少，如果不经过信道带宽滤波器的过滤，这种功率将是信道带宽不需要的杂散发射。对于发射机杂散发射的测量，杂散发射限值适用于距离信道带宽边缘 Δf_{OOB} 以上的频率范围。对于小于 Δf_{OOB} 的频率范围内的信道带宽以外的任何杂散发射，均应根据 ACLR 或 SEM 测试要求进行检测。Δf_{OOB} 的频率范围如表 4-79 所示。

表 4-78   FR1 SA 杂散发射测试配置

初始条件			
测试环境	常温常压		
测试频率	低、中、高		
测试带宽	最小、中、最高		
子载波间隔	最小		
测试参数			
测试 ID	下行配置	上行配置	
		调制方式	RB 分配
1	不适用	CP-OFDM QPSK	OuterFull
2		CP-OFDM QPSK	Edge_1RB_Left
3		CP-OFDM QPSK	Edge_1RB_Right

表 4-79   NR 带外与通用杂散发射域的分界

信道带宽	OOB 边界 Δf_{OOB}/MHz
$BW_{Channel}$	$BW_{Channel} + 5$

关于上行配置，LTE 在每个信道带宽下选择全 RB 和单 RB 进行 LTE Tx 杂散发射测量，这种选择是考虑在谐波、中间调制和极端情况下产生的带外发射/杂散。FR1 NR 遵循类似的 RB 选择，也应扩展单个 RB 案例以涵盖内部和外部 RB 位置。

FR1 NSA 的测试配置如表 4-80 所示。在 NR CA 场景中，针对一般的杂散发射测试用例，选择最低带宽和最高带宽对应的两个极端带宽组合，在 EN-DC 模式下，也选择最低和最高的信道带宽。对于 LTE 和 NR SA 的杂散发射测量，上行调制分别采用 QPSK 和 CP-OFDM，所以在 EN-DC 模式下，对其 E-UTRA 载波和 NR 载波提出与 LTE 和 NR SA 测试相同的调制方案。对于 RB 配置也是同样，采用与 NR CA 测试用例相同的 RB 配置。

表 4-80   FR1 NSA 杂散发射测试配置

初始条件	
测试环境	常温
测试频率	PCC 和 SCC 的低、高
测试带宽	E-UTRA 载波 5MHz 和 NR 载波最低，E-UTRA 载波最高和 NR 载波最高
子载波间隔	最小

续表

测试 ID	下行配置	EN-DC 上行配置			
		E-UTRA 小区		NR 小区	
		调制方式	RB 分配	调制方式	RB 分配
1	不适用	QPSK	Outer_1RB_Left	CP-OFDM QPSK	Edge_1RB_Left
2		QPSK	Outer_1RB_Right	CP-OFDM QPSK	Edge_1RB_Right
3		QPSK	Outer_Full	CP-OFDM QPSK	Outer_Full

（表头"测试参数"跨列）

测试时给 UE 连续发送上行功率控制 up 命令，直到 UE 达到 P_{UMAX} 电平发射。在杂散域，用带宽测量滤波器测量发射信号的功率，滤波器的中心频率需按表 4-81 连续步进。每步都记录测量功率，最后计算在信道带宽内的平均功率要小于表 4-81 的要求。

表 4-81　通用杂散发射限值

频 率 范 围	功率最大值/dBm	测 量 带 宽
9kHz＜f＜150kHz	−36	1kHz
150kHz＜f＜30MHz	−36	10kHz
30MHz＜f＜1000MHz	−36	100kHz
1GHz＜f＜12.75GHz	−30	1MHz[1]
	−25	1MHz[2]
12.75GHz≤f＜上行工作频率最高频点的第 5 谐波位置	−30	1MHz[3]
12.75GHz＜f＜26GHz	−30	1MHz[4]

[1] 不适用于 SA 频段包含 n41 且小区指示为 NS_04 时。
[2] 适用于 SA 频段包含 n41 且小区指示为 NS_04 时。
[3] 适用于 UL 频段上频段边缘大于 2.69GHz 的频段。
[4] 适用于 UL 频段上频段边缘大于 5.2GHz 的频段。

所有 EN-DC 频段均需要满足表 4-81 的相应测试要求。只支持 EN-DC 的终端设备，对于表 4-82 中所列频段，除满足表 4-82 的测试要求外，其 NR 载波需满足表 4-81 的测试要求。更多频段要求详见 TS 38.521-3。

表 4-82　NSA 通用杂散发射限值

频率范围/MHz	功率最大值/dBm	测 量 带 宽
DC_1A_n3A 的测试要求		
135≤f≤270	−36	100kHz
1440≤f≤1650	−30	1MHz
2055≤f≤2250		
3630≤f≤3765		
5340≤f≤5745		

2）共存杂散发射

共存杂散发射指的是在协议定义下共存的频段系统内产生的一些有特殊要求的发射机传导杂散。为使 UE 发射的信号不引起共存系统不可接受的干扰，3GPP 标准引入了共存杂散的测试和限制要求。

EN_DC 测试根据测试频段组合的不同，有不同的配置，如表 4-83 所示（以 DC_1A_n28A 为例。其中 DC_XA_nYA 是所有 EN-DC 频段的通用配置），DC_1A_n28A 除了需要满足默认配置，对于特定的 EN_DC 组合，还给出了额外的测试配置。

表 4-83　EN_DC 测试配置

初始条件	
测试环境	常温
测试频率	参考下面"信道"列
测试带宽	参考 NR N_{RB} 和 E-UTRA N_{RB} 列
子载波间隔	最小

DC 配置的测试参数								
序号	DC 配置/ N_{RB_agg}				E-UTRA&NR 下行配置		E-UTRA &NR 上行配置	
	DC 配置		E-UTRA 信道带宽 /N_{RB}	NR 信道带宽 /N_{RB}	载波调制 E-UTRA/NR	RB 配置	载波调制 E-UTRA/NR	RB 配置 (L_{CRB} @ RB_{start})
	E-UTRA	NR						
	频段	信道	频段	信道						
DC_XA_nYA 的默认测试设置								
1	X	低	Y	低	最大信道带宽/最大 N_{RB}	最大信道带宽/最大 N_{RB}	QPSK/CP-OFDM QPSK	NA	QPSK/CP-OFDM QPSK	1@0	1@0
2	X	高	Y	高	最大信道带宽/最大 N_{RB}	最大信道带宽/最大 N_{RB}	QPSK/CP-OFDM QPSK	NA	QPSK/CP-OFDM QPSK	1@RB_{max}	1@RB_{max}
DC_1A_n28A 的测试设置								
1	1	低	28	低	20/100	20/106	QPSK/CP-OFDM QPSK	NA	QPSK/CP-OFDM QPSK	1@0	1@0
2	1	低	28	高	20/100	20/106	QPSK/CP-OFDM QPSK	NA	QPSK/CP-OFDM QPSK	1@0	1@0
3	1	高	28	高	20/100	20/106	QPSK/CP-OFDM QPSK	NA	QPSK/CP-OFDM QPSK	1@99	1@105

测试时依据表 4-78 和表 4-83 进行参数配置，给 UE 连续发送上行功率控制 up 命令，直到 UE 达到 P_{UMAX} 电平发射。表 4-84 定义了指定 NR 频段受保护频段共存的要求（以 n28 频段为例）。按照表 4-84 用带宽测量滤波器测量发射信号的功率，且滤波器的中心频率需按表 4-84 连续步进，每步都记录测量功率。

表 4-84　共存杂散发射

NR 频段	共存杂散发射			
	保护频段	频率范围/MHz	最大功率电平/dBm	MBW/MHz
n28	E-UTRA 频段 1、4、10、22、32、42、43、50、51、52、65、66、73、74、75、76 NR 频段 n78	$F_{DL\_low} \sim F_{DL\_high}$	−50	1
	E-UTRA 频段 1	$F_{DL\_low} \sim F_{DL\_high}$	−50	1
	E-UTRA 频段 2、3、5、7、8、18、19、20、25、26、27、31、34、38、39、40、41、66、72 NR 频段 n79	$F_{DL\_low} \sim F_{DL\_high}$	−50	1
	E-UTRA 频段 11、21	$F_{DL\_low} \sim F_{DL\_high}$	−50	1
	频率范围	470～694	−42	8
	频率范围	470～710	−26.2	6
	频率范围	662～694	−26.2	6
	频率范围	758～773	−32	1
	频率范围	773～803	−50	1
	频率范围	1884.5～1915.7	−41	0.3

对于带间 EN-DCNSA 频段，通过测量特定频率的杂散发射验证表 4-85 中的测试要求（以 DC_1_n28 为例）。对于只支持 EN-DC 的终端，还需要满足表 4-84 中的测试要求。更多频段详见 TS 38.521-3。

表 4-85　EN_DC 共存杂散发射

EN-DC 配置	共存杂散发射			
	保护频段	频率范围/MHz	最大功率电平/dBm	MBW/MHz
DC_1_n28	E-UTRA 频段 5、7、8、18、19、20、26、27、31、38、40、41、72、73 NR 频段 n79	$F_{DL\_low} \sim F_{DL\_high}$	−50	1
	E-UTRA 频段 1、22、32、42、43、50、51、52、65、74、75、76 NR 频段 n77、n78	$F_{DL\_low} \sim F_{DL\_high}$	−50	1
	E-UTRA 频段 n3、n34	$F_{DL\_low} \sim F_{DL\_high}$	−50	1

续表

EN-DC 配置	共存杂散发射			
	保护频段	频率范围/MHz	最大功率电平/dBm	MBW/MHz
DC_1_n28	E-UTRA 频段 11、21	$F_{DL\_low} \sim F_{DL\_high}$	−50	1
	E-UTRA 频段 1、65	$F_{DL\_low} \sim F_{DL\_high}$	−50	1
	频率范围	470~694	−42	8
	频率范围	470~710	−26.2	6
	频率范围	758~773	−32	1
	频率范围	773~803	−50	1
	频率范围	662~694	−26.2	6
	频率范围	1880~1895	−40	1
	频率范围	1895~1915	−15.5	5
	频率范围	1915~1920	+1.6	5

4. 发射互调

当两个或两个以上频率的射频信号功率同时出现在无源射频器件中时，就会产生无源互调产物，一般三阶互调最严重。在终端发射机中，有用信号和通过天线到达发射机的干扰信号会产生非线性信号，发射互调性能就是衡量发射机抑制其非线性信号产生的能力，所以发射互调反映的是天线口的非线性特性。

发射互调的测试原理是设置终端处于最大输出功率下，配置干扰信号后，在频段内观察其互调产物是否超标，要求是有用信号和互调产物功率之比（单位为 dBc）低于限值。本测试项目主要是验证终端抑制其互调产物的能力。

发射互调测试配置如表 4-86 所示。在 LTE 中，传输互调需要在 5MHz 和所有频段的最高信道带宽下进行，这种选择用来检验 UE 发射机在不同信道带宽下与不同频率选择性相关的不同行为。在所有的 LTE 频段中，5MHz 是强制性的要求，但是 NR 的支持带宽是更新的，5MHz 不是强制性的，所以对于 Tx 和 Rx 测试用例，指定中测试信道带宽，而不是固定的数字，如 5MHz，所以选择中和高测试信道带宽。

表 4-86 发射互调测试配置

初始条件	
测试环境	常温常压
测试频率	中信道
测试带宽	中、最大
子载波间隔	最小、最大

续表

测试 ID	下行配置	上行配置	
		调制方式	RB 分配
1	N/A	DFT-s-OFDM PI/2 BPSK	Inner_Full
2		DFT-s-OFDM QPSK	Inner_Full

关于上行配置，在 LTE 系统中，发射互调只针对调制和 RB 分配的组合进行测试，没有应用 MPR。MPR 的目的是取消它对高阶调制方案和更多需要更动态的 RB 分配的最大功率的限制。NR FR1 采用同样的原理，选择 DFT-s-OFDM PI/2BPSK 和 DFT-s-OFDM QPSK 的内全（Inner_Full）RB 分配。

测试时给 UE 连续发送上行功率控制 up 命令，直到 UE 达到 P_{UMAX} 电平发射。测量终端矩形滤波后的平均功率 $P1$。对于 TDD，只有由 UL 符号组成的时隙才能进行所需信号和互调产物的测试。

使用低于上行载波频率一定偏移值作为干扰信号频率，该偏移值为表 4-87 中第一个偏移值并根据表 4-87 设置 CW 信号水平。在高于或低于上行载波频率区域搜索互调产物信号，测量两个信号经矩形滤波后的平均发射互调功率 $P2$，并与测得的 $P1$ 功率计算比值。

同理，计算高于上行载波频率一定偏移值的互调产物信号 $P3$，并与测得的 $P1$ 功率计算比值。使用表 4-87 的第二个偏移值重复该测量。

UE 发射互调指的是当低于有用信号电平的高斯白噪 CW 干扰信号被叠加在每一个发射机天线端口，而其他存在的端口被关闭时，有用信号平均功率与互调产物的平均功率的比值。测试要求分别在中心频点±信道带宽和 2 倍信道带宽加注-40dBc 的 CW 信号，通过 NR 矩形滤波器测量有用信号功率和互调产物的功率，发射互调要求如表 4-87 所示，其中互调产物不超过-29dBc 和-35dBc。

表 4-87　发射互调测试要求

有用信号信道带宽	$BW_{Channel}$	
干扰信号相对于信道中心的频率偏移	$BW_{Channel}$	$2BW_{Channel}$
干扰 CW 信号电平/dBc	-40	
互调产物/dBc	<-29	<-35
测量带宽	不同 SCS 中最大发射带宽配置具体信道带宽	
测量频点相对于信道中心的频率偏移	$BW_{Channel}$ 和 $2BW_{Channel}$	$2BW_{Channel}$ 和 $4BW_{Channel}$

4.3　接　收　机

5G NR 接收机测试主要目的是评估 UE 的无线数据接收模块的性能是不是

符合产品的设计和验收标准。通过信号源产生所需的射频测试信号反馈到 UE 接收机，然后对输出信号进行测试，从而对整个接收机性能进行评估。如果接收机特性差将会影响用户的使用体验，如用户接听电话时声音信号质量很差，或无法接收基站信号导致掉话等问题。因此在一定的环境条件下，对接收机进行测试，不仅需要保证接收机能准确可靠地接收和解调有用信号，而且对一些干扰信号要具有抗干扰的能力。

5G 终端的接收机测试基本延续了 LTE 的接收机测试内容，LTE 与 5G 接收机测试对比如表 4-88 所示，主要分为三部分测试内容。

表 4-88　LTE 与 5G 接收机测试对比

类　　型	5G NR
接收机接收功率性能测试	参考灵敏度
	最大输入电平
接收机抗干扰能力测试	邻道选择性（ACS）
	阻塞特性
	杂散响应
	接收机互调特性
接收机抑制无用发射能力测试	接收机杂散辐射

除了与 LTE 相似的测试内容外，5G 终端的接收机测试也有一些独有的特性要求，这些要求在实际的一致性测试中都可以找到应用，如 3GPP 38.521-1 标准中关于接收分集特性里描述到，除了接收机杂散辐射用例外，其余测试用例还适用于下面这些规则。

（1）针对频段 n7、n38、n41、n77、n78、n79，UE 需要至少支持 4Rx 天线端口。其余测试频段则至少需要支持 2Rx 天线端口。

（2）对于单载波的接收机测试参考要求里，UE 应在所有支持的频段中对 2Rx 天线端口进行验证，如果频段支持 4Rx 天线端口，还需要再验证 4Rx 天线端口。

（3）接收机测试中除了单载波的 Rx 要求外，对于 UE 支持 4Rx 天线端口的频段，只需要对 4Rx 天线端口进行验证，无须对 2Rx 天线端口验证。

1. 参考灵敏度

参考灵敏度测试可以说是整个接收机测试的基础，它是保证接收机正常工作的最小接收功率，也是吞吐量满足或超过特定参考测量信道所要求的吞吐量时，所有 UE 天线端口处接收的最小平均功率。测试的目的是验证终端在一个较低信号电平和理想传播无附加噪声的条件下，终端接收数据的能力。

接收机灵敏度如果较差，可能是由于发射机发射的内部噪声和杂散信号回馈到接收机内部造成的，这将降低终端接收数据的能力。标准规定，接收机参考灵敏度的限值要求是大于 95% 的吞吐量。

5G FR1 参考灵敏度电平是针对 UE 每一个天线端口制定的，适用于所有终端类型。5G NR 也和 LTE 一样，用吞吐量表征灵敏度。

2. 最大输入电平

最大输入电平考察的是终端在指定的参考测量信道中按照给定的平均吞吐量，并且在高信号电平、理想传播和无附加的噪声条件下接收数据的能力。如果不能满足吞吐量的要求，那么将导致降低基站的覆盖范围。

3. ACS

ACS 主要是衡量接收机在指定信道频率上接收 NR 信号的能力，是一个抗干扰的指标。测试的是在主信道相邻的信道上加一个干扰信号，然后考察主信道灵敏度恶化的情况是否满足要求。ACS 是指定信道频率上的接收滤波器衰减与相邻信道上的接收滤波器衰减的比值。

5G FR1 ACS 的测试目前仅要求 QPSK 调制方式，如果终端支持 4Rx 频段，那么只需要在相应的 4Rx 频段上进行测试。

4. 阻塞特性与杂散响应

在 3GPP 一致性测试中阻塞特性根据干扰信号的位置和带宽可以分为 3 种，即带内阻塞、带外阻塞和窄带阻塞。在实际测试认证中，带外阻塞和杂散响应是同时考察的指标。

杂散响应指标是终端特有的接收指标，由于互调、时钟等各种频率分量引起的干扰信号有很多，所以标准中允许一些频率点可以不满足带外阻塞的指标要求，从而在杂散响应中进行测试来满足要求。在带外阻塞测试中，对于一些因为干扰发射范围内造成的不符合带外阻塞要求的干扰点，这些干扰例外点还可以通过杂散响应指标来进行测试满足。

从测试标准中可以看出，这 3 种阻塞的参数配置要求上具有一定的相似性，下行调制方式都是 CP-OFDM QPSK，其中带内阻塞和带外阻塞都分为 NR 频段 <2700MHz 和 NR 频段 ≥3300MHz 两大类进行考察。

阻塞特性一般是指接收机在非杂散响应或相邻信道的频率上存在不期望的干扰信号时接收正常信号的能力，是衡量测试终端接收机对阻塞干扰抑制能力的一个指标。下面通过 3 种阻塞的介绍进一步了解标准中对阻塞特性的要求。

1）带内阻塞

带内阻塞是针对一个不期望的干扰信号进入 NR 终端测试接收频段内或终端接收频段 ±15MHz 带宽范围内时定义的。此时 UE 的相对吞吞量要满足或超过规定的指定测量信道最低要求。吞吞量应当大于或等于参考测量信道最大吞吐量的 95%（参考测量信道参见 3GPP TS 38.101 的附录 A.2.2/A.2.3/A.3.2/A.3.3）。

2）带外阻塞

带外阻塞跟带内阻塞类似，分为以下两种情况。

（1）当 NR 频段<2700MHz 时，带外阻塞是针对一个不期望的连续波（CW）干扰信号落在 UE 接收频段±15MHz 带宽范围之外时定义的。

（2）当 NR 频段≥3300MHz 时，带外阻塞是针对一个不期望的 CW 干扰信号落在 UE 接收频段±3CBW 范围之外时定义的。

如果终端支持 4Rx 的频段，那么只在相应的 4Rx 频段上进行测试，且其中的 REFSENS（reference sensitivity power level，参考灵敏度功率电平）需要参考 4Rx 的 REFSENSE。

3）窄带阻塞

窄带阻塞测试的是在小于标称信道间隔的频率上有一个不期望的窄带 CW 干扰信号时，考察终端在所分配信道频率上接收 NR 信号的能力。

窄带阻塞的要求是相对吞吐量要大于或等于参考测量信道最大吞吐量的 95%。如果终端支持 4Rx 的频段，那么只需在相应的 4Rx 频段上进行测试，且其中的 REFSENS 需要参考 4Rx 的 REFSENSE。

5. 接收机互调特性

接收机互调特性主要是指宽带互调，互调响应测试的是 UE 在理想传播和无附件噪声的条件下，当存在两个或多个与期望信号有特定频率关系的干扰信号时，终端在以给定的平均吞吐量下接收数据的能力。因为此时干扰信号间的互调进入接收带宽内，对有用信号造成干扰，如果不能满足吞吐量的要求，那么 UE 接收数据能力将降低覆盖范围。

在一致性标准中，宽带互调要求将 CW 载波和调制 NR 信号分别定义为干扰信号 1 和干扰信号 2。另外，相对吞吐量要大于或等于参考测量信道最大吞吐量的 95%才能满足要求。

对于终端支持 4Rx 的频段，只需要在相应的 4Rx 频段上进行测试，且其中的 REFSENS 需要参考 4Rx 的 REFSENSE。

6. 接收机杂散辐射

接收机杂散辐射是指终端的接收机产生或放大的到达天线连接头处的杂散信号。因此，在实际测试接收机杂散辐射时，终端的发射电路将关闭。如果不满足杂散辐射的要求，那么会增加对其他系统的干扰。

对于终端支持 4Rx 的频段，只需要在相应的 4Rx 频段上进行测试，且其中的 REFSENS 需要参考 4Rx 的 REFSENSE。

任何窄带 CW 的杂散辐射功率不能超过表 4-89 中规定的最大功率电平。

表 4-89　通用接收机杂散辐射要求

频 率 范 围	测 量 带 宽	最大功率电平/dBm
30MHz≤ f ＜1GHz	100kHz	−57
1GHz≤ f ≤12.75GHz	1MHz	−47
12.75GHz≤ f ≤下行工作频率最高频点的第 5 谐波位置	1MHz	−47
12.75～26GHz	1MHz	−47

接收机的杂散辐射是指通过频谱分析仪上扫描一段频率范围，并测量杂散辐射的平均功率，需要覆盖终端的所有 NR Rx 天线端口。

4.4　解调性能和 CSI 上报

解调性能主要是为了验证终端 PDSCH、PDCCH 在不同映射类型、不同接收天线数量等条件下的吞吐量性能水平，以确保终端在不同信道模型下的正常性能。性能测试不同于发射接收机测试，它不是一种功能测试，主要检测终端的性能参数，如吞吐量、传输时延、连接时间、执行速度、并发度等，并根据这些参数对终端实现的性能做出评价。

1. 解调性能

解调性能测试内容主要从以下 4 个维度进行验证。

（1）天线数量：2 代表接收天线、4 代表接收天线。

（2）映射类型：映射类型 A、映射类型 B。

（3）测试信道：PDSCH 信道、PDCCH 信道。

（4）信道模型：通过无线信道模型的验证，可以明确终端在不同的无线信道环境下的理论极限和性能。

衰落可以理解为信号幅度在时间和频率上的不断波动，是无线信道一个重要的恶化特性。信道幅度恶化的两个主要来源分别是加性噪声和信号衰落，高斯白噪声信道模型就是典型的加性噪声，信号衰落引起的是乘性的信号扰动，与加性噪声从原理上完全不同。

信道的频率选择性衰落是无线信道的重要特征之一，是人们进行无线系统设计考虑的重要因素，决定了导频间隔的大小。频率选择性衰落是由信道对发送信号的时间色散引起的。从时域上，受多径传播的影响，发送符号的各条路径分量相互叠加造成符号间干扰，较强的符号间干扰使接收机的符号判决性能严重下降；从频域上，如果相干带宽小于发送信道带宽，会导致接收信号波形产生频率选择性衰落，即某些频率成分的信号幅值加强，而另外一些频率成分的信号幅值衰减。反之，如果多径信道的相干带宽大于发送信道带宽，则接收信号经历平坦衰落，发送信号的频率特性在接收机内仍能保持不变。

LTE 中主要有如下 3 种典型的信道模型。

（1）扩展步行信道模型。

（2）扩展车辆信道模型。

（3）扩展典型城市信道模型。

有别于 LTE，NR 主要有如下两种信道类型。

（1）TDL（tapped delay line）：抽头延迟线模型，包括 TDL-A、TDL-B、TDL-C 3 个用于 NLOS（non line of sight，非线性信号）的信道模型，以及 TDL-D、TDL-E 两个用于 LOS（line of sight，线性信号）的信道模型；这 5 个信道模型的详细参数可以分别参考 TR 38.901 表 7.7.2-1、表 7.7.2-2、表 7.7.2-3、表 7.7.2-4、表 7.7.2-5。

（2）CDL（clustered delay line）：簇延迟线模型，包括 CDL-A、CDL-B、CDL-C 3 个用于 NLOS 的信道模型，以及 CDL-D、CDL-E 两个用于 LOS 的信道模型；这 5 个信道模型的详细参数可以分别参考 TR 38.901 表 7.7.1-1、表 7.7.1-2、表 7.7.1-3、表 7.7.1-4、表 7.7.1-5。

基于当前 3GPP 的一致性测试用例主要是针对 TDL 信道模型的验证。

注意：LOS（line of sight）和 NLOS（non line of sight），是指无线信号的视线传输和非视线传输。当两个基站之间或者手机与基站之间没有遮挡时，信道模型为 LOS。因为衰减少，所以跟 NLOS 信道相比，LOS 信道模型的信号质量更好，吞吐量越大。在 NLOS 中，多径效应是常见的。当收发端有建筑、植物遮挡时，除了衰减，信号还有反射、衍射和穿透损耗。

2. CSI 上报

CSI 是一个衡量信道好坏的指标。

CSI 有 3 个参数：信道质量指示（channel quality indicator，CQI）、秩指示（rank indicator，RI）和预编码矩阵指示（precoding matrix indicator，PMI）。

根据网络状态和配置，以上 3 个参数通过不同形式的组合成为 CSI 上报，其所占的时频资源是由 gNodeB 来控制的。CSI 上报是系统实现自适应调制编码（adaptive modulation and coding，AMC）的重要过程。AMC 是无线信道上采用的一种自适应的编码调制技术，通过调整无线链路传输的调制方式与编码速率来确保链路的传输质量。

TM 模式指的是不同的多天线传输方案。在不同的方案中，天线映射具有不同的特殊结构，解调时所使用的参考信号也不同，所依赖的 CSI 反馈类型也不同。

不同 TM 模式下，UE 上报 CQI、PMI 和 RI 的具体情况如表 4-90 所示。

表 4-90　不同 TM 模式下 CQI、PMI 和 RI 的具体情况

TM 模式	CQI	PMI	RI
TM 1[①]	Yes	No	No
TM 2[②]	Yes	No	No
TM 3[③]	Yes	No	Yes
TM 4[④]	Yes	Yes	Yes
TM 5[⑤]	Yes	Yes	No
TM 6[⑥]	Yes	Yes	No
TM 7[⑦]	Yes	No	No
TM 8[⑧]	Yes	Yes 或 No	Yes 或 No
TM 9[⑨]	Yes	Yes 或 No	Yes 或 No

① 单天线端口传输，应用于单天线传输的场合。

② 发射分集模式，适用于小区边缘信道情况比较复杂、干扰较大的情况，也可用于 UE 高速移动的情况。

③ 大延迟分集的开环空分复用，适用于 UE 高速移动的场景。

④ 闭环空间复用，适合信道条件较好的场合，用于提供较高的数据传输　速率。

⑤ MU-MIMO 传输模式，主要用来提高小区的容量；TM 5 是 TM 4 的 MU-MIMO 版本。

⑥ Rank 1 的传输，主要适用于小区边缘的情况。

⑦ 单流波束赋形，主要适用于小区边缘的 UE，能够有效对抗干扰。

⑧ 双流波束赋形，可用于小区边缘的 UE，也可用于其他场景。

⑨ 支持最多 8 层的传输，主要是为了提高数据传输速率。

UE 上报 CSI 的过程总体分为如下 3 个步骤。

（1）基站根据配置发送 CSI-RS。

（2）UE 对 CSI-RS 进行测量（包括信道测量和干扰测量），UE 向基站报告 CSI 结果。

（3）基站根据 UE 上报 CSI 进行调度处理。

1）CSI 框架概述

CSI 框架主要包括 CSI 资源配置和 CSI 报告配置两部分。

CSI 资源配置规定了 CSI-RS 的结构，在频域上占用的带宽以及在时域上的行为（包括周期、半持续、非周期）。

（1）UE 不一定总是发送 CSI，甚至可以不发 CSI。

（2）UE 可以通过 RRC 配置周期性发送 CSI，并通过 PUCCH 信道上报基站。

（3）当被网络命令上报时，非周期性发送 CSI。

UE 可以上报宽带的 CQI 或子带的 CQI。

（1）周期性上报过程中 UE 循环各个子带。

（2）在非周期性上报过程中：① 高层配置子带上报。② UE 选择上报的子代，一般是最好的 CQI 子带。

CSI 报告配置主要规定了与 CSI 报告相关联的 CSI 资源配置，CSI 报告在频域上的配置（包括 CSI 报告频段以及 PMI/CQI 上报是宽带还是子带），CSI 报告在时域上的行为（包括周期、半持续、非周期）以及 UE 上报的 CSI 相关指示量。

对于非周期性 CSI，UE 在 PUSCH 信道上报 CSI；对于周期性 CSI，UE 在 PUSCH 和 PUCCH 信道上报 CSI。

2）CQI 上报测试

CQI 是在预定义的观察周期下满足特定 BLER（block error ratio，误块率）需求时所推荐的频谱效率。UE 上报 CQI 的目的是为了让系统侧根据无线状况选择合适的下行传输参数。在特定 BLER 目标值要求下，UE 测量每个 PRB 上接收功率以及干扰来获取 SINR，并根据频谱效率需求，将 SINR 映射到相应的 CQI，随后将 CQI 上报给 gNB。

gNB 根据 UE 上报的 CQI 来选择当前信道状况下的最合适的调制和编码机制（modulation and coding scheme，MCS），以满足特定比特错误率和分组误帧率下的频谱效率，确保数据速率最大化。例如，如果无线条件较好，则在物理层上使用较高的 MCS 和码率，以增加系统吞吐量；反之，如果无线环境较差，则需要使用较低的 MCS 和码率，以增加传送可靠性。

系统根据 CQI 与 MCS 的对应关系以及相关的传输块大小，为 PDSCH 选择合适的调制方式和传输块大小的组合，进行上/下行传送工作。这种调制方式和传输块大小的组合使得有效信道码率与 CQI 索引所指示的码率最为接近。如果有多个组合产生相同的有效码率，且都与 CQI 索引指示值相接近，则只选择传输块最小的那种组合。

CQI 反馈可以是周期性的，也可以是非周期性的，具体采用哪种方式由 gNB 进行控制。非周期性 CQI 反馈只在需要的时候才进行发送，它比周期性反馈中所包含的频域信道状态信息更为精确，从而便于调度器获取频率分集。

CQI 上报测试中主要涉及以下 3 个方面的验证。

（1）周期性 CQI 在 AWGN 环境下的上报。

（2）周期性宽带 CQI 在衰落环境下的上报。

（3）非周期性子带 CQI 在衰落环境下的上报。

3）PMI 上报测试

PMI 上报测试的目的是测试预编码矩阵指示符报告的准确性，从而基于 UE 报告配置的预编码器使系统吞吐量最大化，主要涉及以下两个方面的验证。

（1）单 PMI 和 4Tx Type I 单面板码本验证。

（2）单 PMI 和 8Tx Type I 单面板码本验证。

码本主要的内容就是 PMI 索引和预编码矩阵，每个 PMI 和预编码矩阵一一对应。终端上报 PMI，将自己认为最合适的预编码矩阵索引发送给 gNB 做参考，gNB 可以使用终端的建议，也可以不使用，因为基站会站在一个更全局的网络来做一个最优的选择，基站不仅考虑目标终端的解调性能，还要考虑这个小区内其他用户的感受。现实中，gNB 确定下行预编码矩阵主要通过两个途径，一个是 PMI 的反馈，另一个是通过 SRS 上行参考信号的测量。

在 3GPP 38.214 中定义了 Type I 和 Type II 两种码本。

（1）Type I 码本可以分为单面板和多面板两种类型，主要用于 SU-MIMO 场景，可以提供比较高阶的空间复用，单用户最多可以支持 8 层。预编码矩阵主要目的是使接收端可以得到比较高的能量。而潜在的层之间的干扰，主要由接收机的多天线来解决。

（2）Type II 码本主要用于 MU-MIMO 场景，由于要在同一时频资源上同时调度多个用户，每个用户限制最多支持 2 层。因为 gNB 选择预编码矩阵不仅要考虑接收端能获得较高的能量，还要考虑同一时频资源上对其他用户的干扰，因此 PMI 反馈的开销相对于 Type I 要大得多。

4）RI 上报测试

RI 用来指示 PDSCH 的有效的数据层数，用来告诉 gNB，UE 现在可以支持的码字数。RI 信息可以表示发射端和接收端之间多条传输信道之间的相关性。若 RI 为 1，则表示多条传输通路完全相关，所传送的信号之间可能会互相干扰，使接收端难以准确接收。若 RI 大于 1，则表示有多条独立不相关的信道，UE 可以接收不同通路上的信号，并根据预编码规则独立或者联合解码，从而增加传输可靠性，提高信道容量。

此测试的目的是验证报告的秩指示符是否准确表示信道秩。与使用固定秩进行传输的情况相比，RI 报告的准确性由基于报告秩进行发送时获得的吞吐量的相对增加来确定。

4.5　无线资源管理

无线资源管理（RRM）的目的是支持终端在网络小区中的移动性，而且要同时确保接入网络中的多个终端之间保持负载平衡。RRM 测试可以确保有效利用可用的无线资源，如空闲态下的小区重选、在连接态下的移动性管理等。

5G 的 RRM 测试除了能够有效利用现有的无线电资源，同时也提供了一种使 NR 满足无线电资源相关需求的机制。根据网络部署和频率范围，在 3GPP 38.533 标准中主要分为如下 4 个部分（关于选项 3 和选项 2 的介绍参见 6.2 节）。

（1）适用于 EN-DC 选项 3 的测试用例，其中所有 NR 小区都属于 FR1。

（2）适用于 EN-DC 选项 3 的测试用例，其中至少有一个 NR 小区属于 FR2。

（3）适用于 SA 选项 2 的测试用例，其中所有 NR 小区都属于 FR1。

（4）适用于 SA 选项 2 的测试用例，其中至少有一个 NR 小区属于 FR2。

在实际的一致性测试中，经常需要通过一些参数的确定来进行测试的配置，掌握以下通用的配置规则有助于分析和解决实际测试问题。

（1）EN-DC 测试用例的 E-UTRA PCell：除非另有说明，EN-DC 测试用例的 E-UTRA PCell 应该配置测试频率 Mid。如果 Mid 频率与 NR 频率重叠，则 E-UTRA PCell 应转移至与 E-UTRA 同一频段的额外频率。

（2）一个 NR 小区的测试用例：除非另有说明，对于一个 NR 小区的测试用例应配置测试频率 Mid。

（3）多 NR 小区测试用例：除非另有说明，多小区同频测试用例应配置测试频率 Mid；对于 FR1 中的 NR SA 和 EN-DC 多小区异频测试，服务小区应配置测试频率 Low。任意异频邻小区应配置测试频率 High。

（4）E-UTRA - NR 互操作测试用例：除非另有说明，E-UTRA 的服务/邻小区应配置测试频率 Mid。

（5）带内 EN-DC 测试用例：对于 FR1 带内非连续 EN-DC，除非另有说明，否则应按照最大 Wgap 原则选择测试频率，即选择被测频段内频率间隔最宽的测试频率。对于任意频率间的邻小区，应配置测试频率 Mid。对于带内连续 EN-DC，E-UTRA PCell 应使用与 NR PCell 相同的测试频率进行配置，如都是 Mid。

另外在一些频段的 RRM 测试时还涉及附加频段的概念，需要终端同时支持附加频段才可以正常测试。Inter-band 配置如表 4-91 所示。

表 4-91　Inter-band 配置

测 试 频 段	附 加 频 段
n12	n66
n14	n66
n18	n1
n30	n66
n34	n41
n38	n41
n53	n41
n70	n66

注：1. 被测频段应包含附加频段（邻区）。

　　2. 本表的附加频段仅用于 NR SA 测试用例，EN-DC 测试用例不能使用附加频段。

本节选取了标准中适用于 FR1 的一些测试用例进行介绍，包括 5G NR 小区切换、随机接入、测量上报等测试。

4.5.1　小区切换

小区切换是 UE 在 RRC_CONNECTED 状态下的行为，通过发现比当前服务小区信道质量更好的小区进行通信，保证 UE 的持续无中断的通信服务，也能够防止因为小区信号质量变差而造成掉话。5G NR 切换包括 NR 系统内的切换和 NR 与另一无线接入网之间（如 E-UTRAN）的切换。

5G NR 的切换流程包括测量、判决和执行 3 步，同 LTE 一样；测量由 RRCReconfiguration 消息携带下发，测量 NR 的 SSB 和 E-UTRAN 的 CSI-RS；UE 通过上报测量报告告知网络，由网络判断是否满足门限；最后由网络通知 UE 进行切换，从当前小区切换到目标小区。

网络控制移动性适用于 RRC_CONNECTED 中的 UE，分为两类，即小区级移动性和波束级移动性。

3GPP 为 5G NR 定义了如下的测量事件，切换事件触发条件如表 4-92 所示，其中 A 系列属于 NR 系统内事件，B 系列属于系统间事件。

- ❑ A1 事件：服务小区测量结果高于门限。
- ❑ A2 事件：服务小区测量结果低于门限。
- ❑ A3 事件：邻区测量结果高于 SpCell 测量结果加 offset（注意，SpCell=PCell 主小区+PSCell 主辅小区）。
- ❑ A4 事件：相邻小区测量结果高于门限。
- ❑ A5 事件：SpCell 测量结果低于门限 1，且相邻小区高于门限 2。
- ❑ A6 事件：相邻小区测量结果高于 SpCell 测量结果加 off。
- ❑ B1 事件：异系统邻区测量结果高于门限。
- ❑ B2 事件：PCell 测量结果低于门限 1，且异系统邻区高于门限 2。

表 4-92　切换事件触发条件

事件类型	事件列表	进入条件	离开条件	持续时间
NR 系统内	A1 事件	Ms−Hys＞Thresh	Ms+Hys＜Thresh	TimeToTrigger
	A2 事件	Ms+Hys＜Thresh	Ms−Hys＞Thresh	
	A3 事件	Mn+Ofn+Ocn−Hys＞Mp+Ofp+Ocp+ Off	Mn+Ofn+Ocn+Hys＜Mp+Ofp+Ocp+Off	
	A4 事件	Mn+Ofn+Ocn−Hys＞Thresh	Mn+Ofn+Ocn+Hys＜Thresh	
	A5 事件	Mp+Hys＜Thresh1 和 Mn+Ofn+Ocn−Hys＞Thresh2	Mp−Hys＞Thresh1 和 Mn+Ofn+Ocn+Hys＜Thresh2	

续表

事件类型	事件列表	进入条件	离开条件	持续时间
NR 系统内	A6 事件	Mn+Ocn−Hys＞Ms+Ocs+Off	Mn+Ocn+Hys＜Ms+Ocs+Off	
不同系统间	B1 事件	Mn+Ofn+Ocn−Hys＞Thresh	Mn+Ofn+Ocn+Hys＜Thresh	TimeToTrigger
	B2 事件	Mp+Hys＜Thresh1 和 Mn+Ofn+Ocn−Hys＞Thresh2	Mp−Hys＞Thresh1 和 Mn+Ofn+Ocn+Hys＜Thresh2	

注： 1. Ms 表示服务小区的测量结果，不考虑偏移量；RSRP（reference signal received power，参考信号接收功率）以 dBm 为单位；RSRQ（reference signal receiving quality，参考信号接收质量）和 RS-SINR（reference signal-signal to interference and noise ratio，参考信号-信干噪比）以 dB 为单位。

2. Mn 表示邻区的测量结果，不考虑偏移量，单位同 Ms。

3. Hys 表示对应事件的迟滞参数（定义在此事件的 reportConfigNR 中）（dB）。

4. Thresh 表示对应事件配置的阈值，单位同 Ms。

5. Ofn 表示相邻小区参考信号的测量对象特定频率偏移（dB）。

6. Ocn 表示系统内相邻小区的特定偏移量，如果没有为相邻小区配置，则设置为 0（dB）。

7. Ofp 表示 SpCell 的测量对象特定偏移量（dB）。

8. Mp 表示 SpCell 的测量结果，不考虑偏移量，单位同 Ms。

9. Ocp 表示 SpCell 的小区特定偏移量，如果没有为 SpCell 配置，则设置为 0（dB）。

10. Off 表示对应事件的偏移量（dB）。

11. Ocs 表示服务小区特定偏移量，如果没有为服务小区配置，则设置为 0（dB）。

12. TimeToTrigger 表示持续满足事件进入条件的时长，即时间迟滞。

由上面可知，切换流程中涉及的第一项就是测量，测量可以分为同频测量和异频测量。异频测量也包括了不同制式间的测量，如果要进行异频测量，比较方便的一种方法就是 UE 增加一套射频收发机，由于需要考虑成本和干扰，因此 3GPP 提出了测量间隙（gap）的方式，即在测量间隙的这段时间内，UE 不收发任何数据，相当于暂停了与服务小区的通信过程，就可以对目标小区信号进行异频测量，测量结束后再切回到当前小区继续收发数据。

5G NR 配置了 3 种间隙，即 gapFR1、gapFR2 和 gapUE。gapFR1 仅适用于 FR1，且不能与 gapUE 一起配置。gapFR2 仅适用于 FR2，也不能与 gapUE 同时配置。gapUE 适用于 FR1 和 FR2，如果配置了 gapUE，则不能配置 gapFR1 和 gapFR2。

在标准中，测量间隙长度（measurement gap length，MGL）定义为 1.5/3/3.5/4/5.5/6/10/20ms；测量间隙重复周期（measurement gap repetition period，MGRP）定义为 20/40/80/160ms；条件切换（conditional handover，CHO）定义为当满足一个或多个切换条件时由 UE 执行的切换。UE 在接收到 CHO 配置时开始评估执行条件，并且在执行切换后停止评估执行条件。条件切换能减少 UE 与源基站之间的信令交互，避免一些因为无线链路变化导致的切换失败。

4.5.2　随机接入

随机接入分为两种，即基于竞争的随机接入（contention based random access，CBRA）和非竞争的随机接入（contention free random access，CFRA）。触发随机接入过程的方式有 3 种：PDCCH 命令触发、MAC（media access control，媒体接入控制）层触发和 RRC 层触发。其中 RRC 层的触发场景如下。

（1）初始接入从 RRC_IDLE 到 RRC_CONNECTED。

（2）RRC 连接重建过程。

（3）当 UL 同步状态为"非同步"时，DL 或 UL 数据到达。

（4）当 SR 没有可用的 PUCCH 资源时，RRC_CONNECTED 期间的 UL 数据到达。

（5）SR 失败。

（6）RRC 在同步重配置（如切换）时的请求。

（7）RRC_INACTIVE 到 RRC 连接的恢复过程。

（8）为辅助 TAG 建立时间对齐。

（9）请求其他 SI。

（10）波束失败恢复。

（11）SpCell 上持续的 UL LBT 故障。

5G NR 支持两种类型的随机接入过程：带有 MSG1 的 4-step RA 类型和带有 MSGA 的 2-step RA 类型。这两种类型的随机接入过程都支持 CBRA 和 CFRA，如图 4-11 所示（图中的()表示包含，即同时发送）。

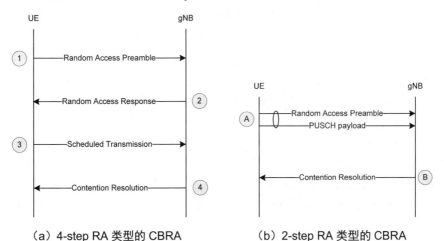

（a）4-step RA 类型的 CBRA　　　　（b）2-step RA 类型的 CBRA

图 4-11　随机接入过程

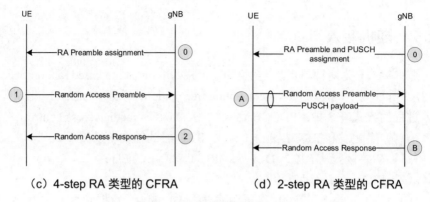

　　（c）4-step RA 类型的 CFRA　　　　　（d）2-step RA 类型的 CFRA

图 4-11　随机接入过程（续）

　　在随机接入过程开始时，UE 根据网络配置选择随机接入的类型。

　　（1）当未配置 CFRA 资源时，UE 通过 RSRP 阈值在 2-step RA 类型和 4-step RA 类型之间进行选择。

　　（2）当配置了 4-step RA 类型的 CFRA 资源时，UE 执行 4-step RA 类型的随机接入。

　　（3）当配置了 2-step RA 类型的 CFRA 资源时，UE 执行 2-step RA 类型的随机接入。

　　对于带宽部分，网络不会同时配置 4-step 和 2-step RA 类型。2-step RA 类型的 CFRA 仅支持切换。

　　（1）4-step RA 类型的 MSG1 由 PRACH 上的前导码组成，在 MSG1 传输后，UE 在配置的窗口内监视来自网络的响应。对于 CFRA，MSG1 传输的专用前导码是由网络分配的，当接到网络的随机接入响应后，UE 结束随机接入过程，如图 4-11（c）所示。对于 CBRA，在接收到随机接入响应后，UE 使用响应调度的 UL 传输发送 MSG3，并监控竞争解决方案，如图 4-11（a）所示。如果 MSG3（重新）传输之后竞争解决不成功，则 UE 返回到 MSG1 传输。

　　（2）2-step RA 类型的 MSGA 包含 PRACH 上的前导码和 PUSCH 上的有效载荷。在 MSGA 传输后，UE 在配置的窗口内监视来自网络的响应。对于 CFRA，MSGA 配置了专用的前导码和 PUSCH 资源，当接收到网络响应后，UE 结束随机接入过程，如图 4-11（d）所示。对于 CBRA，如果在接收到网络响应后竞争解决成功，则 UE 结束随机接入过程，如图 4-11（b）所示；如果在 MSGB 中接收到回退指示，则 UE 使用回退指示中调度的 UL 授权执行 MSG3 传输，并监控竞争解决方案，如图 4-12 所示。如果 MSG3（重新）传输之后竞争解决不成功，则 UE 返回 MSGA 传输。如果经过多次 MSGA 传输依然未完成 2-step RA 类型的随机接入，则 UE 可转到配置 4-step RA 类型的 CBRA。

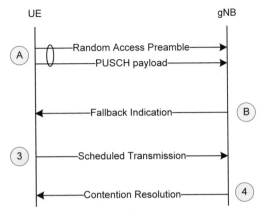

图 4-12　2-step RA 类型的 CBRA 回退过程

对于配置了 SUL 的小区内的随机接入，网络可以明确地发出使用哪个载波（UL 或 SUL）的信号。否则，当且仅当 DL 的测量质量低于广播阈值时，UE 选择 SUL 载波。UE 在选择 2-step 和 4-step RA 类型之前先执行载波选择。可为 UL 和 SUL 分别配置用于选择 2-step 和 4-step RA 类型的 RSRP 阈值。一旦开始，随机接入过程的所有 UL 传输都保留在所选载波上。

当配置 CA 时，2-step RA 类型的随机接入过程仅在 PCell 上执行，而竞争解决可由 PCell 交叉调度。当配置 CA 时，对于 4-step RA 类型的随机接入过程，CBRA 的前三步在 PCell 上进行，而竞争解决（step 4）可以由 PCell 交叉调度。CFRA 从 PCell 开始的 3 个步骤仍保留在 PCell 上。SCell 上的 CFRA 只能由 gNB 启动，以建立辅助 TAG 的定时提前：该过程由 gNB 使用 PDCCH 命令（step 0）启动，该命令在辅助 TAG 的激活 SCell 的调度小区上发送，前导码传输（step 1）在指示的 SCell 上进行，随机接入响应（step 2）在 PCell 上发生。

4.5.3　定时测试

在 LTE 测试中，终端的上行传输在时频上采用的是正交多址接入技术，优点是实现起来较为简单，并且不同终端相互之间不会干扰，缺点是牺牲了一部分的用户连接数。到了 5G 时代，在 eMBB 场景下，上下行依然采用了正交多址技术——OFDMA，当然也有相关非正交多址接入的讨论，这一部分主要是针对 mMTC 的应用场景，来应对大量设备的连接。

在下行传输中，终端通过基站下发的 DL 同步信号与基站获得同步，通过其他参考信号保持与基站的同步。同时，基站也需要与终端保持 UL 的同步，保证上行传输的正交性避免小区内的干扰，这就要求不同 UE 所发的信号到达基站的时间基本是对齐的。因此提出了定时提前（timing advance，TA）的机制，在载波上，上行链路中有一组帧，下行链路中也有一组帧，简单来说，就是终端发送的 UL 数据帧数应比相应的 DL 数据帧提前一定的时间（见图 4-13）。

$$T_{TA} = \left(N_{TA} + N_{TA,offset} + N_{TA,adj}^{common} + N_{TA,adj}^{UE} \right) T_C$$

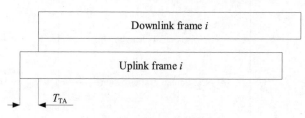

图 4-13　上下行定时关系

式中：$N_{TA,offset}$ 通过 n-TimingAdvanceOffset 提供，如果 UE 没有收到该参数，可参考表 4-93，它取决于上行链路传输所在小区的双工模式和频率范围（FR）；当 PUSCH 上使用 msgA 传输时，$N_{TA} = 0$；N_{TA} 与在接收到随机接入响应或绝对定时提前命令 MAC CE 后来自 UE 的第一个上行传输的 SCS 相关，可参考 3GPP 标准 TS 38.213 4.2 节；$N_{TA,adj}^{common}$ 由高层参数 TACommon，TACommonDrift 和 TACommonDriftVariation（如配置）导出，否则 $N_{TA,adj}^{common} = 0$；$N_{TA,adj}^{UE}$ 由 UE 基于 UE 位置和卫星星历相关服务的高层参数（如配置）计算，否则 $N_{TA,adj}^{UE} = 0$。

表 4-93　$N_{TA offset}$ 值

用于上行传输的小区的频率范围和频段	$N_{TA offset}$（单位 T_C）
没有 LTE-NR 共存情况的 FR1 FDD 或 TDD 频段	25600
有 LTE-NR 共存情况的 FR1 FDD 频段	0
有 LTE-NR 共存情况的 FR1 TDD 频段	39936
FR2	13792

如果 UE 在一个服务小区中配置了两个 UL 载波，那么这两个载波的定时提前偏移值是一样的。初始定时提前量是由随机接入过程中通过基站测量收到的前导码 preamble 来确定，然后由随机接入响应中的定时提前命令（timing advance command，TAC）通知 UE。

如图 4-14 所示的 RAR 的 MAC payload，MAC RAR 的大小是固定的，由以下字段组成。

（1）R：保留位，设置为 0。

（2）定时提前命令：指示用于控制 MAC 实体中必须应用的定时调整量的索引值 TA，字段大小为 12b。

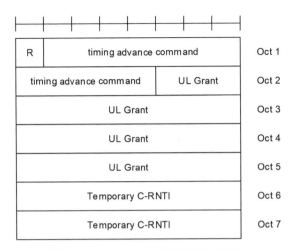

图 4-14　MAC RAR（随机接入响应）

（3）UL Grant：表示上行链路上要使用的资源，字段大小为 27b。

（4）Temporary C-RNTI（临时 C-RNTI）：表示 MAC 实体在随机接入期间使用的临时标识，字段大小为 16b。

当 $T_A = 0,1,2,\cdots,3846$，SCS 为 $2^\mu \cdot 15\,\mathrm{kHz}$ 时，$N_{TA} = N_A \cdot 16 \cdot 64 / 2^\mu$（对于初始 TA 值来说）。

当 $T_A = 0,1,2,\cdots,63$，SCS 为 $2^\mu \cdot 15\,\mathrm{kHz}$ 时，$N_{TA\_new} = N_{TA\_old} + (T_A - 31) \cdot 16 \cdot 64 / 2^\mu$（业务进行过程中更新，因为 UE 位置随时间变化，因此基站也需要进行调整）。

4.5.4　NR 测量程序

本节主要介绍终端关于 RRC 连接态下的测量报告的一般要求，分同频测量、异频测量、异频异系统间（E-UTRAN FDD/TDD）测量及 L1-RSRP 测量等要求。

测量模型如图 4-15 所示，在 RRC_CONNECTED 模式中，UE 测量一个小区的多个波束（至少一个），并对测量结果（功率值）进行平均得出小区质量。当这样做时，UE 考虑配置为被检测到的波束的一个子集。滤波在两个不同的级别进行，即在物理层获得波束质量，在 RRC 级别从多个波束获得小区质量。对于服务小区和非服务小区，通过波束测量得到的小区质量是以相同的方式导出的。如果 UE 被 gNB 配置为包含最佳 X 波束的测量结果，则测量报告可以包含最佳 X 波束的测量结果。

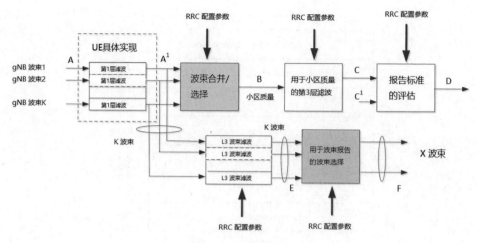

图 4-15　测量模型

5G NR 的同频测量还分为了不需要测量间隙的同频测量和需要测量间隙的同频测量两种。

对于不需要测量间隙的同频测量的性能指标，主要是指小区的识别时延，即 UE 完成小区 PSS/SSS 检测和测量所需的最大时延。如果未指示 UE 上报 SSB 索引或指示 UE 相邻小区和服务小区同步，则 UE 应满足能够在 $T_{identify\_intra\_without\_index}$ 时间内识别新的可检测的同频小区。根据 UE 是否指示获取 SSB 索引可将小区识别时延分为不包括获取 SSB 索引的时间 $T_{identify\_intra\_without\_index}$ 和获取 SSB 索引的时间 $T_{identify\_intra\_with\_index}$，公式分别如下。

$$T_{identify\_intra\_without\_index} = (T_{PSS/SSS\_sync\_intra} + T_{SSB\_measurement\_period\_intra})$$

$$T_{identify\_intra\_with\_index} = (T_{PSS/SSS\_sync\_intra} + T_{SSB\_measurement\_period\_intra} + T_{SSB\_time\_index\_intra})$$

式中：T_{PSS/SSS_sync_intra} 为 PSS/SSS 检测所用的时间；$T_{SSB\_measurement\_period\_intra}$ 为 SSB 的测量周期；$T_{SSB\_time\_index\_intra}$ 为获取 SSB 索引的时延。

对于需要测量间隙的同频测量的性能指标，因为要考虑与异频测量共享测量间隙，还引入了由网络配置的测量间隙共享相关因子。

（1）当同频测量时间配置（SMTC）与测量间隔完全不重叠或同频 SMTC 与 MGs 完全重叠时，$Kp=1$。

（2）当同频 SMTC 与测量间隔部分重叠时，$Kp = 1/(1-(SMTC 周期/MGRP))$，其中 SMTC 周期<MGRP（SMTC 为基于 SSB 的测量定时配置）。

即使没有提供明确的具有物理层小区标识的邻区列表，如果 PCell 或 PSCell 提供了载波频率信息，则 UE 也应能够识别新的同频小区，并对识别的同频小区执行 SS-RSRP（参考信号接收功率）、SS-RSRQ（参考信号接收质量）和 SS-SINR（参考信号信噪比和干扰比）测量。

4.5.5　测量性能要求

测量性能要求主要考察终端的信号质量，包括 SS-RSRP、SS-RSRQ、SS-SINR 等指标，是在终端的辅同步信号上执行来确定 NR 小区接收的信号质量。

（1）辅同步信号的 SS-RSRP 定义为承载辅同步信号的资源元素贡献的功率线性平均值（单位是 W）。SS-RSRP 的测量时间资源限制在 SS/PBCH 块的 SMTC 窗口时间内。在评估 RSRP 时，UE 还可以选择使用 PBCH 的 DMRS 和信道状态信息参考信号，但需要由高层进行指示。

（2）辅同步信号的 SS-RSRQ 定义为（N×SS-RSRP/NR 载波 RSSI（received signal strength indication，接收的信号强度指示））的比值，其中 N 为 NR 载波 RSSI 测量带宽中的资源块数。分子分母应在同一组资源块上进行评估。NR 载波 RSSI 是指在测量时间资源的特定 OFDM 符号中观察到的总接收功率的线性平均值，包括信道带宽内的所有干扰和噪声影响。对于小区选择，NR 载波 RSSI 的测量时间资源不受限制，否则应限制在 SS/PBCH 块 SMTC 窗口持续时间内。RSRP 仅测量承载相关信号分量的子载波功率，这种情况下，RSRP 基于辅同步信号。

（3）辅同步信号 SS-SINR 定义为承载辅同步信号的资源元素贡献的功率线性平均值除以噪声和干扰功率贡献的功率线性平均值。与 SS-RSRP 测量类似，可以由高层指示选择使用 PBCH DMRS。

4.6　FR1 射频法规类测试方法及常见问题解决方案

本节介绍 CE、FCC/ISED 法规射频测试的测试方法和 FCC/ISED 常见问题的解决方案。

4.6.1　CE 测试

这里主要介绍无线电设备的 CE 产品认证。

无线电及通信终端指令——无线设备指令（radio equipment directive，RED）是无线类产品的 CE 认证指令。出口欧盟的无线遥控产品、通信产品必须符合 RED 要求。5G 射频 CE 认证主要涉及如下 ETSI 标准。

（1）ETSI EN 301 908-25。

（2）ETSI TS 138.521-1。

（3）ETSI TS 138.521-2。

（4）ETSI TS 138.521-3。

（5）ETSI TS 138.508-1。

（6）ETSI TS 138.508-2。

（7）ETSI TS 138.101-1。

（8）ETSI TS 138.101-2。

（9）ETSI TS 138.101-3。

依据之前的 3G、LTE 测试经验，RED 针对部分测试用例提出自己不同于 3GPP 定义的参数测试要求。例如 LTE 终端要求 Band 20 需要加测额外的频谱发射模板；Band 20、Band 42、Band 43 需要加测额外的发射杂散要求；以及对于共存杂散的保护频段有可能会不同于 3GPP 定义的保护频段等。

但目前的 RED 针对 5G 传导射频的测试标准 ETSI 301 908-25 依旧处于草稿状态，并未发布正式版本。所以目前 5G 传导射频测试可以参考 3GPP 标准进行测试，具体的测试方法参见 5.3 节和 5.4 节。

4.6.2　FCC/ISED 测试

FCC/ISED 法规传导射频测试主要包含最大输出功率、频率稳定度、功率谱密度、发射段宽、频段边沿、传导杂散、峰均比 7 个测试项，下面分别介绍每个测试项的测试方法。

1. 最大输出功率测试

本测试项的测试目的是在被测终端和无线蜂窝网络建立连接后，测量终端处于最大功率输出状态下的总平均输出功率。如果被测终端输出功率过小，则影响终端接入，降低小区覆盖。如果发射功率过大，则会对系统内外的其他设备造成干扰。

功率测试设备主要使用综测仪，功率测试设备连接如图 4-16 所示。将综测仪的收发射频端口和被测终端（DUT）的收发射频端口连接，必要时可加入适当的衰减单元，降低到达

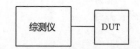

图 4-16　功率测试设备连接图

仪表射频端口的信号功率，以保护仪表的射频器件，避免被测终端输出功率过大而损坏仪表。

测试设备连接好之后，将综测仪配置到需要测试的频段和频点与被测终端建立连接，使被测终端最大功率满测试带宽发射，待稳定后开始测试。

测试时直接使用综测仪的上行功率测试功能测量被测终端的输出功率，如图 4-17 所示，示例中使用 5G 综测仪测量 5G 终端在 n2 频段的输出功率，图 4-17 中测量结果页面 Numeric 中的 Tx Power 即为测得的终端上行最大输出功率 22.35dBm。

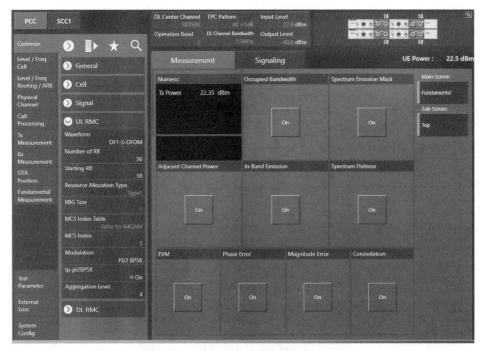

图 4-17　最大输出功率测试结果示意图

2．频率稳定度测试

本测试项的测试目的是在被测终端和无线蜂窝网络建立连接后，测量终端处于最大输出功率发射状态下收发信号的频率误差应满足标准要求。被测终端实际发射信号频率与理论期望的发射频率之差，可以通过测量终端的 I/Q 信号计算得出。频率误差小，则表示被测终端的频率合成器能够较快地切换频率且产生的信号足够稳定。只有信号频率稳定，终端才能与基站保持同步。若频率稳定达不到要求，终端将出现网络信号弱甚至无信号的故障。

测试设备主要使用综测仪，测试设备连接和最大输出功率测试设备连接相同。

由于被测终端的供电电压以及所处环境温度对于其射频器件的频率特性有一定的影响，为了考察被测终端在相关电压和环境温度下的频率性能，测试标准规定本测试用例将在标称电压、高低极限电压以及不同环境温度下分别进行测试。将综测仪配置到需要测试的频段和频点，使综测仪与被测终端建立连接，使被测终端最大功率满测试带宽发射，待稳定后开始测试。

测试时直接使用综测仪的频率误差测试功能进行测量，如图 4-18 所示，示例中使用 5G 综测仪测量 5G 终端在 n2 频段的频率稳定度，图 4-18 中测量结果页面下 Numeric 中的"Freq. Err"即为测得的终端频率稳定度 0.00ppm。

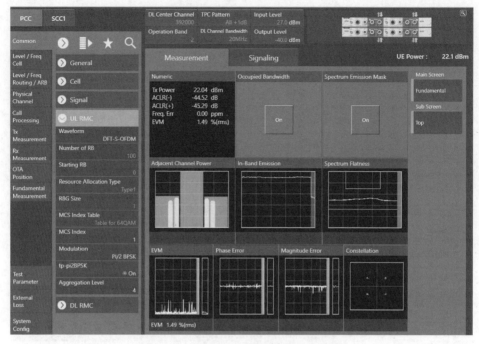

图 4-18　频率稳定度测试结果示意图

3．功率谱密度测试

本测试项的测试目的是在被测终端和无线蜂窝网络建立连接后，当被测终端工作在最大功率发射状态时，其发射信号的功率谱密度应满足标准要求。功率谱密度是指被测终端发射的信号在单位频率范围内所携带的能量或功率。通常无线通信设备的频谱密度并不是固定的，会随着信道带宽、调制方式等变化。

在各个国家或地区针对无线产品的标准中，对功率谱密度都有一定的限值要求，因此功率谱密度测试在射频测试中是一个基础的测试项目。

测试设备主要使用综测仪和频谱仪，功率谱密度测试设备连接如图 4-19所示。将综测仪的收发射频端口和频谱仪的射频测量端口通过功分器与被测终端的收发射频端口连接，必要时可加入

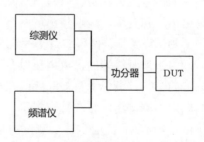

图 4-19　功率谱密度测试设备连接图

适当的衰减单元，降低到仪表射频端口的信号功率，以保护仪表的射频器件，避免被测终端输出功率过大而损坏仪表。

测试设备连接好之后，将综测仪配置到需要测试的频段和频点与被测终端

建立连接，使被测终端最大功率满测试带宽发射，待稳定后，使用频谱仪进行测量。

测试时使用频谱仪的扫频模式，可将分辨力带宽（RBW）设为待测功率谱密度的单位带宽，若选用其他分辨力带宽，则测试结果应进行相应换算。频谱仪的中心频点设为被测信号的中心频点，扫频宽度应大于被测信道带宽，可设为 2 倍信道带宽。待稳定后，可使用频谱仪的峰值搜索功能，测量并读取被测终端发射信号的功率谱密度。

4．发射带宽测试

本测试项的测试目的是在被测终端和无线蜂窝网络建立连接后，当被测终端处于最大功率发射状态下时，其发射信号的带宽应满足标准要求。无线通信产品所使用的频谱带宽是系统预先设计好的，设备不能超过其设定的带宽范围，即不能占用其他通信设备的频谱资源。带宽测试可以防止带外频谱辐射，避免引起邻道干扰。若被测终端信道带宽过小，也会影响其信道功率，降低其正常通信功能。

测试设备主要使用综测仪和频谱仪，测试设备连接和仪表初始设置与功率谱密度测试相同。

通常信道带宽测试可分为 26dB 带宽和 99%带宽两种。26dB 带宽是指先测量信号的峰值功率，然后在峰值功率频点两侧找到比峰值功率下降 26dB 的左右两个频点，在这两个频点之间的频谱宽度即该信号的 26dB 带宽。99%带宽是指先测量信号的总功率，然后找到中心频点两侧信号功率分别占总功率 0.5%的频谱范围，在其中间的频谱宽度即为该信号的 99%带宽。通常可使用频谱仪在扫频模式下的带宽测试功能。RBW 可设为待测信道带宽 1%～5%，视频带宽（VBW）设为 RBW 的 3 倍或以上。频谱仪的中心频点设为被测信道的中心频点。扫频宽度应大于被测信道带宽，可设为 2 倍信道带宽。检波方式设为峰值检波，扫频模式设为最大保持。待稳定后，读取被测终端发射信道带宽。测试结果应配合频谱仪测试截图一同体现在测试报告中。带宽测试结果如图 4-20 所示，使用频谱仪测量 5G 终端在 1880MHz 频点的发射信号信道带宽，按照前述方法设置好测量参数后，测量结果在图 4-20 中下方 Function Result 区域显示。

5．频段边沿测试

本测试项的测试目的是在测量被测终端和无线蜂窝网络建立连接后，当被测终端处于最大输出功率发射状态时，其在上行频段之外临近频段边沿处发出的无用信号应足够小。频段边沿测试也称带外（out-of-band）域测试。被测信号是由于正常调制或切换瞬态引起的超出必要信道带宽的一个或多个频率的发射信号，即在频段边沿及邻道意外产生的无用信号。对发射机杂散信号的测试可以保证其杂散发射信号不会对相邻信道设备造成影响。

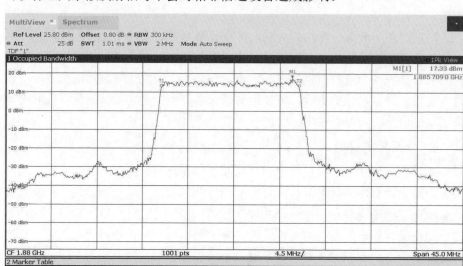

图 4-20　带宽测试结果示意图

测试设备主要使用综测仪和频谱仪，测试设备连接和仪表初始设置与功率谱密度测试相同。

测试时可以使用频谱仪的扫频功能，可以将频谱仪中心频点设置为所考察的频段边沿的频点，扫频范围应足够宽，包含载波信号以及待测试的带外无用信号。检波方式选为均方根（RMS）检波器。对于时域持续发射的信号，扫描时间应满足可扫描完整的符号周期，可将 RBW 设置为标准限值要求的单位带宽，VBW 设为 RBW 的 3 倍或以上。待信号稳定后，可以使用频谱仪的峰值搜索功能，读取并记录在带外区域的无用发射最大功率和对应的频率值。测试结果应配合频谱仪测试截图一同体现在测试报告中。频段边沿测试结果如图 4-21 所示，使用频谱仪测量 5G 终端工作在 n2 频段时的频段边沿性能。被测终端工作在 n2 频段，即 1850～1910MHz，因此频段边沿测试应对小于 1850MHz 和大于 1910MHz 的频率范围进行测试。以对频段下沿的测试为例，按照前述方法，将频谱仪中心频点设为 1850MHz，设置好测量参数后观察频谱仪扫频的测量结果。图 4-21 中中心频点右侧为带内有用信号，中心频点左侧为带外被测无用发射，其功率应小于标准要求，即图中粗线所标记的功率值。使用频谱仪的局部峰值搜索功能，对图 4-21 中中心频点左侧的频率范围搜索最大功率值，结果为"-33.27dBm 1.85GHz"，显示在图 4-21 中右上角。

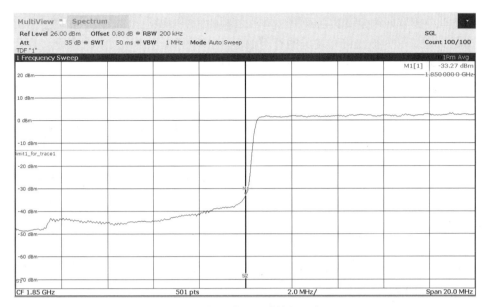

图 4-21 频段边沿测试结果示意图

6．传导杂散测试

本测试项的测试目的是在测量被测终端和无线蜂窝网络建立连接后，当被测终端处于最大功率发射状态时，其在上行频段之外远离频段边沿处发出的无用信号应足够小，满足标准要求。杂散信号是指在除了载频和由于正常调制和切换瞬态引起的边带及邻道意外产生的无用信号之外，在离散频率上产生的无用信号，可能包括谐波发射、寄生发射、互调产物、变频产物等。对发射机杂散信号的测试可以保证其杂散发射信号不对其他系统或人体造成影响。

测试设备主要使用综测仪和频谱仪，测试设备连接和仪表初始设置与功率谱密度测试相同。

测试时使用频谱仪的扫频功能，扫频范围起始频点设置为 9kHz。若载波信号频率小于 10GHz，则扫频截止频点设为载波信号的 10 倍频率且不大于 40GHz，若载波信号频率为 10～30GHz，则扫频截止频点应设为载波信号的 5 倍频率且不大于 100GHz，若载波信号频率大于 30GHz，则扫频截止频点应设为载波信号的 5 倍频率且不大于 200GHz。可将 RBW 设置为杂散标准限值要求的单位带宽，检波方式应选为均方根检波器，对于时域持续发射信号，扫描时间应满足可扫描到完整的符号周期，VBW 设为 RBW 的 3 倍或以上。待稳定后，使用频谱仪的峰值搜索功能读取并记录杂散最大处的功率和频率值。将标准要求的杂散功率限值用频谱仪的划线功能标识在屏幕中，方便判断测试结果。测试结果应配合频谱仪测试截图一同体现在测试报告中。传导杂散测试结果如图 4-22 所示，使用频谱仪测量 5G 终端工作在 n2 频段时的杂散性能。按照前述方法，设置好测量参数后观察频谱仪扫频的测量结果。可以看到图 4-22 中功率最大的信号为被测终端发出的有用信号，在有用信号之外的杂散频段，其无用发射功率均低于图中粗线，即标准要求的限值。

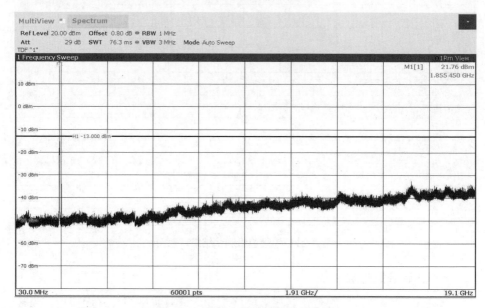

图 4-22　传导杂散测试结果示意图

7. 峰均比测试

本测试项的测试目的是在测量被测终端和无线蜂窝网络建立连接后，当被测终端处于最大功率发射状态时，其发射信号的峰均比应满足标准要求。无线信号从时域上观测是幅度不断变化的正弦波，幅度并不恒定。由于滤波器的引入，不同周期间的平均功率和峰值功率也是不一样的。在一段较长的时间内，峰值功率是以某种概率出现的最大瞬态功率，通常概率取为 0.1%。在这个概率下的峰值功率与系统总的平均功率的比值即是峰均比。调制技术、多载波技术以及发射端功率放大器的非线性都可能带来较大的峰均比，较高的峰均比会造成信号的频谱扩展，降低放大器等射频器件的工作效率。

测试设备主要使用综测仪和频谱仪，测试设备连接和仪表初始设置与功率谱密度测试相同。

测试时可以使用频谱仪的互补累积分布函数测量功能（CCDF），可将分辨力带宽设置为大于或等于信道带宽，频谱仪的中心频点设为被测信号的中心频点，测量次数应足够大使得测量的信号曲线稳定。待稳定后，读取并记录 0.1% 概率对应的 PAPR 数值。示例如图 4-23 所示，使用频谱仪测量 5G 终端工作在 1880MHz 频点时的发射信号峰均比。按照前述方法使用 CCDF 测试功能，设置好测量参数后观察频谱仪的测量结果。可以在下方的显示区域直接读取测试结果，被测信号的峰均比为 0.1% 概率的 CCDF 结果即 4.18dB。

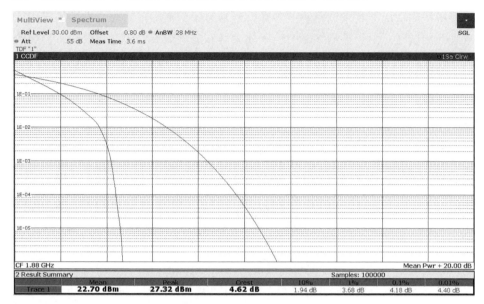

图 4-23　峰均比测试结果示意图

4.6.3　FCC/ISED 常见问题解决方案

在 FCC/ISED 法规射频测试中，有时会遇到一些特殊情况，下面结合多年的实际测试经验，介绍一些常见问题的解决方案。

1. TDD 信号的功率测试

由于 TDD 信号是时分复用信号，在一个信号周期中存在发射时隙和接收时隙。被测终端只在发射时隙进行射频信号发射，而在接收时隙无发射信号。因此对于 TDD 信号发射功率的测量只在其发射时隙内进行测量并进行平均功率计算，而在接收时隙不进行发射功率测量。若将接收时隙也算入测量周期，则会造成平均功率的测量结果偏低，影响测量准确性。因此需要对频谱仪设置触发和触发门限。具体操作时，首先将被测终端与综测仪完成注册和数据连接，将综测仪输出的同步信号和触发信号接入频谱仪，并将频谱仪的触发方式设置为外部触发，使得频谱仪可以在时域上与综测仪和被测终端的收发时隙同步。之后打开频谱仪的触发门限功能，调整扫描周期间隔，可以在频谱仪上看到被测信号的时域周期波形，以及其中的发射时隙和接收时隙。应将频谱仪测量的时域门限周期设置在被测信号的发射时隙上。完成如上设置后，即可使用频谱仪对 TDD 信号的功率进行正确测试。

2．边带杂散测试中临界结果的处理

边带杂散测试是法规类射频测试中较为复杂的测试项，需要针对如下临界结果根据测试标准要求调整测试参数。通常对于距离频段边沿非常近的无用信号进行测试时，由于被测终端的功率放大器和成型滤波器的设计限制，会导致测试结果较差。按照测试标准，测试扫频的起止频点可以不必从频段边沿开始，而是从离开频段边沿半个带宽处开始。如此设置可以满足频段边沿测试的频谱覆盖要求，也可以避免在频段边沿处将过多的载波信号计算到带外无用发射范围，导致结果超标。

通常在边带杂散测试中，可以将分辨力带宽设置为标准限值中所要求的单位频谱宽度，通常杂散测试分辨力带宽为1MHz，边带测试分辨力带宽为被测信道带宽的1%。如果如上设置测得的带外无用信号功率仍然过大，可以采用更小的分辨力带宽，并将限值进行相应换算。换算公式为 $P1 = P2+10\lg(RBW1/RBW2)$，如图4-24所示，被测终端发射机工作频率范围是2575～2615MHz，并且支持4发射端口的MIMO模式。使用频谱仪对其频段下沿2569～2574MHz进行单发射端口的边带测试时，标准中要求的限值为-19.02dBm/MHz。测试时若将带宽设置为1MHz会造成测试结果底噪过高，无法观测到被测信号。因此可将带宽调小，如设置为50kHz，并将限值进行对应的换算，新限值应为-19.02+10lg(50/1000)，即-32.03dBm/50kHz。

图4-24　边带测试示意图

　　另外一种对于特定带外频点需要精确判断其边带或杂散测试结果的处理方法，可以采用加测信道功率，对相关频点进行更精确的带外无用信号功率测量。如图 4-25 所示，使用扫频模式，分辨力带宽 5MHz，频谱仪内部衰减为 45dB，测得在 3.447GHz 处的无用发射功率为 13.92dBm，通过在该频点处使用频谱仪的信道功率测试功能，设置信道带宽为 5MHz，分辨力带宽为 50kHz，内部衰减为 15dB，测得该频点处 5MHz 信道内信号功率为-23.61dBm。后者结果更为精确，即在 3.447GHz 频点处的无用发射信号功率为-23.61dBm/5MHz。

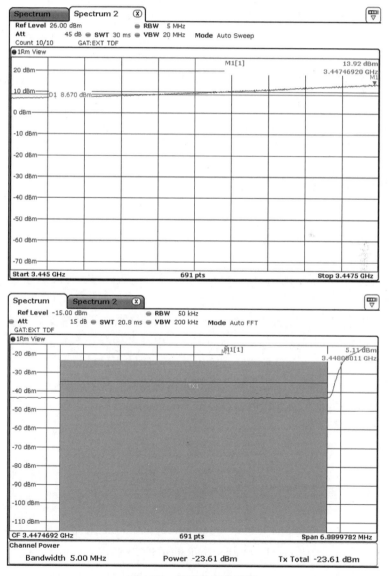

图 4-25　信道功率比较图

3. MIMO 及发射分集信号的测试

5G 终端通常支持多端口发射的 MIMO 模式。MIMO 是利用多天线收发信号的技术。MIMO 技术可以极大地提高信道容量，在发送端和接收端都使用多根天线，在收发之间构成多个信道。MIMO 系统具有极高的频谱利用效率，在对现有频谱资源充分利用的基础上通过利用空间资源来获取可靠性与有效性两方面增益。对于支持 MIMO 功能的被测终端，在进行边带和杂散测试时，测试标准中规定了多种测试方法，其中最常用的测试方法是：首先进行预测试，找出被测终端的多个射频发射端口中发射功率最大的端口，即最差的射频端口；然后将其他端口连接合适的负载，对最差端口进行测试，将测得的结果加上 $10\lg N$dB 的补偿之后再与标准中全端口的总功率限值比较（N 为被测终端在测试频段的射频发射端口数），如果低于限值即判定为测试通过。由于预测试选定的端口是被测终端所有射频发射端口中发射功率最大的，因此其发射功率的 N 倍应大于被测终端所有射频端口发射功率的总和，因此，若最差端口输出功率的 N 倍小于标准要求的全端口的输出总功率限值，即可判定为测试满足要求。若超出限值，可依次测量所有端口的输出功率并加总求和，再与标准限值进行比较判定，得到最终结果。

4. 测试优化

对于 5G 终端的 FCC 射频测试，可能影响到终端的测试结果的技术参数有很多，如调制方式、信道带宽、数据速率、信道位置、子载波间隔等。如果遍历测全所有的参数组合情况，测试量将变得非常巨大，测试时长也会大幅增加，影响产品的认证周期。因此对于各参数的预测试十分重要，可以通过分别遍历各个参数的预测试，找到各参数中的最差情况。如被测终端支持 QPSK、16 QAM、64 QAM 3 种调制方式，预测试时可以在其他参数不变的情况下，分别测试这三种调制方式下的终端最大输出功率，比较测试结果可以确定功率最大的调制方式。在正式测试边带和杂散等测试用例时，可以主要对最差的调制方式进行测试，其他调制方式可以进行抽测验证。通过以上方法可以合理优化测试配置，提高测试效率。

参 考 文 献

[1] 3rd Generation Partnership Project, Technical Specification Group Radio Access Network, 5GS. User Equipment (UE) conformance specification: Part 1 Common test environment: 3GPP TS 38.508-1 V17.6.0[S/OL]. (2022-11-08). https://portal.3gpp.org/desktopmodules/Specifications/

SpecificationDetails.aspx?specificationId=3384.

[2] 3rd Generation Partnership Project, Technical Specification Group Radio Access Network, NR. User Equipment (UE) conformance specification; Radio transmission and reception: Part 1 Range 1 Standalone: 3GPP TS 38.521-1 V17.6.0[S/OL]. (2022-11-08). https://portal.3gpp.org/ desktopmodules/Specifications/SpecificationDetails.aspx?specificationId=3381.

[3] 3rd Generation Partnership Project, Technical Specification Group Radio Access Network, NR. User Equipment (UE) conformance specification; Radio transmission and reception: Part 3 Range 1 and Range 2 Interworking operationwith other radios: 3GPP TS 38.521-3 V17.6.0[S/OL]. (2022-11-08). https://portal.3gpp.org/desktopmodules/Specifications/SpecificationDetails.aspx? specificationId=3386.

[4] Recommandation ITU-R SM.329-12 Unwanted emissions in the spurious domain, SM Series, Spectrum management[S/OL]. (2022-11-09). https://www.itu.int/rec/R-REC-SM.329-12-201209-I/en.

[5] 3rd Generation Partnership Project, Technical Specification Group Radio Access Network, NR. Physical channels and modulation: 3GPP TS 38.211 V17.3.0[S/OL]. (2022-11-09). https:// portal.3gpp.org/desktopmodules/Specifications/SpecificationDetails.aspx?specificationId=3213.

[6] 3rd Generation Partnership Project, Technical Specification Group Radio Access Network, Evolved Universal Terrestrial Radio Access (E-UTRA) andEvolved Packet Core (EPC).Common test environments for User Equipment (UE) conformance testing: 3GPP TS 36.508 V17.3.0[S/OL]. (2022-11-09). https://portal.3gpp.org/desktopmodules/Specifications/SpecificationDetails.aspx? specificationId=2467.

[7] 3rd Generation Partnership Project, Technical Specification Group Radio Access Network, NR. Derivation of test points for radio transmission and receptionUser Equipment (UE) conformance test cases: 3GPP TR 38.905 V17.6.0 [S/OL]. (2022-11-09). https://portal.3gpp.org/ desktopmodules/Specifications/SpecificationDetails.aspx?specificationId=3380.

[8] 3rd Generation Partnership Project, Technical Specification Group Radio Access Network, NR. User Equipment (UE) conformance specification; Radio Resource Management (RRM): 3GPP TS 38.533 V17.4.0[S/OL]. (2022-11-08). https://portal.3gpp.org/desktopmodules/ Specifications/SpecificationDetails.aspx?specificationId=3388.

[9] 3rd Generation Partnership Project, Technical Specification Group Radio Access Network, NR. Requirements for support of radio resource management: 3GPP TS 38.133 V17.7.0[S/OL]. (2022-11-08). https://portal.3gpp.org/desktopmodules/Specifications/SpecificationDetails.aspx? specificationId=3204.

[10] 3rd Generation Partnership Project, Technical Specification Group Radio Access

Network, NR. Medium Access Control (MAC) protocol specification: 3GPP TS 38.321 V17.2.0[S/OL]. (2022-11-08). https://portal.3gpp.org/desktopmodules/Specifications/SpecificationDetails.aspx?specificationId=3194.

[11] 3rd Generation Partnership Project, Technical Specification Group Radio Access Network, NR. Radio Resource Control (RRC); Protocol specification: 3GPP TS 38.331 V17.2.0[S/OL]. (2022-11-08). https://portal.3gpp.org/desktopmodules/Specifications/SpecificationDetails.aspx?specificationId=3197.

[12] 3rd Generation Partnership Project, Technical Specification Group Radio Access Network, NR. NR and NG-RAN Overall description; Stage-2: 3GPP TS 38.300 V17.2.0[S/OL]. (2022-11-08). https://portal.3gpp.org/desktopmodules/Specifications/SpecificationDetails.aspx?specificationId=3191.

[13] 3rd Generation Partnership Project, Technical Specification Group Radio Access Network, NR. Physical layer measurements: 3GPP TS 38.215 V17.2.0[S/OL]. (2022-11-08). https://portal.3gpp.org/desktopmodules/Specifications/SpecificationDetails.aspx?specificationId=3217.

[14] 3rd Generation Partnership Project, Technical Specification Group Radio Access Network, NR. Physical layer procedures for control: 3GPP TS 38.213 V17.3.0[S/OL]. (2022-11-08). https://portal.3gpp.org/desktopmodules/Specifications/SpecificationDetails.aspx?specificationId=3215.

[15] 3rd Generation Partnership Project, Technical Specification Group Radio Access Network, NR. User Equipment (UE) conformance specification; Radio transmission and reception: Part 4 Performance requirements: 3GPP TS 38.521-4V16.13.0[S/OL]. (2022-11-08). https://portal.3gpp.org/desktopmodules/Specifications/SpecificationDetails.aspx?specificationId=3426.

[16] 3rd Generation Partnership Project, Technical Specification Group Radio Access Network, NR. User Equipment (UE) radio transmission and reception: Part 4 Performance requirements: 3GPP TS 38.101-4 V17.6.0.[S/OL]. (2022-09-28). https://portal.3gpp.org/desktopmodules/Specifications/SpecificationDetails.aspx?specificationId=3366.

[17] 3rd Generation Partnership Project, Technical Specification Group Radio Access Network, NR. Physical layer procedures for data: 3GPP TS 38.214 V17.3.0.[S/OL]. (2022-09-21). https://portal.3gpp.org/desktopmodules/Specifications/SpecificationDetails.aspx?specificationId=3216.

[18] 3rd Generation Partnership Project, Technical Specification Group Radio Access Network. Study on channel model for frequencies from 0.5 to 100GHz: 3GPP TR 38.901 V17.0.0.[S/OL]. (2022-03-31). https://portal.3gpp.org/desktopmodules/Specifications/SpecificationDetails.aspx?specificationId=3173.

[19] 3rd Generation Partnership Project, Technical Specification Group Radio Access Network. Further enhancement on NR demodulation performance: 3GPP TR38.833

V17.0.0.[S/OL].　(2022-04-01).　https://portal.3gpp.org/desktopmodules/Specifications/Specification
Details.aspx?specificationId=3861.

[20] IEEE/ANSI Standard for Compliance Testing of Transmitters Used in Licensed Radio
Services: ANSI C63.26-2015[S/OL]. (2016.1.15). https://ieeexplore. ieee.org/document/7396001.

[21] General requirements for compliance of radio apparatus: RSS-Gen Issue 5[S/OL].
(2018.4). https://www.ic.gc.ca/eic/site/smt-gst.nsf/eng/sf08449.html.

[22] Emissions testing of transmitters with multiple outputs in the same band: KDB 662911
D01 v02r01[S/OL]. (2020.10.13). https://apps.fcc.gov/oetcf/kdb/forms/FTSSearchResultPage.cfm?
switch=P&id=49466.

[23] Measurement guidance for certification of licensed digital transmitters: KDB 971168
D01 v03r01[S/OL]. (2018.4.9). https://apps.fcc.gov/oetcf/kdb/forms/FTSSearchResultPage.cfm?id=
47466&switch=P.

第 5 章

毫米波 FR2 射频测试

5G FR1 和 FR2 在实现技术和射频测试要求上虽然有很多相通之处，但也存在很大的差异，在 3GPP 中，对于毫米波的测试研究就有 TS 38.810 和 TS 38.884，而且关于测试方法的讨论还在持续进行中。3GPP 的射频一致性测试标准，不同于以往的制式，5G TS 38.521 又分为 4 个部分，其中 TS 38.521-2 是单独为毫米波而制定的，也足以体现毫米波的工作量。第 4 章已经详细介绍了 5G FR1 射频测试的相关内容，所以本章重点介绍与 FR1 不同的地方，包括 5G FR2 毫米波射频的空口测试方法、参数配置、测试内容和测试要求等。

5.1 FR2 基础参数

本节将先介绍毫米波射频测试中常用的基础参数的配置，详细概念在 4.1 节已介绍。随后介绍毫米波特有的波束赋形的概念和架构。

5.1.1 工作频段

相较于 FR1，FR2 的工作频率高得多，3GPP 定义的频率范围为 24.25～52.6GHz，由于对应的波长属于毫米级别，所以也称为毫米波。到目前为止，根据 3GPP 的定义，FR2 共有 6 个工作频段，它们对应的频率范围如表 5-1 所示。上行指的是基站接收和终端发射方向，下行指的是基站发射和终端接收的方向。

表 5-1　FR2 工作频段及频率范围

工作频段	上行工作频率（/MHz）范围 $F_{UL\_低}\sim F_{UL\_高}$	下行工作频率（/MHz）范围 $F_{DL\_低}\sim F_{DL\_高}$	双工模式
n257	26500～29500	26500～29500	TDD
n258	24250～27500	24250～27500	TDD
n259	39500～43500	39500～43500	TDD
n260	37000～40000	37000～40000	TDD
n261	27500～28350	27500～28350	TDD
n262	47200～48200	47200～48200	TDD

为了进行更细致的不确定度、测量公差的推算以及测试系统最大不确定性（MTSU）的推导，目前将 FR2 的工作频率范围划分为 4 个子范围。同时为了更好地覆盖工作频段，这些用于不确定度和测量公差计算的子工作频率范围大于表 5-1 中定义的工作频段的频率范围。如表 5-2 所示，这些 FR2 子范围被用作单个测试用例中测试公差定义的一部分。

表 5-2　FR2 子工作频率范围

频率子范围定义	频率（/GHz）范围
FR2a	$23.45 \leqslant f < 32.125$
FR2b	$32.125 \leqslant f < 40.8$
FR2c	$40.8 \leqslant f < 44.3$
FR2d	$44.3\text{GHz} \leqslant f < 49.0\text{GHz}$

1．载波聚合模式的工作频段

同 FR1 一样，毫米波也支持载波聚合模式，同样包括带内载波聚合和带间载波聚合。目前所有的 FR2 工作频段均支持带内载波聚合，包括 n257、n258、n259、n260、n261。支持频段间载波聚合的工作频段如表 5-3 所示。

表 5-3　FR2 频段间载波聚合工作频段

载波聚合频段	频　　段
CA_n257-n259	n257、n259
CA_n258-n260	n258、n260
CA_n260-n261	n260、n261

2．上行 MIMO 工作频段

根据 3GPP 的定义，目前所有 FR2 工作频段均支持 NR 上行 MIMO，包括 n257、n258、n259、n260、n261、n262。

5.1.2　信道参数

毫米波波段的主要优点是因其有较大的信道带宽，从而可以达到更高的吞吐率。然而，从手机的功耗和发热角度来看，更宽的信道带宽也带来了更大的挑战。所有带来智能手机功耗增加的因素（如基带、模数转换模块、射频前端模块、功率放大器效率等）在毫米波信道条件下都会使功耗变得更高。接下来将介绍毫米波的信道参数定义。

1．最大发射带宽配置

FR2 终端信道带宽和不同子载波间隔对应的最大发射带宽配置的 N_{RB} 如

表 5-4 所示。

表 5-4　最大发射带宽配置 N_{RB}

SCS/kHz	N_{RB}/MHz			
	50	100	200	400
60	66	132	264	N.A
120	32	66	132	264

2. 最小保护频段

FR2 不同信道带宽和不同子载波配置时所规定的最小保护频段如表 5-5 所示。

表 5-5　最小保护频段 　　　　　　　单位：kHz

SCS/kHz	信道带宽/MHz			
	50	100	200	400
60	1210	2450	4930	N.A
120	1900	2420	4900	9860
240	/	3800	7720	15560

3. 信道带宽

终端信道带宽、子载波间隔和工作频段的组合如表 5-6 所示。对于所支持的每种信道带宽，终端应支持表中的发射带宽配置，并且终端信道带宽的规定适用于发射和接收链路。

表 5-6　终端信道带宽、子载波间隔和工作频段的组合

工作频段	子载波间隔/kHz	终端信道带宽/MHz			
		50	100	200	400
n257/n258/n259/n260/n261/n262	60	50	100	200	
	120	50	100	200	400

4. 信道栅格

在工作原理与定义上，FR2 与 FR1 是一致的，所以这里就不再赘述。FR2 频率范围内的 NR-ARFCN 与总频率栅格的关系如表 5-7 所示。

表 5-7　NR-ARFCN 与总频率栅格的关系

频率范围/MHz	ΔF_{Global}/kHz	$F_{REF-Offs}$/MHz	$N_{REF-Offs}$	N_{REF} 范围
24250～100000	60	24250.08	2016667	2016667～3279165

每个 FR2 工作频段的 NR-ARFCN 与信道栅格的关系如表 5-8 所示。

表 5-8　每个 FR2 工作频段的 NR-ARFCN 与信道栅格的关系

工 作 频 段	ΔF_{Raster}/kHz	上行和下行 N_{REF} 范围 （最前 –＜步进＞– 最后）
n257	60	2054166 – ＜1＞ – 2104165
	120	2054167 – ＜2＞ – 2104165
n258	60	2016667 – ＜1＞ – 2070832
	120	2016667 – ＜2＞ – 2070831
n259	60	2270833 – ＜1＞ – 2337499
	120	2270833 – ＜2＞ – 2337499
n260	60	2229166 – ＜1＞ – 2279165
	120	2229167 – ＜2＞ – 2279165
n261	60	2070833 – ＜1＞ – 2084999
	120	2070833 – ＜2＞ – 2084999
n262	60	2399166 – ＜1＞ – 2415832
	120	2399167 – ＜2＞ – 2415831

FR2 频率范围内的总同步信道数（GSCN）和同步信号模块与总频率栅格的关系如表 5-9 所示。

表 5-9　总频率栅格的 GSCN 参数

频率范围/MHz	同步信号模块频点位置 SS_{REF}	GSCN	GSCN 范围
24250～100000	24250.08MHz + N × 17.28MHz，N = 0:4383	22256 + N	22256～26639

5. 测试频率

FR2 每个工作频段的测试频率与工作带宽如表 5-10 所示。

表 5-10　FR2 每个工作频段的测试频率与工作带宽

频　段	双 工 模 式	上下行频率/MHz			上下行带宽 /MHz
		低	中	高	
n257	TDD	26500	28000	29500	3000
n258	TDD	24250	25875	27500	3250
n259	TDD	39500	41500	43500	4000
n260	TDD	37000	38500	40000	3000
n261	TDD	27500	27925	28350	850
n262	TDD	47200	47700	48200	1000

5.1.3　波束赋形

毫米波天线技术应用于 5G 移动通信，既有缺点又有优点。因为 5G 毫米波频段高、传播损耗高、绕射和衍射能力弱，遇到建筑物、植被、雨雪、人体或者车体等阻挡的影响较大，从室外到室内的穿透损失较大，覆盖相对受限，这是 5G 毫米波通信系统面临的最大挑战。根据 3GPP TR38.901 中规定的 0～100GHz 无线电波在城市区域内直射路径的损耗模型可知，自由空间损耗与载波频率成正相关，在相同路损模型下毫米波 26GHz 载波比 3.5GHz 载波路损高约 17.42dB，理论传播距离只有 3.5GHz 的六分之一左右。所以毫米波超短的波长使信号的传播距离受到限制，从而引发信号盲区和弱区。

其优势是，由于天线的尺寸是由电磁波信号的波长决定的，毫米波频段的波长是手机其他频段波长的十分之一左右，超短的波长可以使毫米波天然地具有集成射频元器件、实现紧凑性封装的优势，可以把很多天线集中在非常小的区域内，即使是手机也可以在毫米波频率上容纳更多的天线单元，方便使用高指向性的波束赋形技术，以补偿毫米波长距传播中的衰减损耗。

波束赋形也有称为波束成形（beamforming），是一种基于天线阵列的信号预处理技术，通过调整天线阵列中每个阵元的加权系数产生具有指向性的波束，能够获得明显的阵列增益。狭窄的发射波束降低了无线电环境中的干扰量，并使接收器终端能够在较远距离上保持足够的信号功率，以此增加 EIRP（effective isotropic radiated power，等效全向辐射功率），弥补毫米波在传播特性上相对中低频段的不足。因此，波束赋形技术在扩大覆盖范围、缓解路径损耗、改善边缘吞吐量以及干扰抑制等方面都有很大的优势。

1. 波束赋形架构

波束赋形的基础是大规模天线阵列，其关键在于对无线信号的相位进行控制。通常有振幅和相位两个变量用于波束形成，改善旁瓣抑制或转向零位。5G NR 无线信号主要有高频载波信号、基带时域信号以及基带子载波信号，对上述 3 种信号进行相位控制的技术手段不同，产生了对应的 3 种不同的波束赋形技术架构。

1）模拟波束赋形

图 5-1 显示了模拟波束赋形发射机架构的基本实现。该架构仅由一个射频链路和多个相移器组成。图 5-1 中，S_{BB} 指基带处理信号，S_{RF} 指射频链路信号。

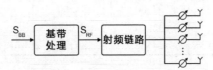

图 5-1　模拟波束赋形架构

第一个模拟波束赋形天线可以追溯到 1961 年,采用选择性射频开关和固定移相器进行转向，这种方法的基础仍然沿用至今。现在使用了先进的硬件和改进的预编码算法，这些增强能力可以对每个元素的相位进行独立控制。与早期的无源结构不同的是，它利用有源波束形成天线，波束不仅可以定向到离散的角度，而且可以定向到任何角度。这种类型的波束形成是在射频频率或中频模拟域实现的。

这种体系结构目前被用于高端毫米波系统，包括雷达和 IEEE 802.11ad 等短程通信系统。模拟波束赋形体系结构不像本节中描述的其他方法那样昂贵和复杂，但是，利用模拟波束形成实现多流传输是一项非常复杂的任务。

为了计算相权值，假设单元间距为 d 的均匀间隔线性阵列，在如图 5-2 所示的接收场景中，天线阵列必须位于入射信号的远场，以便到达的波阵面近似平面。如果信号以 θ 远离天线轴视的角度到达，则波必须额外传播一段距离 $d\sin\theta$ 才能到达如图 5-2 所示的每个天线阵元。这个与阵元相关的延迟可以转换为频率相关的信号相移。

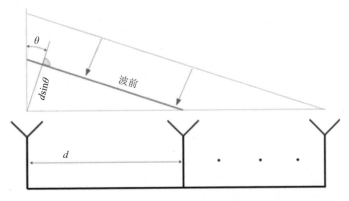

图 5-2　当信号到达方向线外时的额外行程距离

这种频率依赖性也称为波束斜视效应。即在一定频率下，天线阵列的主瓣通过相位偏移转向某个角度，如果天线阵元被输入一个不同频率的信号，主瓣将偏离一定的角度。由于相位关系是在给定载频下计算得到的，因此实际的主瓣角度会根据当前频率而偏移。在大带宽场景中，波束斜视效应非常明显，会带来误差。

2）数字波束赋形

即使使用大量的天线阵列，模拟波束赋形通常情况下仍然只有一条射频链路，而数字波束赋形在理论上支持与天线阵元一样多的射频链路。如果在数字基带中进行适当的预编码，就会有更高的发射和接收灵活性，额外的自由度可以用于实现更高要求的技术，如多波束 MIMO。数字波束赋形技术能够适应多流传输，同时为多个用户提供服务，这是该技术的关键，与其他波束赋形体系结构相比，这些优势使得最高的理论性能有实现的可能。图 5-3 说明了具有多个射频链路的数字波束形成发射机的总体架构。

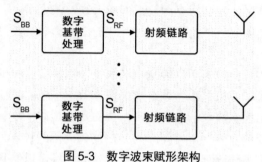

图 5-3　数字波束赋形架构

在使用相位偏移的模拟波束赋形架构中，波束斜视普遍存在，考虑到目前毫米波频段的大带宽，这是一个严重的缺点，而数字控制的射频链路能够在一个较大范围频段内根据频率来优化相位。

然而数字波束赋形也不是最适合于 5G 移动应用的。虽然全数字波束赋形的大规模 MIMO 系统可以产生最优性能，但硬件复杂度和成本（射频通道数）以及信号处理的复杂度和能耗迅速增加，可能会显著增加移动设备的成本、能源消耗和集成复杂度。数字波束赋形更适合用于基站，因为在这种情况下，性价比移动性更重要。

3）混合波束赋形

在毫米波频段，由于频谱资源充沛，单载波的带宽可高达 400MHz，如果支持两个载波，带宽可达到 800MHz，这种情况如果使用数字波束赋形，对基带处理能力要求非常高，并且射频部分功率放大器的数量也要相应增加，成本和功耗都将非常高。模拟波束赋形虽然在经济上比数字波束赋形更受欢迎，但性能达不到数字波束赋形性能的效果，也无法实现较优的 MIMO 性能。

因此，业界将模拟波束赋形和数字波束赋形结合起来，使在模拟端可调幅调相的波束赋形结合基带的数字波束赋形，称为混合波束赋形。通过减少完整射频链的数量，可以显著降低成本，进而降低整体能耗。同时，基带处理的通道数量也明显小于模拟天线单元的数量，复杂度和成本大幅下降，但数字基带处理的自由度变小，与完整的数字波束赋形相比，同时支持的流数量会减少。毫米波频段的设备基带处理的通道数（MIMO AxC 流）较少，一般为 4T4R 或 8T8R，但天线单元众多，可达 512 个，其容量的主要来源是超大带宽和波束赋形，所以由于毫米波的特定信道特性，产生的性能差距相对较小。因此该架构非常适用于毫米波系统。

混合波束赋形的发射机架构如图 5-4 所示，预编码分为模拟域和数字域，理论上，每个放大器都有可能与每个辐射元件相连接。

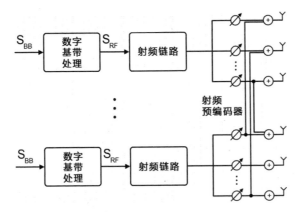

图 5-4　混合波束赋形架构

2. 波束管理

5G 毫米波波束管理包括波束搜索、波束跟踪以及波束切换等，它使 5G 毫米波系统能在部分方向信号受到遮挡的情况下迅速捕捉新波束并动态地实施波束切换，从而提升信号传输增益，降低干扰，达到提升系统的数据传输速率、增强覆盖的目的。

波束管理是通过获取和维护一套用于上行和下行发射和接收的 TRxP 和 UE 波束来进行，其中 TRxP 指的是发射接收点（transmission reception point），即位于特定地理位置的天线阵列中可用的一个或多个天线阵元。

1）波束扫描与跟踪

为保证最终得到足够的信号增益，大规模天线阵列产生的波束通常变得很窄，基站需要使用大量的窄波束才能保证小区内任意方向上的用户都能得到有效覆盖。在此情况下，遍历扫描全部窄波束来寻找最佳发射波束的策略显得费时费力，与 5G 所期望的用户体验不符。为快速对准波束，5G 标准采取了分级扫描的策略，即由宽到窄扫描。分级扫描可以根据每个用户的需要随时开展，不断切换最佳波束，最佳波束会随着用户的位置不同而发生变化。同时，为了更好地跟踪用户，需要用到波束跟踪策略。波束扫描与跟踪如图 5-5 所示。

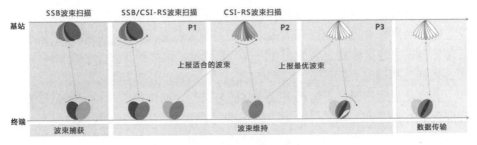

图 5-5　波束扫描与跟踪

2）波束恢复

在高频系统中基站和终端都使用定向天线，当两者的波束方向互相匹配时，业务信道可以获得比较高的增益，数据传输的吞吐量也比较高。但是，当基站和终端的波束方向不匹配时，业务信道获得的增益就非常小，甚至出现无线链路故障。

高频由于信道和传播特性决定，在移动的非线性信号场景下，信道的传输路径可能会变化得非常快，由于遮挡会造成径的快速生灭，所以可能造成波束跟踪失败。为了可以快速恢复链路，避免流量掉沟，可以启动波束快速恢复流程。

3）波束测量、选择与上报

波束测量指的是通过 RSRP、RSRQ、信噪比或载噪比等指标在基站或终端上对接收到的信号质量进行评估。基站或者终端根据波束测量的情况，选择合适的波束，同时终端向 RAN 上报波束质量和波束的选择情况。

5.2 FR2 测试方法及条件

FR2 终端射频测试，由于需要使用 OTA 测试方法，所以测试条件以及测试方法的原理与传导测试不同。本节首先从 OTA 测试方法入手，然后从参数、坐标系和测量网格 3 个方面逐一进行介绍，最后介绍工作电压与温度的要求。

5.2.1 OTA 测试方法

以往的通信制式包括 2G、3G、4G 以及 5G FR1，这些技术条件下的射频测试都是用传导的方式进行的，然而在 5G FR2 中，几乎所有测试都使用 OTA，OTA（over the air technology）是一种空中下载技术，是将待测物连接到测试设备的方法，简单来说，OTA 是通过一对天线（传输天线和接收天线）进行连接的方法。为什么 5G FR2 射频测试，甚至协议测试都要用 OTA 方法呢？原因如下。

首先是复杂性问题。在 FR2 中，终端都将使用采用了波束赋形技术的阵列天线，这意味着设备上会有很多天线，每个天线有很多个小的阵元。如果进行传导测试，连接方式将会如图 5-6（a）所示的，而如果选择 OTA，则可以如图 5-6（b）那样进行测试。

其次是空间问题。不考虑电缆连接的复杂性，面临的第二个问题是尽管天线阵列中有许多天线阵元（如 16、32、44 个等），但是整个天线模块的尺寸在毫米波频率下是非常小的，不足以容纳所有的电缆连接器。

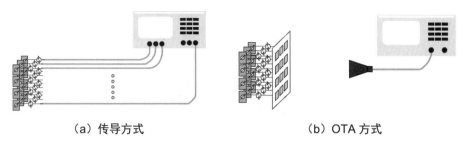

（a）传导方式　　　　　　　　　　　（b）OTA 方式

图 5-6　FR2 终端测试连接方式

再次是测试成本问题。如果不考虑复杂性和空间，传导测试也有其他问题。在大多数常规测试中，可以使用低成本的 SMA 连接器和电缆。但是，在毫米波中使用 SMA 类型的连接器/电缆进行准确测量是不行的，当频率越来越高时，需要 K 连接器或更特殊的连接器和电缆（如 V 连接器），而这些类型的特殊连接器和电缆的成本远高于 SMA 类型。如果未来需要使用非常高的频率（如超过 60GHz），用于连接器和电缆的花费可能与设备价格一样多。

最后是测量的物理性质问题。即使克服了上述所有问题，由于测量本身的性质，仍有某些类型的测量需要 OTA。例如，如果要检测天线阵列形成的波束的方向，必须依赖 OTA 测量。有人可能会说可以通过传导测试来做到。当然，将来自每个天线元件路径的所有信号带到基带，并通过基带处理确定波束方向和波束的其他性质，从理论上是可能的，但可以确定的是，如果有 OTA 测试这样相对简单的方法，大家会希望避免用这个方式。

所以，高频率的 FR2 器件是高度集成度的架构，它具有的创新的前端解决方案、多元件天线阵列、无源和有源馈电网络等，这些很难通过射频电缆以传导方式进行测量，对于 FR2 中的射频测试都是基于 OTA 的测试方式。目前国际标准定义的 5G 毫米波 OTA 测试方法包括直接远场（direct far field，DFF）、间接远场（indirect far field，IFF）、近场转换远场（near field to far field，NFTF）。测试方法定义根据测量距离区分。

毫米波测试系统主要包括毫米波暗室、测试仪器、相关配件以及主控单元。毫米波暗室是一个空间结构，它可以是一个建筑空间，也可以是一个箱体。暗室本身是一个隔离外部电磁波的屏蔽空间，其内部表面布满吸波材料，可以有效吸收被测频段的内部电磁波，从而可模拟一个无电磁干扰的、纯净的无限电磁空间。暗室内部通常包含转台、天线探头等。天线的辐射根据辐射区远近可以分为感应场区（菲涅尔区）、辐射近场区和辐射远场区（夫琅禾费区），如图 5-7 所示。

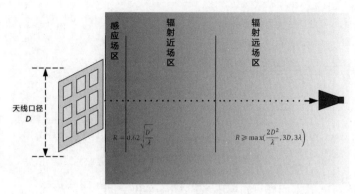

图 5-7　天线辐射场区分布

1. 直接远场

远场测试作为一种准确评估辐射体性能的测试方法，已广泛应用于天线方向图的测试、大型散射体雷达散射截面（radar cross section，RCS）测试、基站性能测试等无线产品辐射性能测试中。远场暗室能较准确地测量设备的辐射特性，但是也存在场地需求较大、造价昂贵、路径损耗大等缺点。

在远场暗室测量中，发射喇叭与待测件置于满足远场条件的金属屏蔽体房间内，墙壁四周布满吸波材料。当电磁波入射到墙面、天棚、地面时，绝大部分电磁波被吸收，透射和反射极少，如图 5-8 所示。这样就提供了一种人为的空旷的"自由空间"条件，在暗室内制造一个纯净的电磁环境，以方便排除外界电磁干扰。在暗室内做雷达、天线等无线设备测试可以免受外界的电磁环境干扰，提高测试设备的测试精度和效率。

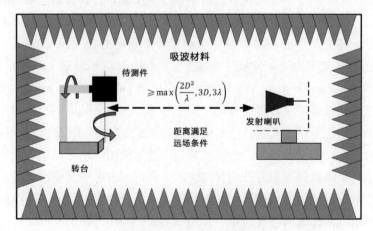

图 5-8　远场暗室示意图

关于直接远场测试方法，3GPP 定义了两种实现方式：直接远场法和简化的直接远场法。直接远场法如图 5-9（a）所示，该装置有两个天线，一个天线用于在波束转向时保持连接，另一个天线用于实现波束中心和偏心波束测量。另外，简化的直接远场法如图 5-9（b）所示，将测量和链路天线组合起来，以便使用单个天线来引导波束并执行 UE 波束中心测量。

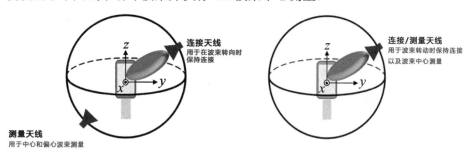

（a）直接远场法　　　　　　　　（b）简化的直接远场法

图 5-9　直接远场法实现方式

在辐射远场区，天线方向图随距离的变化较小，场强较为稳定，所以在一般的天线方向图测量中，都采用远场和暗室结合的方法。美国无线通信和互联网协会（CTIA）提到了 3 种天线远场的公式定义，分别为① 相位不确定度限值 $2D^2/\lambda$；② 幅度不确定度限值 $3D$；③ 反应近场限值 3λ。以上定义中，D 代表天线口径，λ 表示被测天线频率对应波长。传统远场的最小远场距离 R 可以根据下式计算。

$$R > \frac{2D^2}{\lambda}$$

式中：D 是包围 DUT 辐射部分的最小球体的直径。

传统电波暗室不同天线尺寸和频率的近远场边界如表 5-11 所示。可以看出，天线尺寸和频率越高，距离越大，需要的空间也越大，成本越高。

表 5-11　传统电波暗室不同天线尺寸和频率的近远场边界

辐射孔径 /cm	频率/GHz	近远场边界 /cm	路径损耗 /dB	频率/GHz	近远场边界 /cm	路径损耗 /dB
5	28	47	54.8	100	167	76.9
10	28	187	66.8	100	667	88.9
15	28	420	73.9	100	1501	96
20	28	747	78.9	100	2668	101
25	28	1167	82.7	100	4169	105
30	28	1681	85.9	100	6004	108

一般 DUT 的确切天线尺寸是未知的，因为设备在测试过程中天线封装在整机外壳中，同时其他因素也有影响，如设计的地面耦合效应，所以可以使用

最大的设备尺寸（如对角线）。然而即使是对于相对较小的设备，也会导致需要非常大的暗室。因此需要一种实用的方法来确定远场距离。目前的建议是根据制造商的声明来确定测试距离。这种方法的风险之一是选择的距离比实际远场更短，由此带来的测量误差是否会导致性能不合格的设备通过测试（如比实际远场距离短是否会得到更好的测量结果）尚需要进一步研究。

此外，还有一种基于路径损耗测量来确定远场距离的实验方法。该方法是基于近场和远场的路径损失指数不同这一情况，通过测量一定距离上的路径损失梯度，找到近远场边界。在 Band 3 LTE 设备上进行的实验测量结果如图 5-10 所示，最小的远距距离可以在回归截距点上找到，图 5-10 显示了在频率为 1.85GHz 的情况下的一个示例结果。器件尺寸约为 13cm×8cm，典型的最小远场距离为 28.7cm，而使用该方法的最小测量距离为 13.8cm。更高的频率和其他设备类型使用该技术是否能提供有效的结果还需要进一步的工作来确定。

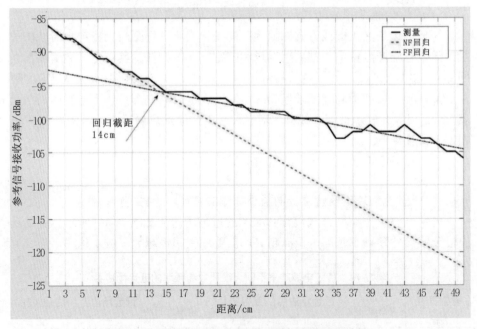

图 5-10 在 Band 3 LTE 设备上进行实验测量结果

直接远场系统的最小范围长度，即静区中心和测量天线之间的最小距离需要考虑天线孔径到静区中心的未知偏移，以保证 DUT 内集成的任何天线阵列的远场条件。静区中心与测量天线之间的距离为 R_{DFF}，静区的半径为 $R_{静区}(R_{QZ})$，直接远场系统范围的定义如图 5-11 所示。集成在 DUT 内任何地方的天线阵列与测量天线之间的最小距离需要满足远场距离。

图 5-12 中的设置用于推导 NR FR2 DFF 系统的最小范围长度，其中包围 DUT 的球体与静区和 DUT 天线的辐射孔径的直径 D 相匹配，并且 D 位于 DUT

的边缘位置。通过此设置，可以确定最小范围长度 R_{DFF} 为

$$R_{DFF} = R_{\text{静区}} - D/2 + R_{\text{远场}} = R_{\text{静区}} - D/2 + 2D^2/\lambda$$

其中，假设 $D=5\text{cm}$，两种不同的静区长度对应的直接远场系统的最小范围长度 R_{DFF} 如表 5-12 所示。

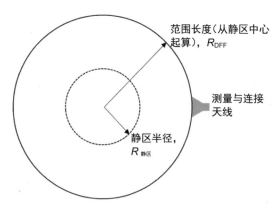

图 5-11　直接远场系统范围的定义

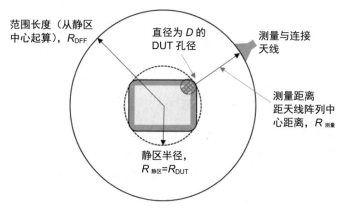

图 5-12　直接远场系统的最小范围长度图示

表 5-12　直接远场系统的最小范围长度（D=5cm）

静区半径/cm	频率/GHz				
	24.25	30	40	50	52.6
15	0.45	0.55	0.72	0.88	0.93
30	0.53	0.63	0.79	0.96	1.00

直接远场的校准测量是通过使用一个具有已知增益值的基准校准天线来完成的。为了进行校准测量，参考天线被放置在静区中心。如果使用具有移动相位中心的天线，可以选择多分段方法，即对多个频率段，将校准天线的各自相位中心置于静区中心。校准过程决定了整个传输和接收链路径增益（测量天线、

放大）和损耗（开关、组合器、电缆、路径损耗等）的复合损耗、路径损耗、参考极化。对每个测量路径（两个正交偏振和每个信号路径）重复校准测量。

2. 间接远场（紧缩场）

在大型散射体和大口径天线测试中，由于远场暗室场地需求较高，所以希望找到一种占地面积小、测量距离短的方法。紧缩场测量法就是针对这种需求产生的辐射体测量方法。其原理是采用一个精密的反射面，将喇叭天线产生的球面波在短距离内变换为平面波，从而满足测试要求。这也被称为紧凑型天线测试范围（compact antenna test range，CATR），能够实现波束的中心和离中心测量，如图 5-13 所示。

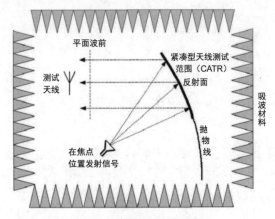

图 5-13　紧缩场工作原理

相较于远场测试，CATR 系统不需要在标准远场的 $R>2D^2/\lambda$ 范围内实现平面波，大大缩短了远场测试距离，为大型散射体的测试带来了便利。采用紧缩场测试还可以减小路径损耗，从而相较于直接远场法获得更大的动态范围。但精密反射面的造价十分昂贵，对加工和建设相对要求高。表 5-13 显示了与传统远场暗室相比，CATR 近远场边界和传输损耗的优化。

表 5-13　传统远场暗室与 CATR 近远场边界和传输损耗

直径/cm	频率/GHz	近远场边界/cm	传统远场暗室传输损耗/dB	CATR 传输损耗/dB
5	28	47	54.8	52.3
10	28	187	66.8	58.3
15	28	420	73.9	61.8
30	28	1681	85.9	67.8

对于 CATR，FF（far field，远场）距离被视为 CATR 的焦距，根据经验法则（可根据系统的实现而不同），馈电和反射器之间的距离可以计算：R=焦距=3.5×反射器尺寸=3.5×2D，其中 D =xm，反射器的尺寸为 2D。在 CATR 中，从

反射器到静区有一个没有空间损失的平面波。对于 DFF 和 CATR，采用具有 R=FF 距离的自由空间损失公式$(4\pi R/\lambda)^2$ 计算自由空间路径损耗。

1）工作原理概述

为满足要求，在设计 CATR 时主要考虑静区、焦距、偏置角、馈源位置参数。在 CATR 实现中，反射器的设计是需要考虑的重点之一。另一个重要的部分是馈源天线在系统设置中的位置。根据测试系统的频率范围和静区的要求，可能存在不同的实现。图 5-14 展示了 CATR 中静区的概念，可以在一定的柱体体积内保证平面波前振幅和相位一致。

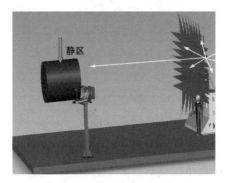

图 5-14　CATR 中静区的概念

静区质量受振幅均匀性、相位平面度和极化纯度的影响。振幅均匀性主要由反馈模式、对准和反射面设计决定，而相位平面度主要由反馈方向和反射面设计决定。考虑高极化纯度馈电，极化纯度主要由抛物线系统几何形状决定。图 5-15 为 CATR 系统 15cm 静区中振幅和相位变化图。其中平面内静区的测量值显示静区整体振幅变化小于 1.2dB，整体相位变化小于 10°。

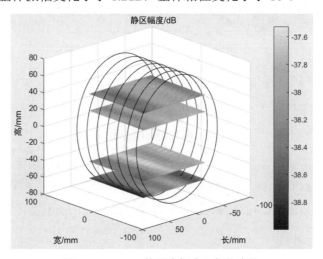

图 5-15　15cm 静区中幅度和相位变化

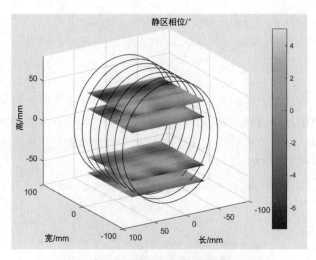

图 5-15 15cm 静区中幅度和相位变化（续）

静区尺寸主要取决于反射器、反馈锥度、消声室的设计。在图 5-16 中显示的是 CATR 在 18GHz 下 3m 静区中的相位分布。需要注意的是，CATR 静区的总相位变化远低于典型直接远场范围的相位变化（22.5°）。

相位，直径 3m 的静区，18GHz

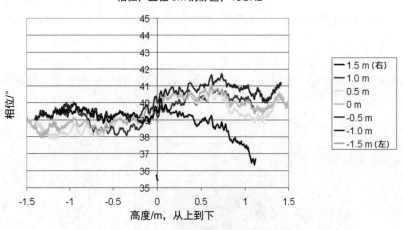

图 5-16 CATR 静区内的相位曲率

静区质量是 CATR 的特征，包括反射器边缘的反射。CATR 系统的指标示例通常如表 5-14 所示，可以看出反射的影响是轻微的。为了满足这样的要求，反射器的设计必须减少边缘的反射（边缘要么是弯曲的，要么是锯齿状的）。

表 5-14　CATR 系统指标示例

频率范围/GHz	1.5～100
静区尺寸（高×宽×长）/m	0.5×0.5×0.5
交叉极化/dB	−30

反射面的设计是 CATR 的关键，CATR 是一种几何光学设计，其反射面波长较大，反射面的边缘处理决定了 CATR 的低频范围，要采取合适的手段将边角的绕射效应降到最低。边缘设计要使最小的衍射进入静区。锯齿边缘的设计，反射面抛物面与自由空间之间有一个平滑的过渡，从而减少了衍射效应，使衍射场远离静区。锯齿的长度决定了最低的工作频率，典型的锯齿长度为 5λ。另一种是平滑弯曲的卷边设计，如图 5-17 所示，紧凑型距离反射器的边缘不再被突然切断，而是平滑地向后弯曲，从而减少了反射器边缘的能量。与工作在中低频的锯齿状边缘相比，设计良好的卷边可以减少衍射。

关于馈源天线的位置，CATR 中最通用的有 3 种：侧馈、地板馈和对角线馈。对于侧馈系统，馈源被放置在腔室的一侧，与静区中心高度相同，因此从馈源到反射器和静区中心的光线跨越一个水平面。对于地板馈源系统，馈源放置在反射器和安静区之间的地板上，这样从馈源到反射器和静区中心的光线跨越一个垂直平面。在对角线馈源（角馈电）系统中，馈电位于侧壁和地板之间的一个角落，这样从馈源到反射器和安静区中心的光线就跨越了一个对角线平面。通常，对角线馈源系统可使消声室的尺寸缩小约 $\sqrt{2}$。

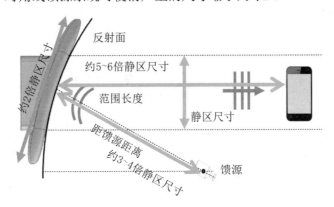

图 5-17　采用平滑卷边设计反射面的 CATR

CATR 的定位系统使双极化测量天线与被测物体之间的夹角至少有两个自由度，并保持一个极化参考。在 CATR 情况下，定位器被放置在 DUT 所在的静区。

CATR 还需要包含 NR 链路天线以进行偏心波束测量。结合 UE 波束锁定测试功能，该链路天线允许测量整个辐射模型。方法是在执行 UE 波束锁定测试功能之前，测量探头作为链路天线保持相对于 DUT 的极化参考。一旦波束被锁定，连接通路将被传递到链路天线，相对于 DUT 保持可靠的信号水平。然后可以旋转 UE 来测量整个辐射模式，而不会失去与系统模拟器的连接。因此，由于链路天线和 UE 波束锁定测试功能，CATR 能够对波束的中心和偏离中心进行测量。此外，CATR 还需要提供 LTE 链路天线。对于单上行配置的非独立组网模式下测量 UE 射频性能，DUT 使用 LTE 链路天线进行 LTE 频段连接，该 LTE 链路天线用来提供稳定的 LTE 信号，不需要精确的路径损耗和极化控制。

2）互易性

CATR 本质上是一个互易的系统设置。对于 TX 测量，被测设备向聚焦到馈源天线的准直器辐射一个球面波前，只有传播矢量与反射器的轴向方向匹配。另一方面，对于 RX 测量，馈源天线向距离反射器发射一个对准被测物体的球面波前，即球面波前在到达 DUT 时被转换成平面波前。这种间接测试方法基于光学变换原理并且是互易的，也就是说设备的收发测试均可以通过这种方式进行。

由于互易性的原因，接收探针天线发射时测量到的天线模式与接收探针天线发射时测量到的天线模式相同。进一步解释了当满足一定条件时，如果器件材料和传播介质是线性的，则互易性是成立的。DUT 到馈源的传输损耗与馈源到 DUT 的相同，从而证明了互易性。

无论 DUT 方向如何，这种互易性的结果可以确保 DUT 在发射和接收模式下的天线方向测量是相同的。除了模型测量，这个结果也对其他设备测试有影响。在 CATR 系统中，EIRP 和 EIS（effective isotropic sensitivity，等效全向灵敏度）测试都是可能的，因为在两个方向上都存在相同的路径损耗。同样，也支持发送和接收中的 EVM 测量。

3）DUT 偏移静区中心的情况

由于 EUT 与静区中心的偏移所引起的不确定性可以根据 EUT 中嵌入的天线阵列位置而变化。本节将分析当进行单点测量如 EIRP（TX 测量）和 EIS（equivalent isotropic sensitivity，等效全向灵敏度，RX 测量）时，该不确定度对 CATR 的影响。图 5-18 和图 5-19 分别展示了 RX 测试场景和 TX 测试场景。

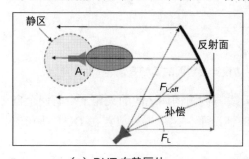
（a）DUT 在静区外

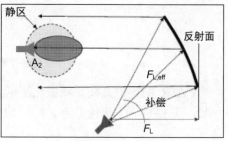
（b）被测 DUT 在静区中

图 5-18　CATR RX 测试场景

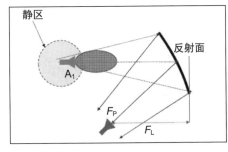 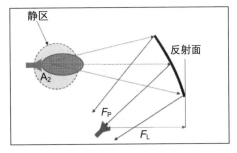

（a）被测物在静区外　　　　　　　　（b）被测物在静区中

图 5-19　CATR TX 测试场景

　　静区在准直波束内，在反射面和被测物之间没有自由空间损耗。唯一的路径损耗是在馈源和反射器之间，所以由于这个距离是固定的，这个路径损耗可以很容易地进行校准。最终的空间衰减等于 $1/F_{\text{L,eff}}^{\wedge}2$，其中 $F_{\text{L,eff}}$=有效焦距=$2F_{\text{L}}/(1+\cos(\text{offset}))$。这意味着静区到反射面的距离大于 F_{L}=焦距。在最新的 CATR 中，偏移通常被设计为27°，所以 $F_{\text{L,eff}}$=1.058F_{L}。因此，如果 DUT 在静区内移动，路径损耗没有变化，因此 A_1 接收到的功率等于 A_2 接收到的功率。相关的不确定度为 0dB。然而，由于反射面的衍射，静区内的场分布并不完全均匀。因此，接收磁场的振幅和相位会有一些变化。在静区，典型的振幅变化小于 1dB。

　　需要说明的是以上分析是基于如下这些设定：CATR 是互易的；EUT 的辐射模式可以描述为一系列沿不同方向传播的平面波将聚焦在不同的反射器馈源上，如图 5-20 所示；无论距离反射器多远，从馈源接收的功率是相同的。馈源处的最终空间衰减等于 $1/F_{\text{L,eff}}^{\wedge}2$。基于上述假设，相关不确定性为 0dB。

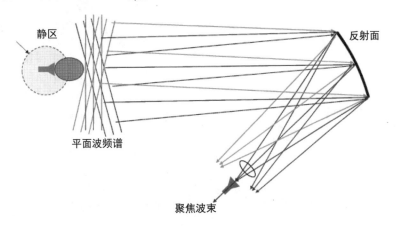

图 5-20　CATR 通过 DUT 进行 TX 辐射模式测量

　　为了更好地理解上述内容，主要针对 TX 情况，即 DUT 发射模式，给出了 CATR 功率传递函数，如图 5-21 所示。

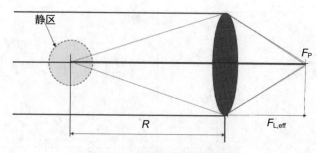

图 5-21　CATR 功率传递函数

　　假设所有的源都是各向同性的点源。这一假设可以推广到实源，因为任何实源都可以扩展为多个各向同性源。

　　当从静区（TX 即 DUT 发射）发射时，球面波前通过聚焦点的透镜/反射面成像，具有一般的放大系数，因此当从焦点 F_p（RX 即 DUT 接收）发射时，来自馈源的球面波前经过透镜/反射器后成为"完美"的平面波。最终衰减等于 $1/F_{L,eff}^2$。结果表明，在这两种情况下，系统的衰减与由馈源和透镜/反射面的距离提供的自由空间路径损耗成正比。衰减与到静区的距离无关。

　　4）校准

　　图 5-22 给出了用于 EIRP 校准的典型紧凑型天线测试范围的设置。在校准测量时，参考天线放置在与 DUT（见图 5-22（a））相同位置，然后校准出从 DUT 到测量接收机（EIRP）和从射频源到 DUT（EIS）的完整传输路径（C↔A，见图 5-22（b））的衰减。紧缩场校准测量是使用一个已知效率或增益值的参考天线（见图 5-22（b）中使用的 SGH）完成的。

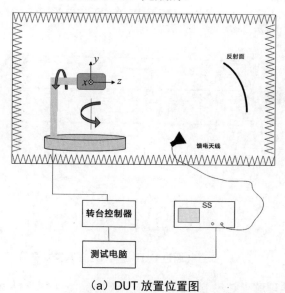

（a）DUT 放置位置图

图 5-22　EIRP 校准的典型紧凑型天线测试范围的设置

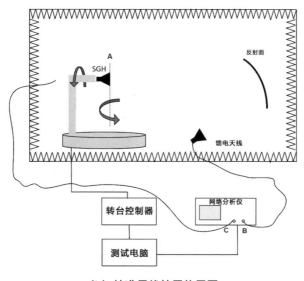

（b）校准天线放置位置图

图 5-22　EIRP 校准的典型紧凑型天线测试范围的设置（续）

3．近场转换远场

随着待测天线口径的增大，远场测试距离增加，对暗室要求相应提高，近场测量可以克服场地建设的限制，较准确地得到天线的辐射信息。通过近远场数学变换的方法将近场数据变换到远场。这样，对测试场地的需求将大幅减小，同时，采用近远场变换仍能保证和远场直接测量准确度相当的测试结果。

同远场区相比，辐射近场区与远场区有相同的电磁场辐射模式，所以用近场测得的数据确定远场量是可行的。为了减小待测天线系统与测试探针天线之间的耦合，近场测量均在辐射近场区域进行而不是感应场区。近场测量需对待测系统的闭合辐射面（球面、球柱面、立方柱面）进行幅度和相位的空间采样测量，利用这些数据进行傅里叶变换。对于 5G 毫米波终端设备，需要提取设备辐射口径面上的场值幅度/相位信息，才能进一步做近远场变换。

图 5-23 显示了带有相位恢复单元（PRU）的近场范围的框图。圆形探针阵列仅在方位角上旋转即可测量完整的三维图形。通过使用探头阵列元件之间的电子开关，可以测量仰角点，而无须在仰角平面上旋转 DUT。该技术是基于同步接收两个信号测量和参考。用两个探头同时测量 DUT 传输的信号，一个探头是测量探头，另一个探头是参考探头。这两个信号被送入 PRU，并获得振幅和绝对相位。

在近场到远场的转换过程中，通过校准使 EIRP 从 dB 转换为 dBm。由于完整的 3D 模型是测量得到的，所以 TRP（total radiated power，总辐射功率）可以使用 EIRP 结果计算。波束峰值处的 EIRP 结果也很容易得到，NFTF 测量装置如图 5-24 所示。

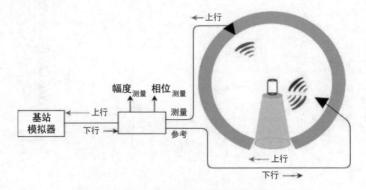

图 5-23　使用相位恢复技术的典型测试系统

图 5-24　测量 EIRP/TRP 的 NFTF 测量装置

近远场变换需要知道近场辐射面上所有的幅度和相位信息才能得到远场的辐射方向图，这意味着远场数据只能在近场扫描之后完成。尽管近场扫描加上近远场变换技术比远场测试在场地建设上有优势，且已被广泛接纳并成为一种成熟可靠的间接测量远场辐射方向图的手段，但其仍然面对着一些挑战。

首先，根据 3GPP 的测试标准和定义的测试指标，诸如 EIRP、EIS 等指标是针对特定辐射方向进行的。如果用传统的近远场测试手段，在进行近远场变换前，仍然要测量全部的包围面上的幅度/相位信息才行。其次，近场远场变换理论要求同时已知近场幅度和相位信息，而近场扫描技术中相位信息测量难度较大，机械系统、测量间距、取样点数、滤波等因素需要计算机仿真优化，以尽可能地减小测量误差。最后，至今为止，近远场变换只针对单音连续波。如何将近场测量到的 5G 宽带调制信号信息变换到远场仍然是一个开放性问题，亟待研究解决。此外，对于大型被测系统，近场测量也可能无法实施。

近远场变换暗室校准需要考虑影响 EIRP 测量的各种因素，这些因素包括诸如距离路径损耗、电缆损耗、接收天线增益等。辐射功率的每个测量数据点都是相对 dB 值转换为绝对 dBm 值，然后从 DUT 到测量接收机的总路径损耗就可以计算出来，称为 L 路径损耗。校准测量通常使用增益已知的参考天线来完成。这种方法是基于所谓的增益比较方法。路径损耗的测量方式如图 5-25 所示。

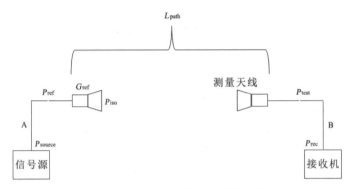

图 5-25　NFTF 路径损耗测量方式

L 路径损耗可以由进入参考天线的功率加上参考天线的增益来确定，即 $P_{iso} = P_{ref} + G_{ref}$，所以 L 路径损耗$= P_{ref} + G_{ref} - P_{test}$。为了确定 P_{ref}，需要进行电缆参考测量以校准 A 通路和 B 通路。假设电源的功率是固定的，可以得出 $P_{ref} - P_{test} = P'_{rec} - P_{rec}$，$P_{rec}$ 和 P'_{rec} 分别为使用参考天线进行校准测量时接收机测量的功率和使用电缆参考测量时接收机测量的功率。则 L 路径损耗 $L_{path} = G_{ref} + P'_{rec} - P_{rec}$。

4. 终端类型及测试方法适用性

上述介绍的 3 种 OTA 测试方法，其适用性需要基于测试用例的不确定度，仅适用于小于或等于不确定度阈值的测试用例。每种测试方法将适用于至少一个测试用例。

DUT 根据天线阵的大小及分布划分为 3 种类型，DUT 天线类型如表 5-15 所示，终端天线类型分布示意图如图 5-26 所示，制造商可以选择是否声明 DUT 使用的天线类型。

表 5-15　DUT 天线类型及描述

DUT 天线类型	描　　述
1	最大天线阵 $D \leqslant 5cm$ 时处于活动状态
2	多个天线阵 $D \leqslant 5cm$ 任何时刻活动阵列之间没有相位相干性
3	任何尺寸的任意相位相关天线阵（如稀疏阵列）

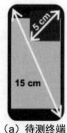

(a) 待测终端
天线类型 1
　　　(b) 待测终端
天线类型 2
　　　(c) 待测终端
天线类型 3

图 5-26　终端天线类型分布示意图

DUT 天线配置如表 5-16 所示。

表 5-16　DUT 天线配置

DUT 天线配置	直 接 远 场	间 接 远 场	近远场变换
类型 1	√	√	√
类型 2	√	√	√
类型 3	×	√	×
是否需要声明天线配置	√	×	√
支持测试用例	发射和接收	发射和接收	仅发射测试

　　任何测试方法对任一测试用例的具体适用性都将由 DUT 天线配置、D、实际测试距离和由此计算出的测量不确定度（MU）决定。如果计算出的 MU 低于阈值 MU，则该测试方法适用于该测试用例。

　　对射频测试方法的重点要求如下。

　　（1）远场测量系统需要放置于有吸波材料的暗室中。

　　（2）CATR 的间接远场，需要静区直径至少为 D。

　　（3）CATR 进行波束锁定功能（UBF）前，测量探头作为链路天线，保持对 DUT 的极化参考。一旦波束被锁定，那么链路将被传递到链路天线，相对于 DUT 保持可靠的信号水平。

　　（4）近远场变换测量辐射近场 UE 波束模型，其最终的测量指标如 EIRP 与直接远场相同。

　　（5）需要提供定位系统，使链路天线和 DUT 之间的角度至少有两个自由轴，并保持极化参考；链路天线的定位系统在测量天线的定位系统之外，提供了一个独立于测量天线可控的角度关系。

　　（6）对于在单上行非独立（NSA）模式下的测量，需要有用于提供到 DUT 的 LTE 基站连接的 LTE 连接天线。该 LTE 连接天线可以提供一个稳定的 LTE 信号，不需要精确的路径损耗或极化控制。

　　（7）对于用于 FR1 和 FR2 带间载波聚合模式下的测量，需要提供 DUT FR1 连接。FR1 连接具有稳定的无噪声信号，无须精确的路径损耗或极化控制。

5.2.2　基本 OTA 参数

OTA 测试方法下，辐射性能参数主要分为两类：发射参数和接收参数。发射参数有总辐射功率（*TRP*）、等效全向辐射功率（*EIRP*），接收参数有等效全向灵敏度（*EIS*）。

1.　*EIRP*

在天线测量中，DUT 在某个方向（即固定的 θ 和 φ）测量到的辐射功率称为 *EIRP*。*EIRP* 表示在给定方向上的绝对输出功率。如果没有定义方向，则表示了最大辐射强度的方向。由于毫米波采用了波束赋形的天线阵列，不同波束指向下的系统发射效率不尽一致，正因为毫米波天线的特点，所以需要这样一个量值来表征待测天线/设备的辐射能力或方向性。

FR2 最大功率由 *EIRP* 规定，其中包括无源天线增益和波束形成增益。因此，功率测量不再像传导测试那样仅仅是单个标量值，它们现在是一个球形场，反映整个角度范围内的天线增益和波束赋形。因此，最大功率规格不是作为一个具有公差的单一值，而是根据峰值 *EIRP* 和一个给定的累积分布函数的百分比。

2.　*TRP*

TRP 是传统电波暗室测试的基本发射机指标，定义为通过对整个辐射球面的发射功率进行面积分并取平均得到的辐射强度，如图 5-27 所示。*TRP* 是天线连接到实际基站时天线的总辐射功率，反映手机整机的发射功率情况。

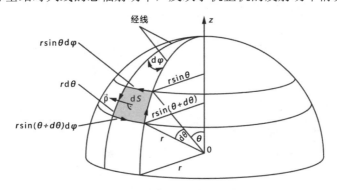

图 5-27　辐射球面面积分示意图

其基本原理如下：

$$TRP = \int_0^{2\pi} \int_0^{\pi} G(\theta,\varphi)\sin\theta \mathrm{d}\theta \mathrm{d}\varphi$$

$G(\theta,\varphi)$ 为天线的三维绝对增益方向图函数，根据 *EIRP* 的定义，当 $G(\theta,\varphi) = \text{Gmax}$ 时，计算得到的 *TRP* 即为 *EIRP*，将上式进一步简化，得到：

$$TRP = \frac{1}{4\pi}\int_0^{2\pi}\int_0^{\pi}EIRP(\theta,\varphi)\sin\theta\mathrm{d}\theta\mathrm{d}\varphi$$

对于理想点源而言，$EIRP(\theta,\varphi)$ 为常数，则 $TRP=EIRP$。尽管上述方程是在远场条件下推导出的，由于能量守恒原理，因此它们在近距离上也是有效的。

3. EIS

EIS 指在天线测量中，在一个单一方向（即固定 θ 和 φ）测量的灵敏度，反映了手机整机的接收灵敏度情况。通常情况下，如果没有说明方向，则表示是所有测量角度上的最小 EIS。如果用全向天线测量天线的 EIS，则 EIS 与总全向灵敏度（TIS）相同。如果已知天线的最小 EIS 和方向性（D），则 $TIS = EIS + D$。这样，在提前知道天线的指向性和峰值角的情况下，利用公式可以大大缩短测量时间。这对于灵敏度测量尤其重要，因为它比功率测量要花费更多的时间。

5.2.3 坐标系

对于 OTA 测试，终端的摆放位置需要用参考坐标系来描述。

1. 参考坐标系

如图 5-28 所示为用于 5G NR UE 测量的参考坐标系及与坐标系对应的 DUT，即 DUT 与参考坐标系按 $\alpha=0°$、$\beta=0°$ 和 $\gamma=0°$ 对齐，其中 α、β 和 γ 描述了两个坐标系之间的相对角度。

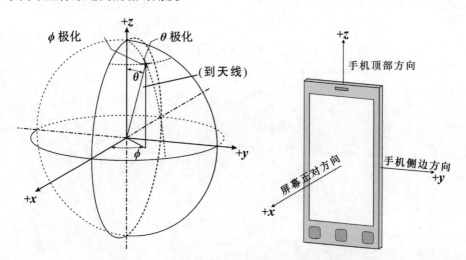

图 5-28　参考坐标系及终端与坐标系的对应关系

这里需要明确两点。首先应该明白参考坐标系在真实测试环境中的原点和对准方向，如测试暗室中 x，y，z 轴的方向，这样才能明确 DUT 的摆放位置的定义，DUT 的波束、信号和干扰源的方向以及测量角度。其次需要理解图 5-28 中终端的示例。如图 5-28 中 3 个按键默认为终端的底部，对应的是终端的屏幕方向，终端的相机则在背部。

2. 摆放方式

对于智能手机和平板设备，3GPP 定义了默认条件下的 3 种摆放方式（测试条件和角度定义见表 5-17～表 5-19），每种摆放方式的定位方向可以分为两种：DUT 方向 1（默认方向）和 DUT 方向 2（基于重新定位法，包含两种不同方向）。需要注意的是，对于每个信号角、链路/干涉角，都要保持同一个偏振基准，就像在图 5-28 中参考坐标系定义的那样。

表 5-17　手机和平板设备摆放方式 1 的测试条件和角度定义

测 试 条 件	DUT 方向	连 接 角	测 量 角	图　　示
自由空间 DUT 方向 1 （默认）	$\alpha=0°$； $\beta=0°$； $\gamma=0°$	θ_{Link}；ϕ_{Link} 当参考极化 $Pol_{Link}=\theta$ 或 ϕ	θ_{Meas}；ϕ_{Meas} 当参考极化 $Pol_{Meas}=\theta$ 或 ϕ	
自由空间 DUT 方向 2 －选项 1 （基于重新 定位法）	$\alpha=180°$； $\beta=0°$； $\gamma=0°$	θ_{Link}；ϕ_{Link} 当参考极化 $Pol_{Link}=\theta$ 或 ϕ	θ_{Meas}；ϕ_{Meas} 当参考极化 $Pol_{Meas}=\theta$ 或 ϕ	
自由空间 DUT 方向 2 －选项 2 （基于重新 定位法）	$\alpha=0°$； $\beta=180°$； $\gamma=0°$	θ_{Link}；ϕ_{Link} 当参考极化 $Pol_{Link}=\theta$ 或 ϕ	θ_{Meas}；ϕ_{Meas} 当参考极化 $Pol_{Meas}=\theta$ 或 ϕ	

表 5-18　手机和平板设备摆放方式 2 的测试条件和角度定义

测 试 条 件	DUT 方向	连　接　角	测　量　角	图　　示
自由空间 DUT 方向 1（默认）	$\alpha=0°$； $\beta=-90°$； $\gamma=0°$	θ_{Link}；ϕ_{Link} 当参考极化 $Pol_{Link}=\theta$ 或 ϕ	θ_{Meas}；ϕ_{Meas} 当参考极化 $Pol_{Meas}=\theta$ 或 ϕ	
自由空间 DUT 方向 2 － 选项 1（基于重新定位法）	$\alpha=180°$； $\beta=90°$； $\gamma=0°$	θ_{Link}；ϕ_{Link} 当参考极化 $Pol_{Link}=\theta$ 或 ϕ	θ_{Meas}；ϕ_{Meas} 当参考极化 $Pol_{Meas}=\theta$ 或 ϕ	
自由空间 DUT 方向 2 － 选项 2（基于重新定位法）	$\alpha=0°$； $\beta=90°$； $\gamma=0°$	θ_{Link}；ϕ_{Link} 当参考极化 $Pol_{Link}=\theta$ 或 ϕ	θ_{Meas}；ϕ_{Meas} 当参考极化 $Pol_{Meas}=\theta$ 或 ϕ	

表 5-19　手机和平板设备摆放方式 3 的测试条件和角度定义

测 试 条 件	EUT 方向	连　接　角	测　量　角	图　　示
自由空间 DUT 方向 1（默认）	$\alpha=90°$； $\beta=0°$； $\gamma=0°$	θ_{Link}；ϕ_{Link} 当参考极化 $Pol_{Link}=\theta$ 或 ϕ	θ_{Meas}；ϕ_{Meas} 当参考极化 $Pol_{Meas}=\theta$ 或 ϕ	
自由空间 DUT 方向 2 － 选项 1（基于重新定位法）	$\alpha=-90°$； $\beta=0°$； $\gamma=0°$	θ_{Link}；ϕ_{Link} 当参考极化 $Pol_{Link}=\theta$ 或 ϕ	θ_{Meas}；ϕ_{Meas} 当参考极化 $Pol_{Meas}=\theta$ 或 ϕ	
自由空间 DUT 方向 2 － 选项 2（基于重新定位法）	$\alpha=90°$； $\beta=180°$； $\gamma=0°$	θ_{Link}；ϕ_{Link} 当参考极化 $Pol_{Link}=\theta$ 或 ϕ	θ_{Meas}；ϕ_{Meas} 当参考极化 $Pol_{Meas}=\theta$ 或 ϕ	

对于笔记本电脑设备，3GPP 定义了默认条件下的一种摆放方式（测试条件和角度定义见表 5-20），摆放方式的定位方向也分为两种：DUT 方向 1 和 DUT 方向 2，其中 DUT 方向 2 基于重新定位法，包含两种不同选项。需要注意的是，笔记本显示器需要以110°±5°的开盖角度打开，其中开盖角度定义为显示器屏幕前面与水平底座之间的角度，而整个投影体积以测试体积为中心。

表 5-20　笔记本电脑的测试条件和角度定义

测试条件	DUT 方向	连接角	测量角	图示
自由空间 DUT 方向（默认）	$\alpha=0°$；$\beta=0°$；$\gamma=0°$	θ_{Link}；ϕ_{Link} 当参考极化 $Pol_{Link}=\theta$ 或 ϕ	θ_{Meas}；ϕ_{Meas} 当参考极化 $Pol_{Meas}=\theta$ 或 ϕ	
自由空间 DUT 方向2 – 方式 1（基于重新定位法）	$\alpha=180°$；$\beta=0°$；$\gamma=0°$	θ_{Link}；ϕ_{Link} 当参考极化 e $Pol_{Link}=\theta$ 或 ϕ	θ_{Meas}；ϕ_{Meas} 当参考极化 $Pol_{Meas}=\theta$ 或 ϕ	
自由空间 DUT 方向2 – 方式 2（基于重新定位法）	$\alpha=0°$；$\beta=180°$；$\gamma=0°$	θ_{Link}；ϕ_{Link} 当参考极化 $Pol_{Link}=\theta$ 或 ϕ	θ_{Meas}；ϕ_{Meas} 当参考极化 $Pol_{Meas}=\theta$ 或 ϕ	

对于固定无线接入终端（fixed wireless access，FWA），3GPP 定义了默认条件下的 3 种摆放方式（测试条件和角度定义见表 5-21～表 5-23），摆放方式的定位方向也分为两种：DUT 方向 1 和 DUT 方向 2。与手机不同，FWA 摆放方式的 DUT 方向 α、β 和 γ 发生了变化，因此引入了新的摆放方式，即 FWA 方式 4 和 FWA 方式 5。

表 5-21　FWA 方式 1 的测试条件和角度定义

测试条件	FWA 方向	连接角	测量角	图示
自由空间 DUT 方向 1（默认）	$\alpha=0°$；$\beta=0°$；$\gamma=0°$	θ_{Link}；ϕ_{Link} 当参考极化 $Pol_{\text{Link}}=\theta$ 或 ϕ	θ_{Meas}；ϕ_{Meas} 当参考极化 $Pol_{\text{Meas}}=\theta$ 或 ϕ	+Z 旋转；正面；右侧；旋转；底部；旋转；+y；+X
自由空间 DUT 方向 2 – 方式 1（基于重新定位法）	$\alpha=180°$；$\beta=0°$；$\gamma=0°$	θ_{Link}；ϕ_{Link} 当参考极化 $Pol_{\text{Link}}=\theta$ 或 ϕ	θ_{Meas}；ϕ_{Meas} 当参考极化 $Pol_{\text{Meas}}=\theta$ 或 ϕ	+Z 旋转；背面；左侧；旋转；底部；旋转；+y；+X
自由空间 DUT 方向 2 – 方式 2（基于重新定位法）	$\alpha=0°$；$\beta=180°$；$\gamma=0°$	θ_{Link}；ϕ_{Link} 当参考极化 $Pol_{\text{Link}}=\theta$ 或 ϕ	θ_{Meas}；ϕ_{Meas} 当参考极化 $Pol_{\text{Meas}}=\theta$ 或 ϕ	+Z 旋转；背面；右侧；旋转；顶部；旋转；+y；+X

表 5-22　FWA 方式 4 的测试条件和角度定义

测试条件	FWA 方向	连接角	测量角	图示
自由空间 DUT 方向 1（默认）	$\alpha=90°$；$\beta=0°$；$\gamma=90°$	θ_{Link}；ϕ_{Link} 当参考极化 $Pol_{\text{Link}}=\theta$ 或 ϕ	θ_{Meas}；ϕ_{Meas} 当参考极化 $Pol_{\text{Meas}}=\theta$ 或 ϕ	+Z 旋转；右侧；正面；旋转；底部；旋转；+X；+y
自由空间 DUT 方向 2 – 方式 1（基于重新定位法）	$\alpha=-90°$；$\beta=0°$；$\gamma=-90°$	θ_{Link}；ϕ_{Link} 当参考极化 $Pol_{\text{Link}}=\theta$ 或 ϕ	θ_{Meas}；ϕ_{Meas} 当参考极化 $Pol_{\text{Meas}}=\theta$ 或 ϕ	+Z 旋转；左侧；正面；旋转；顶部；旋转；+X；+y
自由空间 DUT 方向 2 – 方式 2（基于重新定位法）	$\alpha=-90°$；$\beta=0°$；$\gamma=90°$	θ_{Link}；ϕ_{Link} 当参考极化 $Pol_{\text{Link}}=\theta$ 或 ϕ	θ_{Meas}；ϕ_{Meas} 当参考极化 $Pol_{\text{Meas}}=\theta$ 或 ϕ	+Z 旋转；左侧；背面；旋转；底部；旋转；+X；+y

表 5-23　FWA 方式 5 的测试条件和角度定义

测试条件	FWA 方向	连接角	测量角	图示
自由空间 DUT 方向 1 （默认）	$\alpha = 0°$； $\beta = 90°$； $\gamma = 0°$	θ_{Link}；ϕ_{Link} 当参考极化 $Pol_{Link} = \theta$ 或 ϕ	θ_{Meas}；ϕ_{Meas} 当参考极化 $Pol_{Meas} = \theta$ 或 ϕ	
自由空间 DUT 方向 2 – 方式 1 （基于重新 定位法）	$\alpha = 180°$； $\beta = -90°$； $\gamma = 0°$	θ_{Link}；ϕ_{Link} 当参考极化 $Pol_{Link} = \theta$ 或 ϕ	θ_{Meas}；ϕ_{Meas} 当参考极化 $Pol_{Meas} = \theta$ 或 ϕ	
自由空间 DUT 方向 2 – 方式 2 （基于重新 定位法）	$\alpha = 0°$； $\beta = -90°$； $\gamma = 0°$	θ_{Link}；ϕ_{Link} 当参考极化 $Pol_{Link} = \theta$ 或 ϕ	θ_{Meas}；ϕ_{Meas} 当参考极化 $Pol_{Meas} = \theta$ 或 ϕ	

对于每一个 UE 的测试用例，上面所有表格中的每一个参数都需要记录下来，例如在固定坐标系下 DUT 的定位、波束方向、信号、链路/干涉角。

3. 终端位置指导

参考坐标系的中心应与 DUT 的几何中心对齐，以最小化在 UE 任意位置集成的天线阵列与静区中心之间的偏移。

天线和基座/定位器/固定装置之间的近场耦合效应会增加信号波纹。通过引导波束峰值远离这些区域来重新定位 DUT,可以减少信号纹波对 EIRP/EIS 测量的影响。图 5-29 和图 5-30 说明了当波束峰值被定向到 DUT 上半球(DUT 方向 1)或 DUT 下半球(DUT 方向 2)时,如何在分布轴和组合轴系统中重新放置 DUT。虽然这些图中是不同定位系统的例子,但不排除其他实现方式,坐标系相对于天线/反射器和旋转轴的相对方向适用于任何测量设置。对于 EIRP/EIS 测量,重新放置 DUT 可以确保基座不阻碍波束路径,并且基座与测量天线/反射器的距离不会比 DUT 更近。对于 TRP 测量,重新定位 DUT 确保了波束峰值方向没有被基座阻碍,基座只有在测量后半球时才在测量路径中。在测量 TRP 期间不需要重新定位。

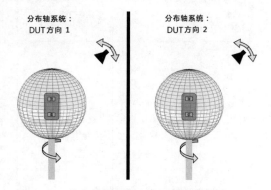

图 5-29 分布轴系统的 DUT 重放置示例

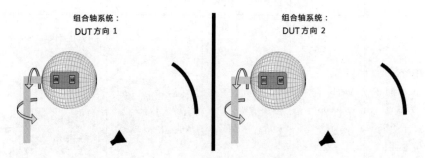

图 5-30 组合轴系统的 DUT 重放置示例

关于测试方式,在终端供应商没有提供关于设备天线的声明,即在不清楚设备的天线具体位置的情况下,默认采用黑盒测试方式,DUT 的几何中心应与静区中心对齐,并且 DUT 应完全包含在静区内。图 5-31 进一步说明了这种黑盒测试方法。如果供应商提供了关于天线的声明,以及定位参考点并声明包含所有有源天线所需的最小静区尺寸满足暗室静区要求(每个频段),则可以使用灰盒测试方法,即设备的辐射部分必须完全放置在静区内,但非辐射部分可以位于静区外。黑盒测试法如图 5-31(a)所示,声明的参考点与静区中心对齐的灰盒测试方法如图 5-31(b)所示。

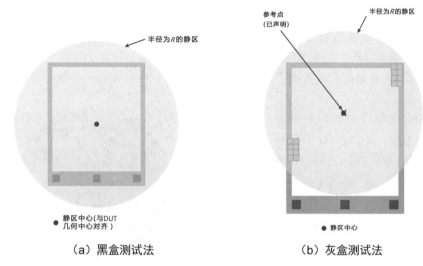

（a）黑盒测试法　　　　　　　　（b）灰盒测试法

图 5-31　黑盒测试法与灰盒测试法

5.2.4　测量网格

本节将描述基于各种网格类型的最小测量网格点数的定义以及制定方法。
首先介绍网格分析的基础，即天线阵模型的定义，然后介绍用于分析的网格类型，最后几部分将分别介绍 3GPP 根据应用场景定义的 3 种测量网格。

1. 网格分析的基础设定

增加网格上测试点的数量可以减少测量不确定性，但是会增加测试时间。

对于毫米波智能手机终端，使用的是非稀疏天线阵列，最初采用 8×2 天线阵列的模型进行测量网格分析（8×2 天线阵列模型参考天线方向图见图 5-32），那时支持毫米波的商业智能手机不多。随着产业的发展，商用机型必须考虑更实际的方面，如 UE 尺寸、天线布局、天线面板数量、成本与性能之间的权衡等。天线阵中的天线元件越多，面板尺寸越大。手持终端通常有限制的大小，以容纳许多大型天线面板。天线阵列中更多的天线元件也

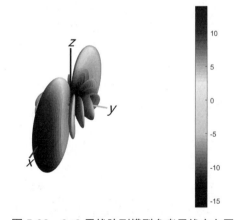

图 5-32　8×2 天线阵列模型参考天线方向图

需要更大尺寸的 PCB 来容纳更多的射频前端元件，这也会提高成本。由于波束较窄，天线阵列中天线单元较多有利于实现较高的 EIRP，但 8×2 阵列的波束非

常窄，其波束宽度约为12°，不适合移动设备，而且太窄的波束宽度需要更大的码本和更多的波束管理资源，这样会增加波束管理负担。天线阵列中天线单元太多，成本较高，但性能效益并不能线性增加，特别是在移动场景下。所以到目前为止，大多数商业的智能手机采用 4×1 阵列（4 元件），无线单远数远低于 8×2 阵列（16 元件）。

通过随机改变模拟天线阵与测量网格的相对方位，由 10000 个随机方位集导出每个测量网格 TRP 之间的标准差。最小测点数量应保证所有 DUT 类型的 TRP 测量网格的标准偏差不超过 0.25dB。

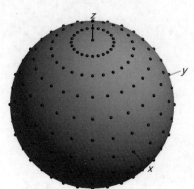

图 5-33　$\Delta\theta=\Delta\phi=15°$（266 个独有测量点）时定步长网格在三维上测量网格点的分布

2. 用于分析的网格类型

3GPP 定义了两种不同的测量分析的网格类型。

（1）定步长网格型的方位角和俯仰角在三维和二维上测量网格点的分布分别如图 5-33 和图 5-34 所示。

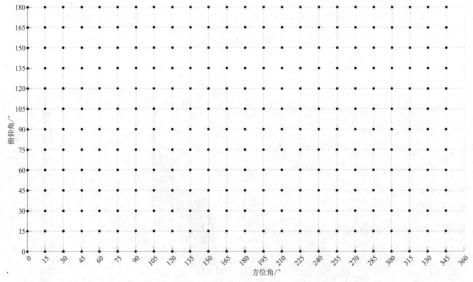

图 5-34　$\Delta\theta=\Delta\phi=15°$（266 个独有测量点）时定步长网格在二维上测量网格点的分布

（2）等密度网格类型是指测量点以等密度均匀分布在球体表面，266 个独有测量点的定长网格三维和二维上测量网格点的分布分别如图 5-35 和图 5-36 所示。

对不同恒定密度实现的 Voronoi 区域的模拟表明，网格点并不总是被 6 个

等距网格点包围，带电粒子法实现如图 5-37 所示，黄金螺旋法实现如图 5-38
所示。

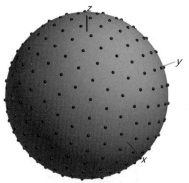

图 5-35　266 个独有测量点的定步长网格三维上测量网格点的分布

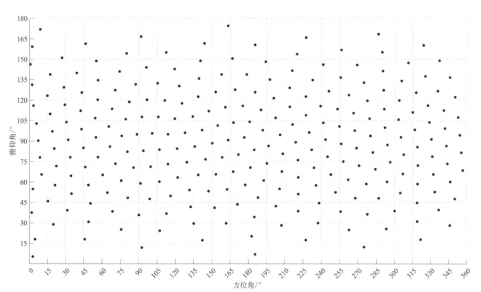

图 5-36　266 个独有测量点的定步长网格二维上测量网格点的分布

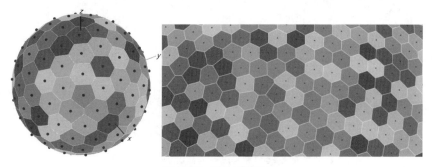

图 5-37　带电粒子法

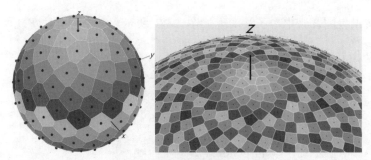

图 5-38　黄金螺旋法

3. 测量网格

下面介绍 3 种测量网格：波束峰值搜索网格、球面覆盖网格和 TRP 测量网格。

1）波束峰值搜索网格

该网格用于确定 TX 和 RX 波束峰值方向。3D EIRP 扫描用于确定 TX 波束峰值方向，3D Throughput/RSRP/EIS 扫描用于 RX 波束峰值方向。分析此种网格最现实的方法是分析大量随机方向的波束峰值误差统计分布。在仿真过程中，随机改变仿真天线阵和测量网格的相对方向，然后使用 50000 个随机方向模拟的统计结果确定每个测量网格所有最大 $EIRP$ 的 CDF（cumulative distribution function，累积分布函数）曲线的平均误差、标准偏差和百分位分析。$EIRP$ 由已知的 8×2 天线峰值增益归一化。

如图 5-39 所示为恒定步长测量网格的波束峰值误差的直方图示例和 CDF 分布，直方图呈半正态分布。对于半正态分布，MU 项应该基于包含 95% 分布的波束峰值偏移量或 CDF 为 5% 的值。这种偏移应被认为是 MU 预算中的系统误差。

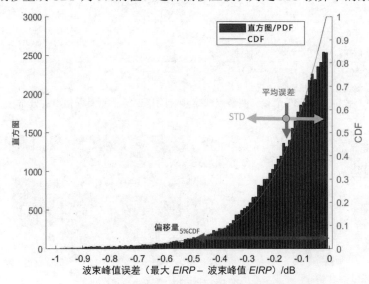

图 5-39　恒定步长测量网格的波束峰值误差的直方图示例和 CDF 分布

恒定步长网格的平均误差、标准差和 CDF 为 5%的偏移量如表 5-24 所示，等密度网格的平均误差、标准差和 CDF 如表 5-25 所示。

表 5-24　恒定步长测量网格的平均误差、标准差和 CDF

角度步长/deg	网 格 点 数	平均误差/dB	STD/dB	Offset$_{5\%CDF}$/dB
5.0	2522	0.07	0.07	0.21
6.0	1742	0.10	0.10	0.31
7.5	1106	0.16	0.15	0.48
9.0	762	0.23	0.22	0.69
10.0	614	0.29	0.27	0.84
12.0	422	0.42	0.39	1.21
15.0	266	0.65	0.60	1.88

表 5-25　等密度网格的平均误差、标准差和 CDF

网 格 点 数	平均误差/dB	STD/dB	Offset$_{5\%CDF}$/dB
500	0.29	0.24	0.80
600	0.24	0.20	0.67
750	0.19	0.16	0.54
800	0.18	0.15	0.50
900	0.16	0.13	0.44
1000	0.15	0.12	0.40
1500	0.10	0.08	0.27
2000	0.07	0.06	0.20

可以看出，在小于 1000 个独特测点的实际测量网格中，平均误差小于 0.2dB，标准差小于 0.2dB，波束峰值的 CDF 偏移量小于 0.5dB 大约为 5%。

在表 5-26 中，对于"波束峰值搜索"的样本系统误差为 0.2～0.7dB，列出了所调查的每种网格类型的唯一网格点的最小数。所以综合考虑 MU 和测试点/测试时间，0.5dB 似乎是最好的折中方案。

表 5-26　波束峰值搜索误差与网格点数

波束峰值搜索的系统误差：CDF 为 5%的波束峰值误差	最小步长网格的唯一网格点数	最小密度网格的唯一网格点数
0.2dB	2522（5°步长）	2000
0.3dB	1742（6°步长）	1500
0.4dB	不适用	1000
0.5dB	1106（7.5°步长）	800
0.6dB	不适用	750
0.7dB	762（9°步长）	600

考虑上述仿真结果，为了与测量不确定度进行合理权衡，建议采用以下测量网格进行波束寻峰，使得"波束寻峰"的系统误差为 0.5dB。对于恒定密度网格（使用带电粒子实现），至少 800 个网格点；对于固定步长网格，至少有 1106 个网格点，对应角度步长为 7.5°。使用单个细网格的 TX 波束峰值搜索的度量是 EIRP，而 RX 波束峰值搜索的度量是 EIS。

基线波束峰值搜索是基于一个单一的和精细的波束峰值搜索网格，以确定在任何给定方向上的 DUT 的 TX/RX 波束峰值。这意味着，即使在 EIRP/EIS 性能较差的扇区，也会使用非常精细的网格来搜索 TX/RX 波束峰值。

所以 3GPP 提出了一种先粗后精的优化方法——粗加细网格搜索法，可显著减少波束峰值搜索网格点数。这种方法的基础是在第一阶段使用粗网格来确定波束峰值的候选区域，在第二阶段使用粗细网格来搜索最大的波束峰值。

以 TX 波束搜索为例，图 5-40 为波束峰值的粗搜索方法图示；为了简化目的，二维粗搜索和精细搜索被说明，但这个概念可以很容易地扩展到三维。假设 UE 在二维平面上共形成六根梁，如图 5-40（a）所示。在图 5-40（b）的中心处给出了二维平面上的 36 个粗波束峰值搜索网格点。在图 5-40（c）中各天线方向图上的圆圈显示了基于各波束转向方向的粗网格点方向上的测量 EIRP 值。这幅图表明，由于网格点的粗采样，粗搜索的 EIRP 波束峰值 $EIRP_{CSBP}$ 是局部波束的峰值，而全局 TX 波束峰值没有被识别出来。

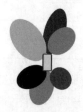

（a）二维平面的天线模式假设

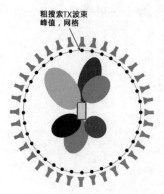

（b）粗波束峰值搜索网格点/离散天线

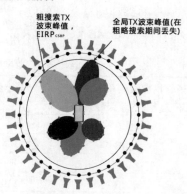

（c）每个网格点 TX 波束 EIRP 测量值

图 5-40　波束峰值的粗搜索方法图示

图 5-41 进一步说明了所提出的波束峰值的精细搜索方法。在Δ_{FS}范围内，从粗搜索中确定的波束峰值开始的精细搜索区域$EIRP_{CSBP}$用于识别需要与精细搜索算法更密切研究的区域。精细搜索范围Δ_{FS}是粗波束峰值搜索网格的角间距以及智能手机终端所考虑的参考天线方向图的波束宽度的函数。

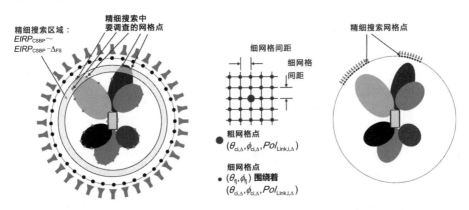

（a）识别精细搜索中 *EIRP* 值的测量网格　　　（b）光束峰值精细搜索网格点位置

图 5-41　波束峰值的精细搜索方法图示

图 5-42（a）为固定步长测量网格的粗网格和细网格，图 5-42（b）为固定密度测量网格的粗网格和细网格。使用粗网格和细网格方法进行 TX 波束峰值搜索的度量是两个网格的 *EIRP*。对于 RX 波束的峰值搜索，粗网格可以使用 EIS 或 Throughput，细网格只能使用 EIS。

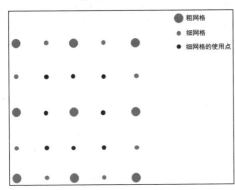
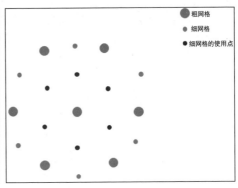

（a）固定步长测量网格的粗细网格　　　（b）固定密度测量网格的粗细网格

图 5-42　固定步长测量网格与固定密度测量网格的粗细网格图示

2）球面覆盖网格

使用该网格，通过计算 *EIRP/EIS* 分布在 3D 中的概率分布密度 CDF 确定终端在空间的覆盖性能。球面覆盖网格的分析设定与前面相同。对于天线实现和波束形成，我们做如下假设（见图 5-43）：在 UE 中集成了两个 8×2 天线阵列，靠近前方天线的实现损耗比靠近后方天线的实现损耗小 5dB。波束控制假设在 xz 平面，使用 45° 波束转向粒度（45°～135°），在 xy 平面，使用 22.5° 波束转向粒度（−90°～90°）。

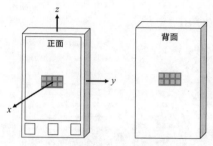

图 5-43　天线实现和波束形成

对于 UE 的方向/旋转，假设 UE 和各自测量网格之间的 10000 个随机相对方向，UE/网格的旋转将沿着 θ 和 ϕ 以及绕着波束峰值，沿着 θ 的旋转将利用 $\sin\theta$ 加权来假设表面上的均匀采样。当使用常数步长测量网格时，需进行依赖校正，即每个测点的 PDF 概率分布按 $\sin\theta$ 来比例缩放。

参考 CDF 曲线是用非常精细的恒定步长测量网格确定的，使用 θ 和 ϕ 中的 1° 步长。图 5-44 强调了按 $\sin\theta$ 特征缩放 PDF 的需求，这是基于 10000 个随机 UE 方向和 1° 恒定步长网格的 EIRP 球面覆盖 CDF 分析。图 5-44（a）中的 CDF 曲线是基于 $\sin\theta$ 特征缩放的 PDF，而图 5-44（b）中的曲线并没有使用 θ 相关的特征缩放。显然，在这个非常精细的测量网格中，$\sin\theta$ 特征缩放使得 CDF 曲线收敛到参考 CDF 曲线，而没有 $\sin\theta$ 缩放 PDF 的模拟 CDF 分布相当广泛，因此不能用于 CDF 分析。

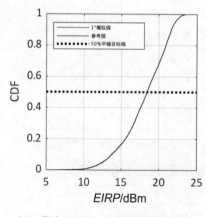

（a）带有 CDF $\sin\theta$ 特征缩放的 PDF

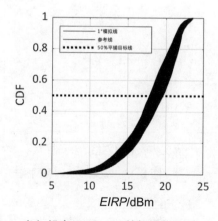

（b）没有 CDF $\sin\theta$ 特征缩放的 PDF

图 5-44　步长为 1° 的恒定步长网格的 PDF

在 50% CDF，即功率等级 3 的目标 CDF，对所有 10000 个 *EIRP* 进行统计分析，即 $EIRP_{50\%CDF}$。以步长 1° 的恒定步长网格为例，其直方图如图 5-45 所示。

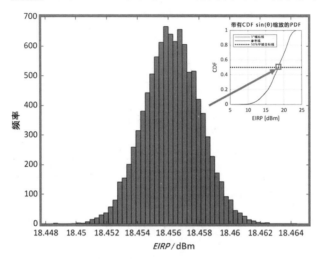

图 5-45　步长为 1° 的恒定步长网格 50% 的 *EIRP* 直方图

对于 *EIRP* 和 *EIS* 的球面覆盖分析，可以得到 *EIRP/EIS* 球面覆盖测量可以在不将波束峰值放置在网格点的情况下进行，如对于波束峰值搜索的粗网格。为了合理权衡测量不确定度，建议球面覆盖网格使用至少有 200 个独特测点的测量网格，即恒定密度网格（使用带电粒子实现），至少有 200 个网格点（标准偏差 0.11dB，平均误差 0dB）。固定步长网格，至少 266 个网格点（标准偏差 0.12dB，平均误差 0dB）。

波束峰值和球面覆盖联合考虑如下。

在球面覆盖分析中，波束峰值不必在球面覆盖网格上对齐，使用单一细网格搜索 *EIRP/EIS* 波束峰值得到的 *EIRP/EIS* 结果可用于 *EIRP/EIS* 球面覆盖，这可能进一步减少 *EIRP/EIS* 球面覆盖 MU。粗的 *EIRP/EIS* 束峰搜索可以用于 *EIRP/EIS* 球面覆盖分析，只要它们满足最小的测点数（使用带电粒子实现的恒定密度为 200 个网格点，常数步长为 266 个网格点）。由于粗、细网格法中的细网格点都集中在最大波束峰值附近，因此只有粗搜索网格的结果才能用于 CDF 分析。

若随后的精细搜索方法使用恒定的步长网格来确定 EIRP/EIS 波束峰值，要求最小步长为 7.5°。若随后的精细搜索方法使用恒定密度网格来确定 EIRP/EIS 波束峰值，需要在粗网格中确定的峰值周围至少有 6 个点，在整个球体上至少有 800 个点，间隔与恒定密度（使用带电粒子法）相对应。因此，可以利用相应的 EIRP/EIS 粗波束峰值搜索结果来验证 EIRP/EIS 球面覆盖的指标要求。

3）TRP 测量网格

该网格用来计算 DUT 在 TX 波束峰值方向的总辐射功率 *TRP，TRP* 是通过对采样栅格上采集的 EIRP 测量值进行积分计算得出的。

（1）固定步长网格类型的 TRP 积分：在许多工程学科中，函数的求积需要使用数值积分技术来解决，通常称为"积分"。这里，函数积分的近似通常表示为积分域内指定点上函数值的加权和。将封闭曲面 TRP 积分导出 OTA 的经典离散求和方程为

$$TRP = \oiint_S \frac{EIRP(\theta,\phi)}{4\pi} \cdot \sin\theta \mathrm{d}\theta\, \mathrm{d}\phi$$

$$TRP = \frac{\pi}{2NM} \sum_{i=1}^{N-1}\sum_{j=0}^{M-1}[EIRP_\theta(\theta_i,\phi_j) + EIRP_\phi(\theta_i,\phi_j)]\sin\theta_i$$

这个积分的权重是基于 $\sin\theta \cdot \Delta\theta$ 加权的。更精确的实现是基于切比雪夫多项式的被积项展开的克莱肖-柯蒂斯积分逼近。这个实现不会忽略 $\sin\theta = 0$ 的极点（$\theta = 0°$ 和 $\theta = 180°$）情况。

$$TRP \approx \frac{1}{2M} \sum_{i=0}^{N}\sum_{j=0}^{M-1}[EIRP_\theta(\theta_i,\phi_j) + EIRP_\phi(\theta_i,\phi_j)]W(\theta_i)$$

离散化的 TRP 可以表示为 sin 权值被权函数 W 取代，并将和扩展到 I 上以包括极点。在两个不同纬度的情况下，表 5-27 将克莱肖-柯蒂斯权重与经典 $\sin\theta \cdot \Delta\theta$ 权重进行了比较。

表 5-27 15° 步长的权重

经典 sinθ·Δθ		克莱肖-柯蒂斯	
$\theta/°$	权 重	$\theta/°$	权 重
0	0	0	0.007
15	0.0678	15	0.0661
30	0.1309	30	0.1315
45	0.1851	45	0.1848
60	0.2267	60	0.227
75	0.2529	75	0.2527
90	0.2618	90	0.262
105	0.2529	105	0.2527
120	0.2267	120	0.227
135	0.1851	135	0.1848
150	0.1309	150	0.1315
165	0.0678	165	0.0661
180	0	180	0.007

另外两种方法是利用雅可比矩阵的 TRP 曲面积分。雅可比积分技术是基于将球体细分为三角形，并将 TRP 积分估算为在三角形顶点上采样的 EIRP 的所有三角形平均值的和。给定球面上相同的采样点集（ϕ 和 θ 的网格间距都是一

致的），样本之间的相互联系没有一个唯一的表示。在网格间距无穷小的极限下，TRP 估算没有差异，反之则不完全正确。对于小而有限的角度网格采样，统计 TRP 属性的不同取决于网格三角剖分的不同。图 5-46 显示了两种不同的 Matlab 三角剖分，左边是 Matlab 默认的凸壳三角剖分，右边是对称的"铁磁"三角剖分实现。

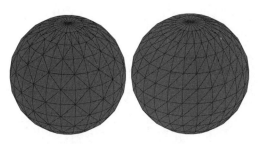

图 5-46　雅可比积分技术

表 5-28 总结了使用恒定步长测量网格的 4 种不同求积方法对参考 8×2 天线阵的结果。

表 5-28　恒定步长测量网格的 4 种不同求积方法

数量		平均误差 /dB	STD/dB	最小值 TRP/dB	最大值 TRP/dB	计算方法	注释
纬度	经度						
13	24	−0.03	0.13	−0.96	0.21	$\sin\theta$ 权重	15° 步长
		0.00	0.06	−0.23	0.21	克莱肖-柯蒂斯权重	
		−0.01	0.22	−0.96	0.74	雅可比求积法	
		0.00	0.09	−0.24	0.32	雅可比铁磁求积法	
12	19	−0.03	0.25	−1.17	0.77	$\sin\theta$ 权重	$\Delta\theta = 16.36°$ & $\Delta\phi = 18.95°$
		−0.01	0.20	−0.92	0.76	克莱肖-柯蒂斯权重	
		0.00	0.26	−1.01	0.84	雅可比求积法	
		0.00	0.21	−1.00	0.73	雅可比铁磁求积法	

可以得到以下发现：① 标准偏差和 TRP 分布最大的是 $\sin\theta$ 求积；② TRP 结果中最小的标准偏差和最小的分布是用克莱肖-柯蒂斯和雅可比求积法利用铁磁三角测量（从最好到最差）得到的；③ 三角化方法对标准偏差和 TRP 结果的传播有影响，"铁磁"方法优于非对称三角化方法；④ 使用 15° 步长测量网格时，所有四种方法满足 0.25dB 标准偏差；⑤ 利用克莱肖-柯蒂斯的球面积分求积和雅可比求积时，纬度 12° 和经度 19° 的等步长测量网格可满足 0.25dB 的最大标准差。

（2）恒定密度网格类型的 TRP 积分：对于恒定密度的网格类型，TRP 积分应该理想地考虑每个网格点周围的 Voronoi 区域。假设网格点的理想密度恒定分布，TRP 可以用下面公式表示，其中 N 是恒定密度网格类型的网格点数。

$$TRP \approx \frac{1}{N} \sum_{i=0}^{N-1} [EIRP_{\theta}(\theta_i, \phi_i) + EIRP_{\phi}(\theta_i, \phi_i)]$$

对于 8×2 参考天线图，表 5-29 总结了两种不同的恒定密度网格点数实现（带电粒子和金色螺旋）的结果。带电粒子法需要至少 135 点，黄金螺旋法需要至少 150 点。

表 5-29 带电粒子和金色螺旋网格点数

网 格 点	平均误差/dB	STD/dB	最小常温 TRP/dB	最大常温 TRP/dB	实 现
130	−0.01	0.27	−1.07	0.85	带电粒子法
130	−0.02	0.37	−1.82	1.31	黄金螺旋法
135	−0.01	0.23	−0.90	0.89	带电粒子法
135	−0.02	0.33	−1.64	1.27	黄金螺旋法
150	0.00	0.15	−0.59	0.55	带电粒子法
150	−0.01	0.25	−1.15	1.02	黄金螺旋法
155	0.00	0.12	−0.45	0.53	带电粒子法
155	0.00	0.22	−0.99	0.93	黄金螺旋法

（3）极点附近的插值：如图 5-47 所示，对于无法在极点（$\theta = 180°$）进行测量的系统（如使用分布轴定位器），或具有定位器/支撑结构的系统（如组合轴定位器）阻挡对极点的辐射的系统（$\theta = 180°$），对于上述定义的测量网格，可以跳过 θ 中超过 $150°$ 的测量点进行插值计算。

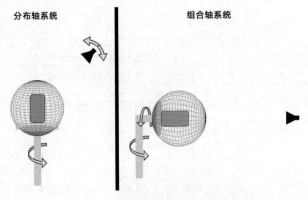

图 5-47 分布轴和组合轴极点示意图

（4）杂散辐射所需的 TRP 网格点：杂散辐射的 TRP 测量网格的选择虽然取决于测试系统的实现方式，但应满足表 5-30 所示的标准。

表 5-30　杂散所需的 TRP 网格点

网 格 级	网 格 类 型	MU 元件 TRP 测量影响误差	TPR 正交引起系统误差	网 格 点
粗	定密度	不适用	不适用	35
	定步长	不适用	不适用	$62(\Delta\theta=\Delta\phi=30°)$
细	定密度	0.32dB	0dB	135
	定步长	0.31dB	0dB	$266\ (\Delta\theta=\Delta\phi=15°)$

对于杂散辐射，在 IFF（基于 CATR）测试系统中，测量天线从焦点位移高达 10°的 TRP 测量，对于采用恒定步长网格，允许用粗加细网格交替的 TRP 方法，即非偏移系统坐标系统的插值，允许使用克莱肖-柯蒂斯或经典 $\sin\theta$ 求积；球面的三角测量法要使用高阶雅可比矩阵求积方法。

5.2.5　工作电压与温度

1. 电压

在标称电压、高电压、低电压等指定电压条件下进行射频测试对于 2G/3G/4G/5G FR1 是一项非常基本的要求，然而对于 5G FR2，该项要求目前还处于讨论中。

测试过程中毫米波终端设备的电源连接方式有两种类型，即类型 A 和类型 B。类型 A 使用真电池供电进行测试。类型 B 使用外部电源线供电，这里又细分为两种情况，使用假电池供电和通过 USB 线的方式进行供电。使用内、外部电源测试的方法比较如表 5-31 所示。

表 5-31　使用内、外部电源测试的方法比较

方　　法		优　　点	缺　　点
使用外部电源测试	使用假电线缆	无须暂停测试为电池充电，一组测试（如耗时几天）可以连续进行，提供电压可以保证在规定范围内且稳定	可能会对测试结果产生影响，如发射方式可能会因为线缆（非透明材料）的存在和遮挡盖子的存在而改变；测试条件不同于常温下设备的使用场景
	使用 USB 线	无须暂停测试即可为电池充电，一组测试（如耗时几天）可以连续进行	可能会对测试结果产生影响，如发射方式可能会因为线缆（非透明材料）的存在和遮挡盖子的存在而改变；测试条件不同于常温下设备的使用场景；无法控制电压，无法进行极端条件下的测试（低压、高压）

续表

方 法	优 点	缺 点
使用电池（内部电源）测试	对测试结果无影响；测试条件与常温下移动设备使用场景相同	需要经常给电池充电（如每几个小时充电一次，视测试情况而定），这会导致总测试时间较长，当剩余电量下降时，预计输出电压也有可能下降，这是属于意外的极端条件测试（低压）；无法控制电压，无法进行极端条件测试（低压、高压）

综合分析可看出，类型 A 的被测设备无法对工作电压进行控制，类型 B 的被测设备由于使用电源线情况下的不确定度评估还未完成，所以目前 3GPP 对 FR2 测试电压暂时不做要求。

2. 温度

5G FR2 和 2G/3G/4G/5G FR1 一样，也要求分别在常温以及高、低温下进行射频指标测试。对于环境温度的定义如下。

❏ 常温（室温）条件：25℃ ± 10℃。

❏ 相对湿度：25%～75%。

❏ 极限条件：−10℃～+55℃。

由于需要在 OTA 暗室环境下进行测试，所以实现高、低温测试环境的方法以及相应的要求也有自己独特的地方。实现形式上，可以通过附加温度控制系统，包含极限温度条件（ETC）外壳（enclosure）来支持极端温度条件（ETC）测试。带 ETC 外壳的 DTA 测试装置如图 5-48 所示。由于被测物外围的 ETC 外壳的透镜效应或衍射效应，会引入系统误差使系统不确定度增加，所以增加了 ETC 外壳后需要重新进行系统校准和静区质量（QoQZ）验证。

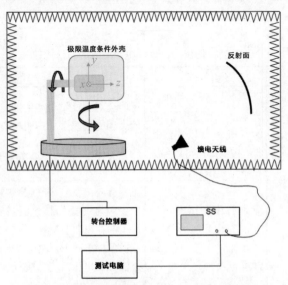

图 5-48 带 ETC 外壳的 OTA 测试装置

OTA 暗室引入 ETC 控制系统以及外壳后，对于常温测试，就会有下列两种方式。

（1）在 NTC（normal temperature condition，常温条件）环境温度下，被测设备周围继续使用 ETC 外壳。

（2）移除 OTA 暗室中的 ETC 外壳。

方式（1）的优点是，NTC 和 ETC 的一致性测试用例可以连续执行，而不需要移除 ETC 外壳。此外，这种情况只需要进行一次 QoQZ 评估（带 ETC 外壳），因此在整个测试过程中会减少停机时间。但需要注意的是，这种情况需要使用 ETC 的校准数据和 QoQZ 不确定度。方式（2）的优点是常温用例可以在较低 QoQZ 不确定度下进行测试，但这种方法需要系统对于两种校准数据做重新配置，以及系统交付时需要做两次独立的 QoQZ 评估。

ETC 和 NTC 测试方法概述如表 5-32 所示。

表 5-32　ETC 和 NTC 测试方法概述

测试用例	用于测试的 ETC 外壳	环境条件	需要应用于测试用例的 QoQZ MU	应用测量校准	MTSU 测试系统需要满足
NTC	否	常温	$MU_{QoQZ,NTC}$[1]	NTC Cal，即在没有 ETC 外壳的情况下评估路径损耗	$MTSU_{NTC}$[2]
NTC	是	常温	$MU_{QoQZ,ETC}$	ETC Cal，即在使用 ETC 外壳的情况下评估路径损耗	$MTSU_{NTC}$
ETC	是	极端温度	$MU_{QoQZ,ETC}$	ETC Cal，即在有使用 ETC 外壳的情况下评估路径损耗	$MTSU_{ETC}$

① 常温条件静区质量的不确定度。
② 常温条件测试系统的不确定度。

关于 FR2 ETC 系统的温度公差，因为测试只能在公差范围内的目标温度下进行，考虑到空调温度控制的精度和热电偶测量 ETC 外壳温度的准确性，FR2 ETC 系统推荐的温度允许限值为±4℃。

对于 ETC 下的 EIRP/EIS 波束峰值扫描，有以下两种测试方法。

（1）方法一：3D 扫描。

（2）方法二：在 NTC 下的峰值位置附近的特定方向内进行波束峰值搜索（通过声明或 NTC 峰值搜索结果）。

默认情况下，ETC 测试使用三维扫描。如果在 NTC 下，终端供应商可以声明一个围绕峰值位置的圆锥方向，或者可以从 NTC 峰值搜索结果中得到，那么可以使用方法二。需要注意的是，如果最佳天线模块根据温度变化进行切换或没有提供声明，那么必须用三维扫描（方法一）。

5.3 射频发射机测试

3GPP 对 FR2 NSA 模式的所有相关测试用例均适用于 LTE 锚点不可知法，对 LTE 载波性能不做要求，所以 FR2 NR 性能测试指标同 SA 模式一样，遵循 TS 38.521-2 的要求。本节介绍射频一致性的发射机和接收机测试用例，包括测试参数配置、测试方法和测试要求。对于测试参数，我们会解释为什么选择这样的测试配置，基于什么样的考虑。希望能够让大家不仅知道怎么测，而且知道为什么这么测。

5.3.1 发射机测试通用配置

根据终端的系统架构和应用场景，分为五种功率等级对应的终端类型，如表 5-33 所示。发射机性能测试对于不同的功率等级终端有不同的配置要求和指标要求。考虑测试环境中的单极化系统模拟器，被测终端应预先配置禁用上行发射分集的方案，可采用双偏振传输。

表 5-33 终端功率等级的终端类型

终端功率等级	终 端 类 型
1	固定无线接入终端
2	车载终端
3	手持终端
4	高功率非手持终端
5	固定无线接入终端

功率等级 2、3 和 4 要求的通用上行资源块配置如表 5-34 所示。

表 5-34 功率等级 2、3 和 4 的通用上行配置（部分）

信道带宽	SCS /kHz	OFDM 调制	资源块分配							
			Outer_ Full	Outer_ 1RB_ Left	Outer_ 1RB_ Right	Inner_ Full	Inner_ 1RB_ Left	Inner_ 1RB_ Right	Inner_ Partial _Left	Inner_ Partial _Right
50MHz	60	DFT-s	64@0	1@0	1@65	20@22	1@22	1@43	4@22	4@40
		CP	66@0	1@0	1@65	22@22	1@22	1@43	4@22	4@40
	120	DFT-s	32@0	1@0	1@31	10@11	1@11	1@21	4@11	4@18
		CP	32@0	1@0	1@31	11@113 10@104	1@11	1@21	4@11	4@18

续表

信道带宽	SCS /kHz	OFDM 调制	资源块分配							
			Outer_ Full	Outer_ 1RB_ Left	Outer_ 1RB_ Right	Inner_ Full	Inner_ 1RB_ Left	Inner_ 1RB_ Right	Inner_ Partial _Left	Inner_ Partial _Right
100MHz	60	DFT-s	128@0	1@0	1@131	40@44	1@44	1@87	4@44	4@84
		CP	132@0	1@0	1@131	44@44	1@44	1@87	4@44	4@84
	120	DFT-s	64@0	1@0	1@65	20@23	1@22	1@43	4@22	4@40
		CP	66@0	1@0	1@65	22@22	1@22	1@43	4@22	4@40
200MHz	60	DFT-s	256@0	1@0	1@263	81@88	1@88	1@175	4@88	4@172
		CP	264@0	1@0	1@263	88@88	1@88	1@175	4@88	4@172
	120	DFT-s	128@0	1@0	1@131	40@44	1@44	1@87	4@44	4@84
		CP	132@0	1@0	1@131	44@44	1@44	1@87	4@44	4@84
400MHz	60	DFT-s	不适用	不适用	不适用	不适用	不适用	不适用	不适用	不适用
		CP	不适用	不适用	不适用	不适用	不适用	不适用	不适用	不适用
	120	DFT-s	256@0	1@0	1@263	64@66	1@66	1@197	4@66	4@194
		CP	264@0	1@0	1@263	66@66	1@66	1@197	4@66	4@194

FR2 与 LTE 和 NR FR1 之间有两个主要的区别，在定义测试参数时需要考虑。第一个区别是测试方法，FR1 用与 LTE 类似的传导方式进行测试，而 FR2 将用 OTA 进行测试，在 OTA 测试中，常规的测试参数配置是不现实的，因为测试时间会大大增加，所以需要减少测试点。第二个区别是可以支持的测试参数，在 NR 中，终端支持较大的带宽，也要考虑到这一差异。

在分析和确定 FR2 测试配置时，先基于 LTE 和 FR1 的测试条件要求，然后根据 FR2 的特殊测试方法，对每个测试用例的需求进行具体的分析，最终制定基于频率、信道带宽、SCS、资源块分配（包括调制）的测试配置表。在选择测试点时应优先考虑信道带宽。选择测试信道带宽后，再选择子载波间距。

5.3.2 输出功率

输出功率的测试用例包括最大输出功率（MOP）、最大功率回退以及额外的最大功率回退。

1. 最大输出功率

在最大输出功率下，发射机输出往往逼近各级有源器件（尤其是末级放大器）的非线性区，这种情况发射机线性度受影响最大，由此经常发生的非线性表现有频谱泄漏和再生（ACLR/ACPR/SEM）、调制误差（phase error/EVM）。

最大输出功率测试是验证 UE 最大输出功率的误差不超过规定定义的最大输出功率和公差的范围。过高的最大输出功率有可能干扰其他通道或其他系统，过低的最大输出功率会降低终端的覆盖面积。

与 LTE 和 FR1 的最大功率测试只要求测量最大和最小的传导输出功率不同，FR2 的最大输出功率有 4 个不同的测试要求。这些需求体现在两个独立的测试用例中，即 EIRP/TRP 测试用例和球面覆盖测试用例。4 个测试指标要求如下。

❑ Min peak EIRP。

❑ Max EIRP。

❑ Max TRP。

❑ Min peak EIRP CDF（spherical coverage，球面覆盖）。

1）测试条件

（1）测试环境：LTE 和 FR1 MOP 测量的测试环境为正常和极限条件。随着毫米波极限测试条件下的测试环境的成熟和商业化，这个测试环境要求也可以用于 FR2。

（2）测试频率：LTE 和 FR1 中 MOP 测量的测试频率为低、中、高 3 个范围，这个要求也适用于 FR2。

（3）调制方式：测试最大输出功率的目的是验证根据 UE 功率类定义的最大输出功率是否满足要求。在 LTE 中，只选择了 0dB MPR 的测试点，如果 MPR 无法避免，选择不测试 MOP。对于 NR FR2，DFT-s-OFDM Pi/2 BPSK 和 QPSK 调制的 MPR=0，其中 QPSK 比 BPSK 要求更高（PAPR 更高），因此建议使用 QPSK。所以最终 FR2 选择 DFT-S-OFDM QPSK 作为测量最大输出功率时的调制方法。

（4）测试信道带宽：FR2 参考 LTE 和 FR1 的信道带宽选择，也选择最低、中、最,3 种。

（5）RB 分配：对于 NR FR2，MPR=0 是通过 Inner_Full 分配实现的，除了 400MHz 信道带宽，其附加限制需要最大 128RB。FR1 的 RB 分配选择 Inner Full 和 1RB。由于 FR2 测试更耗时，所以只测试 Inner_Full，因为这是要求最高的情况。

（6）子载波间隔：FR1 的子载波间距选择最低和最高。在 FR2 中，由于最高带宽（400MHz）仅支持 SCS 120kHz。所以作为一种简化，本测试用例只用 120kHz 的 SCS 进行测试。

（7）测试频率：上述所有参数配置要求的出发点都是在不丢失 NR 的 UE 测试覆盖率的情况下尽量减少测试时间。目前 FR2 的最大输出功率用例要求的测试总步数如表 5-35 所示。

表 5-35　最大输出功率测试总步数

测试用例	环境条件	频点/个	测试带宽/个	SCS/个	步数（调制和 RB）	最大测试步数
EIRP/TRP	1	3	3	1	1	9
球面覆盖	1	3	2	1	1	6

相比之下，38.521-1 中 NR FR1 MOP 试验有 5×3×3×2×6=540 测试点。LTE MOP 测试在 36.521-1 中有 5×3×3×2=90 个测试点。最大输出功率测试配置如表 5-36 所示。

表 5-36　最大输出功率测试配置

初始条件			
测试环境	常温、低温、高温		
测试频率	低、中、高		
测试信道带宽	最小、100MHz、最大		
子载波间隔	120kHz		

测试参数					
序号	测试带宽	SCS	下行配置	上行配置	
				调制方式	资源块分配
1	50	默认	不适用	DFT-s-OFDM QPSK	Inner_Full for PC2、PC3、PC4 Inner_Full_Region1 for PC1
2	100				
3	200				
4	400				

2）峰值 EIRP 扫描测试

发射波束的峰值方向是指找到 EIRP 的最大总分量的位置，包括用于形成 TX 波束的测量天线的各自偏振方向。测量过程包括以下步骤。

（1）从表 5-17～表 5-19 中选择 3 个对齐选项（1、2 或 3）中的任何一个在静区内安装 DUT。

（2）如果重新定位的概念没有用于 TX 测试用例，将设备定位在 DUT 定位 1 中。如果将重新定位的概念应用于 TX 测试用例，① 从表 5-17 中将设备定位在 DUT 方向 1，如果在步骤（1）中选择的对准选项的最大波束峰值方向在天顶角范围 $0° \leqslant \theta \leqslant 90°$ 内；② 将设备定位在表 5-18 中的 DUT 方向 2（选项 1 或 2），如果在步骤（1）中选择的对准方向 1 在 $90° < \theta \leqslant 180°$ 内。

（3）通过带有偏振参考 Pol_{Link} 的测量天线将系统模拟器与 DUT 连接，形成 TX 波束朝向 TX 波束的峰值方向和各自的偏振。

（4）在整个测试期间将波束锁定在该方向上，并在每个上行链路调度信息中向 UE 发送连续的电源控制命令 UP。

（5）测量到达功率测量设备（如频谱分析仪、功率计或 gNB 模拟器）的调制信号的平均功率 $P_{meas}(Pol_{Meas}=\theta,Pol_{Link})$。

（6）计算 $EIRP(Pol_{Meas}=\theta,Pol_{Link})$，通过将所使用的信号路径、$L_{EIRP,\theta}$ 和频率的复合损耗添加到测量的功率 $P_{meas}(Pol_{Meas}=\theta,Pol_{Link})$。

（7）测量到达功率测量设备的调制信号的平均功率 $P_{meas}(Pol_{Meas}=\phi,Pol_{Link})$。

（8）通过将所用信号路径损耗、$L_{EIRP,\phi}$ 和频率的整个传输路径的复合损耗加入测量功率 $P_{meas}(Pol_{Meas}=\phi,Pol_{Link})$ 来计算 $EIRP(Pol_{Meas}=\phi,Pol_{Link})$。

（9）计算总 $EIRP(Pol_{Link}) = EIRP(Pol_{Meas}=\theta,Pol_{Link}) + EIRP(Pol_{Meas}=\phi,Pol_{Link})$。

3）TRP 测试

测量过程包含以下步骤。

（1）～（4）同 EIRP 扫描测试。

（5）对于每个测量点，测量 $P_{meas}(Pol_{Meas}=\theta,Pol_{Link})$ 和 $P_{meas}(Pol_{Meas}=\phi,Pol_{Link})$。测量天线和 $DUT(\theta_{Meas}, \phi_{Meas})$ 之间的角度是通过旋转测量天线和 DUT（基于系统架构）来实现的。

（6）计算 $EIRP(Pol_{Meas}=\theta,Pol_{Link})$ 和 $EIRP(Pol_{Meas}=\phi,Pol_{Link})$，通过将整个传输路径的信号路径、$L_{EIRP,\theta}$、$L_{EIRP,\phi}$ 和频率的复合损耗添加到各自的测量功率 P_{meas} 中。

（7）均匀测量网格的 TRP 和恒密度网格的 TRP 分别使用 5.2.4 节对应的 TRP 积分公式计算。

4）球面覆盖测试

如果采用了 5.2.4 节要求的最小网格点数，那么发射波束峰值搜索程序得到的 $EIRP$ 结果可以重复用于计算 $EIRP$ 的球面覆盖。如果要对 $EIRP$ 球面覆盖进行单独测试，则先要用 M.3.1.1 中要求的最小网格点数执行发射波束峰值扫描，然后计算对所有网格点在两个极化方向（$Pol_{Link}=\theta$ 和 $Pol_{Link}=\phi$）上的 $EIRP$ 最大值，使用累积分布函数（CDF）算出 $EIRP_{target-CDF}$。

当使用恒定测量步长网格时，可以使用 θ 相关值修正，即每个测量的 PDF 概率分布点是按比例缩小的 $\sin\theta$ 或归一化的克伦肖-柯蒂斯加权 $W(\theta)/W(90°)$ 来补偿在两极附近的密集的网格点分布。对于克伦肖-柯蒂斯加权，当只在极点执行一个测量时，为补偿这两个网格点的 M 经度，PDF 概率分布需要由 $M \times W(\theta)/W(90°)$ 进行缩放。当使用等密度网格时，不需要这些修正。

当基于球面覆盖测量网格而不是波束峰值搜索测量网格生成 $CDF/CCDF$ 曲线时，非零 PDF 的数量可能非常有限，导致 CDF 曲线出现交错。模拟的 CDF 曲线如图 5-49 所示。

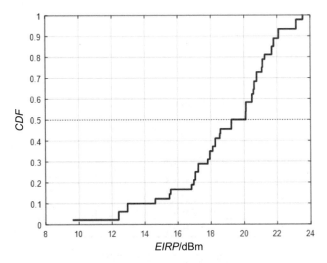

图 5-49　基于粗扫网格的 *CDF* 曲线示例

　　对于图 5-50 所示的情况，目标 *CDF*（*CDF*target）的最小 *EIRP* 应基于 *CDF* 曲线在目标 *CDF* 正上方（上圆圈）和正下方（下圆圈）的上升边缘顶部之间的差。

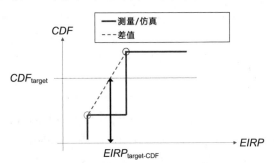

图 5-50　任何 *EIRP* 都不是 *CDF* 目标值

　　对于目标 *CDF* 有一个或多个 *EIRP* 满足的情况，如图 5-51 所示，目标 *CDF* 处的最小 *EIRP* 应确定为满足目标 *CDF* 的最小 *EIRP*。

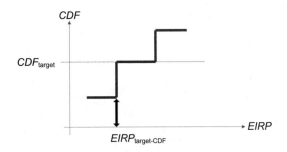

图 5-51　一个或多个 *EIRP* 等于目标 *CDF*

5）测试要求

由于篇幅限制，这里只以最常见的功率等级为 3 的终端的测试指标要求为例。终端最大 *EIRP*、*TRP*、最小峰值 *EIRP* 和球面覆盖要求（功率等级为 3）和测试容差如表 5-37 和表 5-38 所示。

表 5-37　终端最大 *EIRP*、最大 *TRP*、最小峰值 *EIRP* 和球面覆盖要求（功率等级为 3）

工 作 频 段	最小峰值 *EIRP*/dBm	最大 *TRP*/dBm	最大 *EIRP*/dBm	累积分布函数为 50% 的最小 *EIRP*/dBm
n257	22.4-TT	23+TT	43	11.5-TT
n258	22.4-TT	23+TT	43	11.5-TT
n259	18.7-TT	23+TT	43	5.8-TT
n260	20.6-TT	23+TT	43	8-TT
n261	22.4-TT	23+TT	43	11.5-TT

表 5-38　测试容差（功率等级 3）

测 试 用 例	测 试 指 标	FR2a/dB	FR2b/dB
最大 *TRP*	设备最大允许尺寸≤30cm	2.65	2.77
最小峰值 *EIRP*	设备最大允许尺寸≤30cm	2.87	2.87
球面覆盖	设备最大允许尺寸≤30cm	2.58	2.58

2. 最大功率回退

MPR 的要求仅适用于单个终端的上行和下行配置为单载波操作且带宽相同的情况。UE 可以由于调制顺序、传输带宽配置、波形等的分配而降低其最大输出功率。SRS、PUCCH 格式 0、1、3、4 和 PRACH 允许的 MPR 应与 DFT-s-OFDMQPSK 调制等效的资源块分配的 MPR 相同。PUCCH 格式 2 允许的 MPR 应与 CP-OFDMQPSK 调制等效的资源块分配的 MPR 相同。

测试配置如表 5-39 和表 5-40 所示，测试环境、子载波间隔遵循 FR1 的选择。

表 5-39　测试配置（功率等级 2、3 和 4 的 *MPR*narrow）

默认条件					
测试环境			常温、低温、高温		
测试频率			低、高		
测试信道带宽			最小、最大		
子载波间隔			最小、最大		
信道带宽≤200MHz 测试参数					
序号	频率	测试带宽	SCS	下行配置	上行配置
					调制方式 / 资源块分配
1	低	默认	默认	不适用于 MPR 测试用例	DFT-s-OFDM PI/2 BPSK / Outer_1RB_Left
2	高				DFT-s-OFDM PI/2 BPSK / Outer_1RB_Right
3	低				DFT-s-OFDM QPSK / Outer_1RB_Left
4	高				DFT-s-OFDM QPSK / Outer_1RB_Right

表 5-40　测试配置（功率等级 2、3 和 4 的 MPR_{WT}）

默认条件	
测试环境	常温、低温、高温
测试频率	低、中、高
测试信道带宽	最小、最大
子载波间隔	最小、最大

信道带宽≤200MHz 测试参数					
频率	测试带宽	SCS	下行配置	上行配置	
				调制方式	资源块分配
中	默认	默认	不适用于 MPR 测试用例	DFT-s-OFDM PI/2 BPSK	Outer_Full
中				DFT-s-OFDM QPSK	Outer_Full
中				DFT-s-OFDM 16 QAM DFT-s-OFDM 64 QAM CP-OFDM QPSK	Inner_Full
低					Outer_1RB_Left
高					Outer_1RB_Right
中					Outer_Full
低				CP-OFDM 16 QAM CP-OFDM 64 QAM	Outer_1RB_Left
高					Outer_1RB_Right
中					Outer_Full

信道带宽= 400MHz 测试参数					
低	默认	默认	不适用于 MPR 测试用例	DFT-s-OFDM PI/2 BPSK、QPSK、16 QAM、64 QAM CP-OFDM QPSK、16 QAM、64 QAM	Outer_1RB_Left
高					Outer_1RB_Right
中					Outer_Full

　　测试频率方面，NR FR1 要求测量支持的最高和最低的情况，FR2 在 50/100/200MHz 时也遵循这个原则，在带宽 400MHz 时，由于大带宽，所以选择了高、中、低 3 种情况。

　　（1）信道带宽。NR FR1 MPR 的测试信道带宽根据不同的测试要求分别选择最低和最高带宽，所以 FR2 的 MPR 测试也采用同样的要求。在 NR FR2 中，50/100/200MHz 的 MPR_{WT} 相同，400MHz 的 MPR_{WT} 则不同于 50/100/200MHz 的信道带宽。MPR 测试应涵盖所有不同的要求。

　　（2）调制方式。由于 FR2 测试耗时较长，所以只考虑最关键的情况。为了覆盖最关键的情况，在相同的 MPR 要求下要选择最关键的波形和调制顺序进行测试，即如果波形相同，则选择最高的调制，因为最高阶调制是最关键的情况，而如果调制顺序相同，则选择 CP-OFDM 波形，因为在 FR2 中 CP-OFDM 比 DFT-s-OFDM 对 MPR 更为关键。对于高阶调制 DFT-s-OFDM 和低阶调制 CP-OFDM，由于很难说哪一个更关键，所以两者都需要进行测试。

　　（3）资源块分配的选择。在 LTE 和 NR FR1 中，MPR 在最大资源块和每个 MPR 最小一致性要求的 Outer 1RB 情况下进行测试。基本上，FR2 MPR 测试也遵循这一原则，应测试每个 MPR 最小一致性要求的最大资源块分配和 Outer 1RB 分配（或最窄的 Outer RB 分配），其中最低频率的左边缘窄资源块分配和最高频率的右边缘窄资源块分配被认为是最关键的情况。为了覆盖最关键的情况，同时节省测试时间，考虑到高低频点可以用边缘资源块分配的情况来覆盖，所以在中频点范围只测试 Outer_Full_RB 和 Inner_Full_RB 的情况。

测试时终端发送上行调度信息，根据测试条件进行测试配置，根据发射波束峰值方向扫描结果，将波束转到发射波束的峰值方向。然后测试基站发送连续的上行功控 up 命令直到终端达到最大输出功率。终端激活终端波束锁定功能（UBF），测量该发射波束峰值方向上的 $EIRP$。测量结束时终端关闭 UBF。

对于功率等级为 3 的终端，连续分配的 $MPR = \max(MPR_{WT}, MPR_{narrow})$，其中 $MPR_{narrow}=2.5\text{dB}$，$BW_{alloc,RB} \leqslant 1.44\text{MHz}$（$BW_{alloc,RB}$ 是资源块分配的带宽）。MPR_{WT} 是由于调制阶数引起的最大功率减少量。FR2 允许的 MPR 比 FR1 要大得多。FR2 仅在 Pi/2BPSK 时的发射功率需要达到满功率发射，其他所有的调制方式都允许有一定的功率回退。对于 CP-OFDM 调制的发射情况下的功率回退允许值更大，在 FR2 中 64QAMCP-OFDM 可达 9dB，功率等级 3 的 MPR_{WT} 如表 5-41 所示。

表 5-41　功率等级 3 的 MPR_{WT}

调制方式		MPR_{WT}，信道带宽≤200MHz		MPR_{WT}，信道带宽= 400MHz	
		内部资源块分配-区域 1	边缘资源块分配	内部资源块分配-区域 1	边缘资源块分配
DFT-s-OFDM	PI/2 BPSK	0.0	0.0	0.0	≤3.0
	QPSK	0.0	0.0	0.0	≤3.0
DFT-s-OFDM	16 QAM	≤3.0	≤4.5	≤4.5	≤4.5
	64 QAM	≤5.0	≤6.5	≤6.5	≤6.5
CP-OFDM	QPSK	≤3.5	≤5.0	≤5.0	≤5.0
	16 QAM	≤5.0	≤6.5	≤6.5	≤6.5
	64 QAM	≤7.5	≤9.0	≤9.0	≤9.0

3. 额外的最大功率回退

由于杂散发射中的额外射频发射要求也适用于 AMPR，这意味着对于 AMPR 的分析也同样适用于额外杂散发射。由于 3GPP 中 NS_202 的 A-MPR 与 A-Spurious 的要求一起定义，因此需要进行共同分析。一般情况下，考察终端的行为是否符合要求，如果终端应用 A-MPR 过多（超过标准允许），通过 AMPR 的测试用例来考察；如果终端应用的 A-MPR 太小，则会导致太多的射频发射，这需要 A-Spurious 测试用例来验证。限于篇幅，这里以 NS_202 为例，NS_202

的测试配置如表 5-42 所示。

表 5-42　NS_202 的测试配置

初始配置	
测试环境	常温
测试频率	低、高
测试信道带宽	最大
子载波间隔	120kHz

测试参数			
序号	下行配置	上行配置	
		调制方式	资源块分配
1	不适用于杂散辐射测试	DFT-s-OFDM QPSK	Inner_Full
2		DFT-s-OFDM QPSK	Inner_1RB_Left for PC2, PC3 and PC4 Inner_Partial for PC1
3		DFT-s-OFDM 64QAM	Outer_Full

（1）测试频率。NS_202 的保护范围在 n257 和 n258 以下和以上。判断最坏的情况是当载波频率尽可能接近保护范围时，即低频和高频范围。对于 PC1 设备，需要在低频点+ C 带宽 MHz 的额外测试点来测试 $A\text{-}MPR$=0dB 的要求。

（2）测试信道带宽。对于一个指定功率级别的任意信道带宽，AMPR 要求是相同的。因此，测试信道带宽可以根据对杂散发射的最大要求来确定。可以复用正常的杂散测试用例的选择，这意味着选择最高的信道带宽。

（3）子载波间隔。NS_202 的射频发射要求定义为杂散发射。常规的 FR2 杂散发射是在最低的 SCS 中测试的，同样的选择也适用于额外的杂散发射。MPR 测试使用 120kHz SCS 作为简化，因为这是唯一支持 400MHz 信道带宽的 SCS。因此，建议更改为只测试 120kHz 的 SCS。

（4）调制方式。使用 QPSK DFT-s-OFDM 调制对 FR2 的常规杂散发射进行了测试，以最大化终端的发射功率（功率回退最低），因为对于杂散测试，在高输出功率下比在更高的调制方式下进行更重要。此外 NS_202 对于 PC1，无论调制与否，$A\text{-}MPR$ 总是高于 MPR，其中 64 QAM 的情况也需要测试，因为 64 QAM 没有给终端更多允许的 MPR，因此属于最差的情况。

（5）资源块分配。对于 PC2、PC3、PC4 的终端，当 Outer_RB 时，$A\text{-}MPR$ 比 MPR 小，因此在选择测试点时不需要考虑；当 Inner_RB 时，$A\text{-}MPR$ 大于 MPR，表明这是测试中最差的情况。所以 FR2 的常规杂散发射用 Inner_1RB 和 Inner_Full 测试，这种选择也适用于额外杂散发射；对于 PC1 的终端，$A\text{-}MPR$ 总是 11dB，这意味着无论测试参数如何，UE 输出功率都可能是相同的，测试的最坏情况是最接近频段边缘的高阶调制的 Outer RB，所以 Inner_Partial 是合适的，因为较高的 MPR_{narrow} 适用于 Inner_1RB 波形，所以为了避免因 MPR 过大可能引起的可测试性问题，最终使用 0MPR 的部分分配方式。

测试时终端发送上行调度信息，根据测试条件进行测试配置，并根据发射波束峰值方向扫描结果，将波束转到发射波束的峰值方向。测试基站发送连续的上行功控 up 命令直到终端达到最大输出功率，终端激活终端波束锁定功能（UBF），测量该发射波束峰值方向上的 *EIRP*，测量结束后终端关闭 UBF。测试中各频段涉及的网络信令标识映射如表 5-43 所示，测试结果需要满足表 5-44 的要求。

表 5-43　网络信令标识映射

NR 频段	额外的频谱杂散值							
	0	1	2	3	4	5	6	7
n257	NS_200	NS_202						
n258	NS_200	NS_201	NS_202	NS_203				
n260	NS_200							
n261	NS_200							

表 5-44　终端功率等级 3 的测试要求（网络信令值"NS_202"）

频段	序号	$P_{功率 class}$	$MPR_{f,c}$	$A\text{-}MPR_{f,c}$	T(MAX($MPR_{f,c}$, $A\text{-}MPR_{f,c}$))	下限/dBm	上限/dBm
n257、n258	1	22.4	0	1	1.5	19.2-TT-$\Delta MB_{P,n}$	43
	2		0	1	1.5	19.2-TT-$\Delta MB_{P,n}$	43

5.3.3　输出功率动态范围

发射机的输出功率动态范围指的是最大输出功率和最小输出功率之间的输出功率范围。最大输出功率相关的考察用例在 5.3.2 节已经进行了讲述，所以这部分用四个用例对输出功率动态范围的能力进行考察，即最小输出功率、发射机关功率、发射机开关时间模板以及功率控制。

1. 最小输出功率

在最小输出功率下，发射机输出的有用信号是逼近发射机噪底，甚至有被"淹没"在发射机噪声中的危险。此时需要保障的是输出信号的信噪比（SNR），即在最小输出功率下的发射机噪声底，噪声越低越好。

验证当功率设置为最小值时，在低于测试要求指定值的情况下终端发射机输出功率的能力。终端的最小受控输出功率定义为在所有传输带宽配置（资源块）中，当功率设置为最小值时，在信道带宽中的 *EIRP*，且为至少一个子帧（1ms）的平均功率。

最小输出功率测试配置如表 5-45 所示，测试环境和测试频率参考 LTE 的配置，测试常温和极限温度及高、中、低 3 个测试频率。子载波间隔对最小输出功率的性能影响不大，因此只选择一个就足够了，这里选择最高的作为极端情况。在 LTE 中，调制方式只测试 QPSK 就可以得到相对稳定的功率传输，FR2 可以选择相同的调制方案，CP-OFDM 由于具有较高的 PAPR，因此不选用，PI/2 BPSK 调制也有恒定的包络，但某些终端不支持，因此也不选用，所以选择 DFT-s-OFDM QPSK。

表 5-45　最小输出功率测试配置

初始配置		
测试环境	常温、低温、高温	
测试频率	低、中、高	
测试信道带宽	最小、中、最大	
子载波间隔	最大	
测试参数		
序号	下行配置	上行配置
		调制方式	资源块分配
1	不适用于最小输出功率测试	DFT-s-OFDM QPSK	Outer_Full

测试时终端根据测试条件进行测试配置，并根据发射波束峰值方向扫描结果，将波束转到发射波束的峰值方向。测试基站发送连续的上行功控命令直到终端达到最小输出功率。终端激活终端波束锁定功能（UBF），测量该发射波束峰值方向上的 *EIRP*。测量结束时终端关闭 UBF。

最小峰值 *EIRP* 表示辐射球面中波束峰值（最高增益）角度的 *EIRP*。这就代表了该设备被"瞄准"到正确的方向上。对于手机，一个更有代表性的指标是 50%大小的 *EIRP*。手机的最小峰值 *EIRP* 规格为 22.4dBm（对于 28 个 GHz 频段），但 50%文件的 *EIRP* 规格只有 11.5dBm，这是一个 10.9dB 的差异。而累积分布函数为 50%的定义意味着比在½的角度方向上，*EIRP* 将小于 11.5dBm。各频段详细的最小输出功率如表 5-46 所示。

表 5-46　功率等级 2、3 和 4 的最小输出功率

工作频段	信道带宽/MHz	最小输出功率/dBm	测试带宽/MHz
n257、n258、n260、n261	50	−13	47.58
	100	−13	95.16
	200	−13	190.20
	400	−13	380.28

注：n260 不适用于功率等级 2。

2. 发射关功率

多余的传输关功率将增加热上升（RoT），从而减少其他终端的小区覆盖面积。发射关功率定义为发射端处于关闭状态时，即终端的任何端口不允许传输时，信道带宽中的 TRP 值。本用例验证 UE 发送关功率低于测试要求的值。

发射关功率测试配置如表 5-47 所示，选择和 FR1 一样的配置。在测试信道带宽时，由于 FR2 的发射关功率测量低 PSD 而存在可测试性问题，因此需要对该要求进行放宽，并且随着信道带宽的增加，放宽值也随之增加。因此，建议选择放宽值最低的最低信道带宽。

表 5-47　发射关功率测试配置

初始配置	
测试环境	常温
测试频率	低、中、高
测试信道带宽	最小
子载波间隔	最大

测试参数				
序号	下行配置		上行配置	
	调制方式	资源块分配	调制方式	资源块分配
1	不适用	0	不适用	0

测试时根据发射波束峰值方向扫描结果，将波束转到发射波束的峰值方向，终端激活终端波束锁定功能（UBF），使用矩形测量滤波器测量分配的 NR 通道的终端 TRP。TRP 计算中需考虑极化方向 θ 和 φ。测试结果不应超过表 5-48 中的规定值，通过 TRP 的测试度量（Link=TX 波束峰值方向，Meas=TRP 网格）来验证该需求。

表 5-48　发射关功率

工作频段	信道带宽/发射关功率（/dBm）/测试带宽			
	50MHz	100MHz	200MHz	400MHz
n257	−35+21.4	−35+24.4	−35+27.4	−35+30.4
	47.58MHz	95.16MHz	190.20MHz	380.28MHz
n258、n261	−35+[21.4]	−35+[24.4]	−35+[27.4]	−35+[30.4]
	47.58MHz	95.16MHz	190.20MHz	380.28MHz
n260	−35+[24.1]	−35+[27.1]	−35+[30.1]	−35+[33.1]
	47.58MHz	95.16MHz	190.20MHz	380.28MHz

3. 发射开关时间模板

开关时间模板考察的瞬态时间包括在开功率和关功率之间以及当功率变化

或资源块跳变时,开/关场景包括连续传输、非连续传输等。在资源块跳变情况下,过渡周期是对称共享的。关功率测量周期需持续至少一个时隙以上(不包括过渡时间)。开功率为一个时隙的平均功率,不包括任何过渡时间,FR2 上行通用开关时间模板如图 5-52 所示。

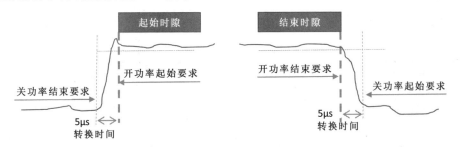

图 5-52　FR2 上行通用开关时间模板

开关功率模板测试配置如表 5-49 所示,测试环境、测试频率和信道带宽均参考 FR1 的配置。SCS 值越高,时隙长度越短,判断精度越高,当过渡时间超过阈值时,越短的时隙长度,越会增加过渡时间对一个时隙测量电平的影响。此外,部分实际 UE 不支持低 SCS(60kHz)。因此,最高 SCS 适用于本用例。在调制方式方面,FR1 选择 CP-OFDM QPSK,而由于更高的开功率可以提高判断的准确性,所以在 FR2 中使用 DFT-s-OFDM 代替 CP-OFDM 来实现 0dB MPR。在 RB 配置方面,FR1 选择了 Outer_Full。由于更高的开功率可以提高判断的准确性,所以在 FR2 中使用 Inner_Full 实现 0dB MPR。

表 5-49　开关功率模板测试配置

初始配置		
测试环境	常温、低温、高温	
测试频率	低、中、高	
测试信道带宽	最小、中、最大	
子载波间隔	最大	
测试参数		
序号	下行配置	上行配置
		调制方式	资源块分配
1	不适用于最大输出功率测试用例	DFT-s-OFDM QPSK	Outer_Full

测量开关功率时间模板时终端发送上行调度信息,根据测试条件进行测试配置,并根据发射波束峰值方向扫描结果,将波束转到发射波束的峰值方向,终端激活终端波束锁定功能(UBF)。这时测量终端的关功率,即发射波束峰值方向的 $EIRP$,$EIRP$ 的计算同时考虑两个极化方向 θ 和 φ。接着测量终端发射

的开功率，最后测量终端发射的关功率，测量结束时终端关闭 UBF。

发射开关时间模板是在指定方向下的要求，即需在波束峰值方向锁定模式下验证。在波束峰值方向，最大允许的 *EIRP* 关功率水平为-30dBm，用 *EIRP* 的测试指标（Link=TX 束峰方向，Meas=Link 角）验证该用例。发射机开功率和关功率的测试结果应满足表 5-50 中的测试要求。

表 5-50 常规开/关时间掩码测试要求

信道带宽/MHz	50	100	200	400
测试带宽/MHz	47.58	95.16	190.20	380.28
发射关功率/dBm				≤−30
发射开功率/dBm	22.1	21.1	22.1	21.1（SCS 60kHz 不适用）
功率容差/dB				± 14

4．功率控制

考察功率控制的意义前面已介绍，这里不再赘述。

1）绝对功控

绝对功控是指在发射间隙大于 20ms 的连续传输或非连续传输开始时，对第一个子帧（1ms），UE 发射机将其初始输出功率设置为指定值的能力。

绝对功控测试配置如表 5-51 所示。在 FR1 中该测试用例测试最低、中、最高信道带宽，注意，在 FR2 中最低、中、最高信道带宽实际上意味着 50MHz、200MHz、400MHz。然而，由于预期的测量功率和需求范围之间的关系，所以增加 100MHz 带宽以最大化测试覆盖能力。在 FR2 中选择 0dB MPR 的 DFT-s-OFDM QPSK 调制方式，基于同样的考虑，选择 0dB MPR 的 Inner_Full 配置。

表 5-51 绝对功控测试配置

初始配置		
测试环境	常温	
测试频率	中	
测试信道带宽	50MHz、100MHz、200MHz、400MHz	
子载波间隔	最大	
测试参数		
序号	下行配置	上行配置
		调制方式	资源块分配
1	不适用于绝对功率容差测试用例	DFT-s-OFDM QPSK	Inner_Full

测试时终端发送上行调度信息，根据测试条件进行测试配置，并根据发射波束峰值方向扫描结果，将波束转到发射波束的峰值方向。配置终端按照测试

点 1 的要求发射功率，并激活终端波束锁定功能（UBF），测量该发射波束峰值方向上第一个子帧的 $EIRP$，然后终端关闭 UBF。对于测试点 2 和 3，两个测试点之前的执行时间要大于 20ms。测试功率范围为 $P_{min} \sim P_{max}$，绝对功率容差如表 5-52 所示，中间功率点 P_{int} 定义如表 5-53 所示。

表 5-52　绝对功率容差

功 率 范 围	容差/dB
$P_{int} \geq P \geq P_{min}$	±14.0
$P_{max} \geq P > P_{int}$	±12.0

表 5-53　中间功率点

功 率 参 数	值
P_{int}	$P_{max} - 12.0$dB

测量到的 $EIRP$ 不能超过表 5-54 的要求。

表 5-54　功率等级 3 的绝对功率容差

测试点		频率范围	信道带宽（/MHz）/期望输出功率（/dBm）			
			50	100	200	400
1	期望的测量功率	FR2a	8.0	8.0	8.1	8.2
		FR2b	6.0	6.0	6.1	6.2
	功率容差/dB		±14			
2	期望的测量功率	FR2a	11.0	11.0	11.1	11.2
		FR2b	9.0	9.0	9.1	9.2
	功率容差/dB		±12			
3	期望的测量功率	FR2a	21.0	21.0	21.1	21.2
		FR2b	19.0	19.0	19.1	19.2
	功率容差/dB		±12			

2）相对功控

如果目标子帧之间的传输间隙小于或等于 20ms，验证 UE 发射机在目标子帧中的输出功率相对于最近发射的参考子帧的功率设置的能力。

相对功控测试配置如表 5-55 所示，MPR 对相对功率公差测试点有影响，当接近最大输出功率时，为了排除 MPR 的影响，需要选择 0dB MPR 的测试点。与 50MHz 的信道带宽相比，较低的宽限值会增加功率范围 $P_{min} \leq P \leq P_{int}$，所以测试信道带宽选择 100MHz。为了在整个测试过程中保证 MPR 为 0dB，调制方式选择 DFT-S-OFDM QPSK。

表 5-55　相对功控测试配置

初始配置	
测试环境	常温
测试频率	低
测试信道带宽	100MHz
子载波间隔	最大

测试参数				
信道带宽	下行配置		上行配置	
	调制方式	资源块分配	调制方式	资源块分配
100MHz	不适用于相对功率容差测试用例		DFT-s-OFDM QPSK	见测试要求表格

上行配置。LTE 除了使用 1dB TPC 步长外，还使用资源块变化进行上移、下移、交替模式，上移/下移模式的子测试步长为 1dB，交替模式的子测试步长为 0dB，FR2 选择同样的配置。LTE 在除资源块变化子帧外的所有子帧中使用 1个资源块分配，因为需要测试尽可能多的功率步进间隔，因此对于一些测试点，资源块分配将偏离 1RB 方法。然而，对于测试 1 个资源块分配的情况，建议使用 Inner 分配来避免 MPR_{narrow}。对于大于 1 的资源块分配，建议也使用 Inner 分配进行测试，由于整个测试的 MPR 为 0dB，当 UE 传输功率接近最大输出功率时，应分配 10RB。所以在 FR2 中，为了避免 PC1 的 MPR_{narrow}，必须选择至少 8RB的分配，为了避免 PC3 的 MPR_{WT}，需要最大 10RB 的 Inner 分配。在上升模式子测试资源块改变后和下降模式子测试资源块改变前的所有时隙使用 10RB 分配。

测试用例通过几个不同的子测试来验证相对功率控制的不同模式，和 FR1是类似的，子测试的功率模式分别为上升功控、下降功控和交替功控模式。示意图与 FR1 TDD 的功率模式图类似，这里不再详细列出。

测试时终端发送上行调度信息，根据测试条件进行测试配置，并根据发射波束峰值方向扫描结果，将波束转到发射波束的峰值方向，发送 TPC 命令直到测到的 $EIRP$ 达到目标功率的上行功控窗口。上行功控时目标功率为 P_{min}，下行功控时目标功率为 P_{UMAX}，交替功控为 0dBm，终端激活终端波束锁定功能（UBF）。然后根据功控模式 A 安排 PUSCH 数据传输，即上行功控以 1dB 步进直到达到最大功率，下行功控以 1dB 步进直到达到最小功率阈值。若是交替功控模式则按照交替模式测量该发射波束峰值方向上的 $EIRP$。重复以上步骤进行模式 B 和 C 的测试（见图 4-6 和图 4-7），移动不同模式中资源块分配的改变来强制达到范围内不同功率点的不同功率步进。测量结束时终端关闭 UBF。

每个功率测试步骤都需要满足表 5-56～表 5-58 中的测试要求。

表 5-56　发射相对功率容差测试要求（信道带宽 100MHz、SCS 60kHz、上升模式）

子序号	适用的子帧	上行资源块分配	TPC 命令	期望功率步进 ΔP/dB	功率步进范围 ΔP/dB	PUSCH/dB
1	资源块变化前子帧	105RB	TPC=+1dB	1	$\Delta P \leq 1\text{dB}$	1 +/- (1.0 + TT)
	资源块变化	105～128RB	TPC=+1dB	1.86	$\Delta P < 2\text{dB}$	1.86 +/- (5.0 + TT) 1.86 +/- (3.0 + TT)
	资源块变化后子帧	固定 128RB	TPC=+1dB	1	$\Delta P \leq 1\text{dB}$	1 +/- (1.0 + TT)
2	资源块变化前子帧	90RB	TPC=+1dB	1	$\Delta P \leq 1\text{dB}$	1 +/- (1.0 + TT)
	资源块变化	90～128RB	TPC=+1dB	2.53	$2\text{dB} \leq \Delta P < 3\text{dB}$	2.53 +/- (6.0 + TT) 2.53 +/- (4.0 + TT)
	资源块变化后子帧	固定 128RB	TPC=+1dB	1	$\Delta P \leq 1\text{dB}$	1 +/- (1.0 + TT)
3	资源块变化前子帧	79RB	TPC=+1dB	1	$\Delta P \leq 1\text{dB}$	1 +/- (1.0 + TT)
	资源块变化	79～128RB	TPC=+1dB	3.10	$3\text{dB} \leq \Delta P < 4\text{dB}$	3,10 +/- (7.0 + TT) 3,10 +/- (5.0 + TT)
	资源块变化后子帧	固定 128RB	TPC=+1dB	1	$\Delta P \leq 1\text{dB}$	1 +/- (1.0 + TT)
4	资源块变化前子帧	32RB	TPC=+1dB	1	$\Delta P \leq 1\text{dB}$	1 +/- (1.0 + TT)
	资源块变化	32～128RB	TPC=+1dB	7.02	$4\text{dB} \leq \Delta P < 10\text{dB}$	7.02 +/- (8.0 + TT) 7.02 +/- (6.0 + TT)
	资源块变化后子帧	固定 128RB	TPC=+1dB	1	$\Delta P \leq 1\text{dB}$	1 +/- (1.0 + TT)
5	资源块变化前子帧	7RB	TPC=+1dB	1	$\Delta P \leq 1\text{dB}$	1 +/- (1.0 + TT)
	资源块变化	7～128RB	TPC=+1dB	13.62	$10\text{dB} \leq \Delta P < 15\text{dB}$	13.62 +/- (10.0 + TT) 13.62 +/- (8.0 + TT)
	资源块变化后子帧	固定 128RB	TPC=+1dB	1	$\Delta P \leq 1\text{dB}$	1 +/- (1.0 + TT)
6	资源块变化前子帧	1RB	TPC=+1dB	1	$\Delta P \leq 1\text{dB}$	1 +/- (1.0 + TT)
	资源块变化	1～128RB	TPC=+1dB	22.07	$15\text{dB} < \Delta P$	22.07 +/- (11.0 + TT) 22.07 +/- (9.0 + TT)
	资源块变化后子帧	固定 128RB	TPC=+1dB	1	$\Delta P \leq 1\text{dB}$	1 +/- (1.0 + TT)

表 5-57　发射相对功率容差测试要求（信道带宽 100MHz、SCS 60kHz、下降模式）

子序号	适用的子帧	上行资源块分配	TPC 命令	期望功率步进 ΔP/dB	功率步进范围（Up）ΔP/dB	PUSCH/dB
1	资源块变化前子帧	128RB	TPC=−1dB	1	$\Delta P \leqslant 1dB$	1 +/− (1.0 + TT)
	资源块变化	128～105RB	TPC=−1dB	1.86	$\Delta P < 2dB$	1.86 +/− (5.0 + TT) 1.86 +/− (3.0 + TT)
	资源块变化后子帧	固定 105RB	TPC=−1dB	1	$\Delta P \leqslant 1dB$	1 +/− (1.0 + TT)
2	资源块变化前子帧	128RB	TPC=−1dB	1	$\Delta P \leqslant 1dB$	1 +/− (1.0 + TT)
	资源块变化	128～90RB	TPC=−1dB	2.53	$2dB \leqslant \Delta P < 3dB$	2.53 +/− (6.0 + TT) 2.53 +/− (4.0 + TT)
	资源块变化后子帧	固定 90RB	TPC=−1dB	1	$\Delta P \leqslant 1dB$	1 +/− (1.0 + TT)
3	资源块变化前子帧	128RB	TPC=−1dB	1	$\Delta P \leqslant 1dB$	1 +/− (1.0 + TT)
	资源块变化	128～79RB	TPC=−1dB	3.10	$3dB \leqslant \Delta P < 4dB$	3,10 +/− (7.0 + TT) 3,10 +/− (5.0 + TT)
	资源块变化后子帧	固定 79RB	TPC=−1dB	1	$\Delta P \leqslant 1dB$	1 +/− (1.0 + TT)
4	资源块变化前子帧	128RB	TPC=−1dB	1	$\Delta P \leqslant 1dB$	1 +/− (1.0 + TT)
	资源块变化	128～32RB	TPC=−1dB	7.02	$4dB \leqslant \Delta P < 10dB$	7.02 +/− (8.0 + TT) 7.02 +/− (6.0 + TT)
	资源块变化后子帧	固定 32RB	TPC=−1dB	1	$\Delta P \leqslant 1dB$	1 +/− (1.0 + TT)
5	资源块变化前子帧	128RB	TPC=−1dB	1	$\Delta P \leqslant 1dB$	1 +/− (1.0 + TT)
	资源块变化	128～7RB	TPC=−1dB	13.62	$10dB \leqslant \Delta P < 15dB$	13.62 +/− (10.0 + TT) 13.62 +/− (8.0 + TT)
	资源块变化后子帧	固定 7RB	TPC=−1dB	1	$\Delta P \leqslant 1dB$	1 +/− (1.0 + TT)
6	资源块变化前子帧	128RB	TPC=−1dB	1	$\Delta P \leqslant 1dB$	1 +/− (1.0 + TT)
	资源块变化	128～1RB	TPC=−1dB	22.07	$15dB < \Delta P$	22.07 +/− (11.0 + TT) 22.07 +/− (9.0 + TT)
	资源块变化后子帧	固定 1RB	TPC=−1dB	1	$\Delta P \leqslant 1dB$	1 +/− (1.0 + TT)

表 5-58　发射机相对功率容差测试要求（信道带宽 100MHz、SCS 60kHz、交替模式）

子序号	上行资源块分配	TPC 命令	期望功率步进（上升/下降）ΔP/dB	功率步进范围（上升/下降）ΔP/dB	PUSCH/dB
1	交替 105 和 128	TPC=0dB	0.86	$\Delta P < 2$dB	0.86 +/- (5.0 + TT) 0.86 +/- (3.0 + TT)
2	交替 79 和 128	TPC=0dB	2.10	2dB$\leq \Delta P < 3$dB	2.10 +/- (6.0 + TT) 2.10 +/- (4.0 + TT)
3	交替 64 和 128	TPC=0dB	3.01	3dB$\leq \Delta P < 4$dB	3.01 +/- (7.0 + TT) 3.01 +/- (5.0 + TT)
4	交替 32 和 128	TPC=0dB	6.02	4dB$\leq \Delta P < 10$dB	6.02 +/- (8.0 + TT) 6.02 +/- (6.0 + TT)
5	交替 7 和 128	TPC=0dB	12.62	10dB$\leq \Delta P < 15$dB	12.62 +/- (10.0 + TT) 12.62 +/- (8.0 + TT)
6	交替 1 和 128	TPC=0dB	21.07	15dB$< \Delta P$	21.07 +/- (11.0 + TT) 21.07 +/- (9.0 + TT)

测试结果的功率范围为 $P_{min} \sim P_{UMAX}$，如表 5-59 所示。

表 5-59　相对功率容差

功率步进 ΔP（上升或下降）/dB	PUSCH 和 PUCCH、PUSCH/PUCCH 和 SRS 所有组合在子帧之间交替转换，PRACH/dB	
	$P_{int} \geq P \geq P_{min}$	$P_{UMAX} \geq P > P_{int}$
$\Delta P < 2$	±5.0	±3.0
$2 \leq \Delta P < 3$	±6.0	±4.0
$3 \leq \Delta P < 4$	±7.0	±5.0
$4 \leq \Delta P < 10$	±8.0	±6.0
$10 \leq \Delta P < 15$	±10.0	±8.0
$15 \leq \Delta P$	±11.0	±9.0

3）累计功率容差

验证 UE 发射机在 21ms 的非连续传输期间，当其他参数不变时，对 0dB 功控命令做出响应的能力。

PUCCH 子测试和 PUSCH 子测试的测试配置如表 5-60 和表 5-61 所示。时隙长度取决于 SCS，由于有较短的突发发射，所以较高的 SCS 变得更重要。选择最高 SCS 进行测试。LTE 测试最低、5MHz 和最高信道带宽，NR FR2 测试中也使用同样的配置，使用中信道带宽代替 5MHz。

表 5-60 PUCCH 子测试的测试配置

初始配置	
测试环境	常温
测试频率	中
测试信道带宽	最小、中、最大
子载波间隔	最大

信道带宽测试参数			
序号	下行配置		上行配置
	调制方式	资源块分配	
1	CP-OFDM QPSK	Full RB	PUCCH 格式=格式 1 OFDM 符号长度=14

表 5-61 PUSCH 子测试的测试配置

初始配置	
测试环境	常温
测试频率	中
测试信道带宽	最小、中、最大
子载波间隔	最大

信道带宽测试参数			
序号	下行配置	上行配置	
		调制方式	资源块分配
1	不适用于累积功率容差	DFT-s-OFDM QPSK	Inner_Full

信号类型方面,在 LTE 中,该过程被分为两个子测试,即 PUCCH 和 PUSCH。此外,LTE 的 PUCCH 格式用 14 个符号。在 NR FR2 中,采用类似 LTE 的 PUCCH 和 PUSCH 两个子测试。为了允许足够长的测量时间,建议使用 14 个符号的"长"PUCCH 格式 1。

调制方式方面,在 LTE 中,只测试 QPSK 就可以得到相对稳定的功率传输。FR2 可以选择相同的调制方案,即 DFT-s-OFDM QPSK。CP-OFDM 具有较高的 PAPR,因此不选择。PI/2 BPSK 调制也有恒定的包络,由于它是可选的,因此这里不选择。

上行配置方面,LTE 使用 0dB MPR 的 Partial RB 配置,所以建议 FR2 也选择 0dB MPR 的 Inner_full 配置。

测试过程分为两个子测试,分别验证 PUCCH 和 PUSCH 的累积功率控制公差。上行传输测试如图 5-53 所示。

测试时根据发射波束峰值方向扫描结果,将波束转到发射波束的峰值方向并激活终端波束锁定功能(UBF)。使用 1dB 的功率步长向终端发送 PUCCH

（或 PUSCH）上行功率控制命令，测试系统测量到的终端输出功率在目标功率
等级 P_W 范围内，累计功率容差参数如表 5-62 所示，P_W 是载波频率 f 和信道带
宽的功率窗口，如表 5-63 所示。测量该发射波束峰值方向上 3 个连续 PUCCH
（或 PUSCH）发射的 EIRP，结束后终端关闭 UBF。

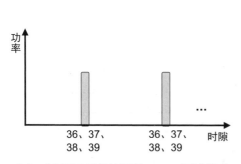 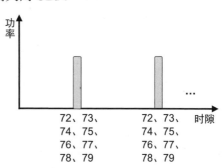

（a）时分双工子载波间隔 60kHz 测试模式　　（b）时分双工子载波间隔 120kHz 测试模式

图 5-53　上行传输测试

表 5-62　累计功率容差参数

	功率 ID	FR2a	FR2b
PC3	1	1	6
	2	15	15

表 5-63　PUSCH 和 PUCCH 累计功率容差的功率窗口（dB）

功率 ID	PUCCH	PUSCH
1	7.4	7.4
2	5.4	3.4

测试中对累积功率测量的要求不得超过表 5-64 中的值。

表 5-64　功率控制容差

TPC 指令	UL 信道	测试要求测量功率	
		$P_{int} \geqslant P \geqslant P_{min}$	$P_{max} \geqslant P > P_{int}$
0dB	PUCCH	给定的 3 个功率测量值，第二次和以后的测量值应该在第一次测量值的 ±5.5dB 以内	给定的 3 个功率测量值，第二次和以后的测量值应该在第一次测量值的 ±3.5dB 以内
0dB	PUSCH		

5.3.4　发射信号质量

发射信号质量可以用频率误差和发射信号调制质量来考察，发射信号调制
质量指标包括误差矢量幅度（EVM）和载波泄漏。

1. 频率误差

频率误差是指基站提供的下行频率与终端发送频率之间的偏差。频率误差测试配置如表 5-65 所示。频率误差应在参考灵敏度级别的下行中进行测试。为了避免使用比参考灵敏度测试用例更严格的测试要求，应采用和参考灵敏度相同的上、下行配置，所以使用 DFT-s-OFDM 进行测试。

表 5-65 频率误差测试配置

初始配置			
测试环境		常温、低温、高温	
测试频率		中	
测试信道带宽		最大	
子载波间隔		最小	

	测试参数			
序号	下行配置		上行配置	
	调制方式	资源块分配	调制方式	资源块分配
1	CP-OFDM QPSK	Full RB	DFT-s-OFDM QPSK	REFSENS

测试时在 UplinkTxDirectCurrent IE 参数从 txDirectCurrentLocation 参数中检索本振位置，根据测试条件进行测试配置，并根据发射波束峰值方向扫描结果，将波束转到发射波束的峰值方向。发送连续的上行功控 up 命令直到终端达到最大发射功率并激活终端波束锁定功能（UBF），然后测量上行的 θ 和 φ 极化的频率误差。

频率误差在指定方向下测试，在锁定波束模式下，用频率测试指标（Link=TX 波束峰值方向，Meas=Link 角）验证该要求。调制载波频率的基本测量为一个上行时隙，调制载波频率的基本测量值需在 ±0.1ppm 误差范围内。θ 极化的 10 次频率误差 Δf 结果或 φ 极化的 n 次频率误差 Δf 结果须满足测试要求 $|\Delta f| \leqslant (0.1\text{ppm}+0.005\text{ppm})$。

2. EVM

EVM 是测量参考波形和测量波形之间的差。在计算 EVM 之前，通过采样定时偏移和射频频率偏移对测量波形进行校正。在计算 EVM 之前，从测量波形中去除载波泄漏。根据 EVM 均衡器频谱平坦度要求，使用信道估计进一步均衡测量波形。对于 DFT-s-OFDM 波形，EVM 结果在前端 FFT 和 IDFT 之后定义为平均误差矢量功率与平均参考功率之比的平方根；对于 CP-OFDM 波形，EVM 结果在前端 FFT 后定义为平均误差矢量功率与平均参考功率之比的平方根，以百分比表示。

EVM 测试配置如表 5-66 所示，测试环境对 FR2 EVM 没有明显影响，所以参考 LTE 的设置。子载波间距决定了频谱效率和符号持续时间。一方面，以最小的子载波间距实现最大的传输带宽，即最大的频谱效率，这对频域调制性能提出了更严格的要求。另一方面，大的子载波间隔导致短符号，需要在时域中很好地定义以实现高信号质量。为了涵盖这两种情况，将用最低和最高的 SCS 进行 EVM 测试。

表 5-66　EVM 测试配置

初始配置	
测试环境	常温
测试频率	低、中、高
测试信道带宽	最小、最大
子载波间隔	最小、最大

PUSCH 测试参数		
下行配置	上行配置	
	调制方式	资源块分配
不适用	DFT-s-OFDM PI/2 BPSK/ QPSK/ 16 QAM/64 QAM	Inner_Full for PC2、PC3 and PC4 Inner_Full_Region1 for PC1
	CP-OFDM QPSK/ 16 QAM/64 QAM	Outer_Full

PUCCH 测试参数			
下行配置		上行配置	
调制方式	资源块分配	波形	PUCCH 格式
CP-OFDM QPSK	Full RB	CP-OFDM DFT-s-OFDM	PUCCH 格式 = 格式 1 OFDM 符号长度 = 14

测试频率方面，在 LTE 中，EVM 在高、中、低信道测试。由于 FR2 频段的带宽很大，因此需要与 LTE 相同的测试覆盖，以确保 EVM 不会因 UE 射频链路（如 PA）的频率相关传输和互调特性而恶化。FR2 选择高、中、低信道测试。

测试信道带宽方面，在 LTE 中，为测试与频率选择性有关的终端发射机的不同行为，EVM 在最低、5MHz 和最高信道带宽测试。但是，为了减少 FR2 测试时间，因为中间信道不构成极端情况，所以 FR2 选择在最低和最高信道带宽测试。

PUSCH 调制方式方面，Pi/2-BPSK、QPSK、16 QAM 和 64 QAM 是最低要求指定的，为了确保 UE 满足所有这些要求，测试必须涵盖。由于调制方案的差异（有或没有预编码）以及 DFT-s-OFDM 和 CP-OFDM 的波峰因子不同，所以这两种波形也都应该进行测试。

资源块配置方面，LTE EVM 是在 Full RB 配置和无 MPR 的最高 Partial RB 配置情况下测量的。因为 EVM 取决于功率水平。考虑不同的 MPR，调制应该用 outer_full 和 inner_full 配置来测试。

PUCCH 调制方式方面，根据 PUCCH 格式使用 QPSK 或 PI/2- BPSK 调制，在 LTE 中，测试了 FDD 1a 格式和 TDD 1a/1b 格式，FR2 也应遵循同样的方法。原因同 PUSCH、DFT-s-OFDM 和 CP-OFDM 也都应该进行测试。所以 EVM PUCCH 选择 1a/1b 格式的 DFT-s-OFDM 和 CP-OFDM 波形。

下行配置方面，LTE 下行链路采用 QPSK 调制和 Partial RB 配置，然而 PUCCH 的 EVM 不依赖于下行配置，因此不需要指定下行配置。

PRACH 配置方面，LTE 针对 TDD 和 FDD 应用了特定的 PRACH 前导码格式。对于 LTE FDD，PRACH 配置索引为 4，故随机接入前序格式为 0，随机访问接入前序的子载波间隔为 1.25kHz，任何系统帧号和等于 4 的子帧号。在 5G 中应用同样的方法，需要索引为 17 的 PRACH 配置。对于 LTE TDD，PRACH 配置指数为 53，故前导格式为 4，子载波间隔为 7.5kHz。对于 FR2，通过应用前导格式 3 可以得到 5kHz 的子载波间隔，这是通过 PRACH 配置索引 52 实现的。与 LTE 相比，考虑不同的子载波间距，RS EPRE 设置也有变化。FR2 PRACH 前导格式详细配置如表 5-67 所示。

表 5-67　FR2 PRACH 前导格式配置

PRACH 前导格式	FDD	TDD
PRACH 配置索引	17	52
RS EPRE 设置测试点 1（dBm/15kHz）	−71	−65
RS EPRE 设置测试点 2（dBm/15kHz）	−86	−80

测试时在 UplinkTxDirectCurrent IE 参数从 txDirectCurrentLocation 参数中检索本振位置，终端根据测试条件进行测试配置，根据发射波束峰值方向扫描结果，将波束转到发射波束的峰值方向，发送连续的上行功控 up 命令直到终端达到最大发射功率，并激活终端波束锁定功能（UBF）。分别测量上行的 θ 和 φ 极化的 EVM_θ、EVM_φ、$\overline{EVM}_{DMRS,\theta}$ 和 $\overline{EVM}_{DMRS,\varphi}$。计算 $\overline{EVM}_{DMRS} = \min(\overline{EVM}_{DMRS,\theta}, \overline{EVM}_{DMRS,\varphi})$ 和 $EVM = \min(EVM_\theta, EVM_\varphi)$。对于 PUCCH，计算 $PUCCH\ EVM = \min(PUCCH\ EVM_\theta, PUCCH\ EVM_\varphi)$，最后关闭 UBF。

测得的结果对于平均 EVM 和参考信号 EVM 情况，不同调制方案的基本 EVM 测量的 RMS 平均值不应超过表 5-68 中的值，具体取决于 UE 功率等级（见表 5-69）。出于 EVM 评估的目的，所有 13 种 PRACH 前导格式和所有 5 种 PUCCH 格式都与调制的 QPSK 具有相同的 EVM 要求。EVM 确定的测量间隔是 10 个子帧，通过 EVM 的测试指标（Link=TX 波束峰值方向，Meas=Link 角）验证该需求。

表 5-68　EVM 最小一致性要求

参　　　数	EVM 平均值/%	EVM 参考值/%
Pi/2 BPSK	30.0	30.0
QPSK	17.5	17.5
16 QAM	12.5	12.5
64 QAM	8.0	8.0

表 5-69　功率等级 2、3、4 时 EVM 测试参数

参　　　数	Level/dBm	
终端 EIRP	≥4	≥−13
16 QAM 终端 EIRP	≥7	≥−10
64 QAM 终端 EIRP	≥11	≥−6

3．载波泄漏

载波泄漏表现为带载波频率的未调制正弦波，是幅值近似恒定的干扰，与所要信号的幅值无关。载波泄漏干扰在其位置上（如果分配）的子载波，特别是当它们的振幅很小时。

测试环境方面，在 LTE 中，载波泄漏测试是要求在极端条件下进行的。由于载波泄漏不受温度或电源电压的影响，为节省试验时间，FR2 采用常温作为测试环境。

子载波间隔方面，由于载波泄漏是一种正弦非调制信号，它的功率水平并不依赖子载波间距的选择，考虑到目前一些终端不支持 60kHz SCS。因此，FR2 选择最常见的，即最高的 SCS。

测试频率方面，LTE 的载波泄漏选择高、中、低信道进行测试。对于调制器，载波的抑制通常取决于工作频率，所以 FR2 选择高、中、低 3 个信道进行测试，达到与 LTE 相同的测试覆盖能力，以确保载波泄漏满足所有频率的测试要求。

测试信道带宽方面，LTE 选择最低、5MHz 和最高的信道带宽。载波泄漏功率水平并不依赖信道带宽，所以 FR2 只选择中信道带宽进行测试。

调制方式方面，LTE 的载波泄漏测试是在没有 MPR 的情况下进行的。由于 FR2 功率等级 3 的终端中 DFT-s-OFDM QPSK 是最常见的调制方式且 MPR 最低，因此调制和波形应选择 DFT-s-OFDM QPSK。

RB 配置方面，LTE 中，载波泄漏测试采用无 MPR 的最高配置方式，即位于信道的上、下边缘的 Partial 配置。对于功率等级 1 终端，在分配的带宽小于或等于 10.8MHz 时，应避免 10dB 的高 MPR_{narrow}，为 DFT-s-OFDM 配置至少 16 RB，此时应用于 Inner RB 配置的 MPR_{WT} 比 Outer RB 配置更小。对于 50MHz 的信道带宽，假设载波在信道中心，因为要配置载波上的资源块时，

Inner_16RB_Left_Region1 配置不能满足测试目的。因此如果使用 Inner-Region1 配置，MPR_{narrow} 是不可避免的。作为补救措施，应选择 Inner-Region2 配置，因为这种情况下 50MHz 信道带宽的 MPR 只有 3dB，而不是 MPR_{narrow} 的 10dB。相比 PC1，PC3 为降低噪声影响带来的测量不确定度，避免 MPR 更重要，且 Inner 分配没有 MPR_{narrow}。因此，选择 Inner_4RB 的分配可以在满足测试目的的同时优化测量不确定度。

对于 5G，DC 载波不再固定在信道带宽的中心，可以位于信道内的任何地方。只有在不分配直流载波位置的资源块时，才能测量载波泄漏。因此，如果信号载波位置位于分配内，则需要应用不同的分配。对于 PC1，使用 Inner_16RB_Left_Region2 测试载波泄漏。如果信号的载波位置在 Inner_16RB_Left_Region2，使用 Inner_16RB_Right_Region2 测试载波泄漏。对于 PC2、PC3 和 PC4，使用 Inner_4RB_Left 测试载波泄漏。如果信号载波位置在 Inner_4RB_Left，使用 Inner_4RB_Right 测试载波泄漏。载波泄露测试配置如表 5-70 所示。

表 5-70　载波泄漏测试配置

初始配置		
测试环境	常温	
测试频率	低、中、高	
测试信道带宽	中	
子载波间隔	最大	
测试参数		
序号	下行配置	上行配置
		调制方式 / 资源块分配
1	不适用	DFT-s-OFDM QPSK / Inner_Partial_Left for PC2, PC3, PC4 Inner_Partial_Left_Region2 for PC1

测试时先在 UplinkTxDirectCurrent IE 参数从 txDirectCurrentLocation 参数中检索本振位置，终端发送上行调度信息，根据测试条件进行测试配置并发射波束峰值方向扫描结果，将波束转到发射波束的峰值方向，然后发送步进 1dB 的上行功控命令，使得 $EIRP$ 功率达到如表 5-71 所示期望的功率等级 P_{req}，并激活终端波束锁定功能（UBF），测量上行的 θ 和 φ 极化的载波泄漏，最后关闭 UBF。

表 5-71　测载波泄漏的终端 $EIRP$ P_{req}

功 率 等 级	P_{req} /dBm
1	17
2	6
3	0
4	11

当所配置的上、下行载波占用的频谱中包含载波泄漏时，根据下面公式计算载波泄漏，每 n 个载波泄漏 $CarrLeak$ 不得超过表 5-72 中的值（以功率等级 3 的终端为例）。

$$CarrLeak = \min(CarrLeak_\theta, CarrLeak_\varphi)，其中 n = \begin{cases} 30, \text{对于 60kHz SCS} \\ 60, \text{对于 120kHz SCS} \end{cases}$$

表 5-72　功率等级 3 的相对载波泄漏功率最小一致性要求

参　　　数	相对限值/dBc
$EIRP > 0\text{dBm}$	−25
$-13\text{dBm} \leqslant EIRP \leqslant 0\text{dBm}$	−20

5.3.5　发射杂散

在 3GPP 射频规范中，无用辐射被分为带外辐射（OOB）和杂散辐射（spurious emissions）。这个分类符合 ITU-R 的建议，如 SM.329和无线电法规。如图 5-54 所示，发射机的发射频谱由三部分组成：占用带宽、带外辐射（$\Delta f_{带外}$）和杂散辐射。

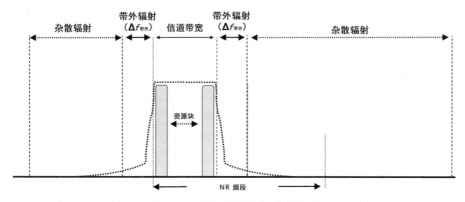

图 5-54　射频发射机频谱发射域

（1）占用带宽：在指定信道上，包含传输频谱总集成平均功率的 99% 的带宽。所有传输带宽配置（资源块）占用的带宽应小于指定的信道带宽，测试用例是占用带宽（occupied bandwidth，OBW）。

（2）带外辐射：调制过程产生的在必要带宽之外的一个或多个频率上的辐射，但不包括杂散辐射。测试用例有邻信道泄漏比（ACLR）和频谱发射模板。

（3）杂散辐射：在一个或多个频率上的辐射，超出了必要的带宽，并且可以在不影响相应信息传输的情况下降低带宽的水平。杂散辐射包括谐波辐射、寄生辐射、互调产品和频率转换产物，但不包括带外辐射。测试用例有发射机杂散辐射（transmitter spurious emissions）、共存辐射（spurious emission band UE co-existence）和额外的杂散辐射（additional spurious emissions）。

以上测试用例介绍如下。

1. 占用带宽

无线通信产品的占用带宽是指通信产品的整个信道发射出来的能量（功率）所占用的频谱宽度。对于无线通信产品来说，其占用带宽不能超过分配的带宽范围，即不能占用其他通信产品的频谱资源。一般来说，如果占用的宽度过大，会导致自身信道功率超标；占用宽度不够，信道功率就会过小，从而影响产品的通信功能。

测试环境，FR2选择同LTE和FR1一样的常温环境。测试频率，LTE的占用带宽测量是一种频率不定的测量，即终端发射的最大信道带宽性能与在哪个频点测试无关，而NR FR2工作频段是高带通，在非常高的频率上超过30000MHz，NR FR2工作频段的带宽如表5-73所示。

表5-73　NR FR2工作频段的带宽

NR工作频段	上行工作频率范围/MHz（F_{UL_low}～F_{UL_high}）	下行工作频率范围/MHz（F_{DL_low}～F_{DL_high}）	双工模式	频段带宽/MHz
n257	26500～29500	26500～29500	TDD	3000
n258	24250～27500	24250～27500	TDD	3250
n260	37000～40000	37000～40000	TDD	3000

由于这么宽的工作频段，FR2终端需要考虑滤波器、放大器和其他有源元件的频率响应，这些可以影响传输信号的幅值和相位。为确保终端在整个带宽范围内能正常工作，FR2占用带宽测试用例选择高、中、低3个测试频率。

选择哪种子载波间隔，需要考虑频谱利用率和最小保护频段以及子载波的二次波瓣的影响。信道带宽、子载波间距与每个信道带宽和SCS组合中可分配的最大资源块数量之间存在共享关系，各通道带宽和子载波间距的最大传输带宽配置N_{RB}如表5-74所示。

表5-74　最大传输带宽配置 N_{RB}

SCS/kHz	信道带宽/MHz			
	50	100	200	400
60	66	132	264	不适用
120	32	66	132	264

根据最大资源块和子载波间距信息（假设每个资源块有12个子载波）计算得到的每个信道带宽和SCS的最大传输带宽（MHz），如表5-75所示，可以看

出每个信道的最大传输带宽并不一定是在最小子载波间隔下实现的，不同 SCS 的最大传输带宽基本相同。

表 5-75　最大传输带宽配置

SCS/kHz	信道带宽/MHz			
	50	100	200	400
60	47.52	95.04	190.08	不适用
120	46.08	95.04	190.08	380.16

这个保护带宽是信道边缘和传输带宽边缘之间的频率间隔，更窄的保护带宽意味着发射滤波器有更陡峭的边沿，以避免子载波传输超出信道带宽。表 5-76 描述了在每个子载波间距下，终端信道带宽的最小保护频段，可以看到在 50MHz 的信道带宽时，较低的 SCS 有较低的保护频段，而对于 100MHz 和 200MHz 的信道带宽，保护频段是接近的。

表 5-76　每个终端信道带宽和 SCS（kHz）最小保护频段

SCS/kHz	信道带宽/MHz			
	50	100	200	400
60	1210	2450	4930	不适用
120	1900	2420	4900	9860

最大传输带宽和最小保护频段是在 FR1 中选择 SCS 的标准，因为它们设置了终端信道带宽过滤器的最差条件。然而，对于 FR2，这些参数对于所有信道带宽的 SCS 选择并不是决定性的，因为对于相同的信道带宽，几个 SCS 具有相似的值。所以在最大传输带宽和最小保护带宽都不能定义 SCS 的适用性的情况下，需要考虑其他参数。

下面通过其他方面分析，继续寻找与 SCS 选择相关的最差的情况。

在高频段工作的 FR2 中，相位噪声对本振的影响是一个主要问题。OFDM 子载波的产生是一种利用本振产生子载波的非理想过程。本振受到相位噪声的影响，相位噪声随载波频率的增加而增大。相位噪声在频域的影响是对每个子载波产生一个非理想的、更宽的脉冲。这个相位噪声导致副载波比实际的宽，甚至增加了传输带宽。因为每个子载波更宽，传输带宽也稍微宽一些，所以最低的 SCS 受到相位噪声的影响可能更大，SCS 越高，对相位噪声更宽容，这也是终端为了在高频中通过免受相位噪声的影响来保护和实现有效的通信，通常会选择 SCS 最高值的原因。根据相位噪声的分析，较低的 SCS 在信道带宽传输中对来自本振的相位噪声的鲁棒性较差，所以最差的情况是在高频率和低 SCS 的条件下测试，因为这时对相位噪声的问题更敏感。

此外，由于 OFDM 子载波产生的非理想频响，所以还需考虑保护频段中可以包含的次级波瓣数。这些没有被滤波器过滤的次级波瓣，会增加信道带宽内的功率水平，并对所占用的带宽的计算有影响。在表 5-76 中，显示了每个 SCS 和信道带宽的保护频段的频率范围。但是，如果假设每个子载波的频响是非理想的，那么这个保护带宽可以根据在这个保护带内保留多少次波瓣来研究。可以通过这个信息来评估由于发射机的非线性，有多少功率可能超出信道带宽。表 5-77 描述了每个终端信道带宽保护带宽内的二次波瓣的数量，次波的计算公式为 floor（保护频段/SCS）。在每个信道带宽较低 SCS 时，次级波瓣数更高，最高的 SCS 在保护带宽内会有更少的二次波瓣。次级波瓣越多，越会在占用带宽计算时增加对功率等级的影响。所以 FR2 选择当前信道带宽所支持的最低 SCS 进行测试。

表 5-77　每个终端信道带宽保护带宽内的二次波瓣的数量

SCS/kHz	信道带宽/MHz			
	50	100	200	400
60	20.1	40.3	82.1	不适用
120	15.8	20.1	40.8	82.1

所选信道带宽和 SCS 的最大传输带宽配置 N_{RB} 允许使用最大频谱利用率来测量所占用的带宽。另一方面，最大资源块分配取决于 OFDM 波形，FR2 NR 终端和基站最大资源块分配如表 5-78 所示，DFT-s-OFDM 的资源块分配小于或等于 CP-OFDM 的资源块分配。

表 5-78　FR2 NR 终端和基站最大资源块分配

调制方式	SCS/kHz	基站/终端信道带宽/MHz			
		50	100	200	400
CP-OFDM	60	66	132	264	N.A
	120	32	66	132	264
DFT-S-OFDM	60	64	128	264	N.A
	120	32	64	128	264

与 DFT-s-OFDM 波形相比，CP-OFDM 波形允许在相同的信道带宽和 SCS 上最大限度地利用频谱。而 CP-OFDM 比 DFT-s-OFDM 具有更大的 MPR，为了优化测量时的信噪比，并减少 MU 的影响，3GPP RAN5 支持选择 DFT-s-OFDM。所以对于选定的信道带宽和 SCS，资源块分配选择最大传输带宽配置的 N_{RB}。信号波形选择 DFT-s-OFDM 波形、优化信噪比、降低测量不确定度。在 LTE 和 NR FR1 中，使用最低调制方案来测量占用带宽，因为它是最稳定的调制方式。同理，FR2 也选择 QPSK 调制方式。占用带宽测试配置如表 5-79 所示。

表 5-79　占用带宽测试配置

初始配置	
测试环境	常温
测试频率	低、中、高
测试信道带宽	所有
子载波间隔	最小

测试参数			
序号	下行配置	上行配置	
		调制方式	资源块分配
1	不适用于占用带宽测试用例	DFT-s-OFDM QPSK	Outer_full

　　测试时终端发送上行调度信息，根据测试条件进行测试配置，并根据发射波束峰值方向扫描结果，将波束转到发射波束的峰值方向，然后测试基站发送连续的上行功控 up 命令直到终端达到最大发射功率，并激活终端波束锁定功能（UBF）。

　　以当前载波频率为中心的占用带宽规范要求的 1.5 倍或更多频率范围内测量 EIRP 频谱分布。滤波器的特性应近似高斯滤波器（典型的频谱分析仪滤波器）。测量持续时间是一个激活的上行子帧。EIRP 从 θ 和 φ 两个极化中捕获。从极化 θ 和 φ 计算总的 EIRP，并将该值保存为"总 EIRP"。确保测量窗口中心对准信道中心，该窗口在 θ 和 φ 极化中测量的功率总和是"总 EIRP"的 99%。占用带宽即为测量窗口的宽度。

　　占用带宽的判定方法是所有传输带宽配置所占用的带宽是否小于表 5-80 中的测试要求，FR2 需要在锁定波束的波束峰值方向上验证。

表 5-80　占用带宽测试要求

信道带宽/MHz	50	100	200	400
占用带宽/MHz	50	100	200	400

2. 邻信道泄漏比（ACLR）

　　验证终端发射机在邻信道泄漏比方面不会对相邻信道造成不可接受的干扰。

　　（1）子载波间隔。测试配置中选择哪种子载波间隔，分析的思路和占用带宽类似，需要考虑频谱利用率和最小保护频段、子载波的二次波瓣以及相位噪声的影响。从次级波瓣角度考虑，在大多数情况下，最高的 SCS 在保护带宽内会有更少的次级波瓣，因此，如果它们没有被信道带宽滤波器过滤，这个功率将是一个不必要的杂散发射。所以基于保护带宽中二次波瓣的数量，测试终端选择支持的最高 SCS 进行测试是合理的。从相位噪声的角度，最差的情况是在高频率和低 SCS 的条件下测试。所以子载波间隔选择最低和最高的 SCS 进行测试。

　　（2）测试频率。LTE 由于基于频率的非线性，为验证 UE 发射机在不同频率下的不同行为选择在低、中、高频段测试 ACLR。为了减少测试时间，我们从基于挑选最差的情况的考虑出发，分析与频率非线性有关的情况。

对于工作在一个特定的频段内的终端滤波器的设计，通常是基于一个参考频率设计其发射机中的有源器件。一般来说，最差的情况是当终端的发射机滤波器以远离参考频率的频率为中心时。根据 UE 滤波器的参考频率和待测频率，最差的情况为如果基于中心频率实现，那最远的频率将是低和高，所以测试低或高频率来覆盖这种情况；如果基于任一极限频率（低或高）实现，而低和高都需要测试，那等于最坏的情况已经被测试了，例如：如果参考频率是低，那么高频点将是最远的频率距离，在其上的测试就是最差情况。

随着频率变化在低频点和高频点的测试可以覆盖 ACLR 的最差情况，这样同时可以减少测试点数。这个标准适用于此类带宽非常大的波段。由于 SEM 需要测试中频点，为了保证一致性，所以 ACLR 也会添加中频点测试。

（3）测试信道带宽。LTE 为测试不同信道带宽下与非线性相关的终端发射机的不同行为对最低、5MHz、10MHz 和最高信道带宽的 ACLR 进行了测试。在此基础上，FR2 测试最低、100MHz、200MHz 和最高信道带宽，对应最低、最高和两个中间信道带宽。

最低的信道带宽使终端滤波器实现窄带通和陡峭的边缘，如果在不增加滤波器的带通损耗和保持该带通平坦的情况下，这是很难做到的。这就是为什么在高频下运行的最窄滤波器通常设计成不是真的陡升或陡降，以避免增加额外的损耗。在这个背景下，对最低信道带宽进行测试是必要的。另外，对于小尺寸滤波器，有较高通频段的信道带宽对于高斜率的上升下降沿也非常敏感，所以测试这个选项也是很必要的。基于以上分析，为了确保 ACLR 测试的测试点是 MPR 测试点的子集，将仅在最低和最高信道带宽下测试 ACLR。

（4）调制方式。如果基于带外发射要求与调制过程的相关性考虑，需要对所有的上行调制方式进行测试。如 TR38.817-1 4.5.3 节中的分析，频谱利用率和传输带宽因 OFDM 调制类型（CP-OFDM 或 DFT-s-OFDM）而不同，CP-OFDM 和 DFT-s-OFDM 调制方法对比如表 5-81 所示，对于特定的 SCS 和信道带宽，DFT-s 调制的资源块数量和频率利用率等于或低于 CP 调制。

表 5-81　CP-OFDM 和 DFT-s-OFDM 调制方法对比

用　　例	调 制 方 式	SCS/kHz	基站/终端信道带宽（/MHz）			
			50	100	200	400
最大资源块分配	CP-OFDM	60	66	132	264	不适用
		120	32	66	132	264
	DFT-s-OFDM	60	64	128	264	不适用
		120	32	64	128	264

续表

用　　例	调制方式	SCS/kHz	基站/终端信道带宽（/MHz）			
			50	100	200	400
传输带宽/MHz	CP-OFDM	60	47.52	95.04	190.08	不适用
		120	46.08	95.04	190.08	380.16
	DFT-s-OFDM	60	46.08	92.16	190.08	不适用
		120	46.08	92.16	184.32	380.16
频谱利用率	CP-OFDM	60	95.00%	95.00%	95.00%	不适用
		120	92.20%	95.00%	95.00%	95.00%
	DFT-s-OFDM	60	92.20%	92.20%	95.00%	不适用
		120	92.20%	92.20%	92.20%	95.00%
最小保护带宽/kHz	CP-OFDM	60	1210	2450	4930	不适用
		120	1900	2420	4900	9860

由 OFDM 调制特性可知，OFDM 高阶调制比低阶调制具有更高的非线性和更高的 PAPR。虽然非线性较少的调制是基于 pi/2-BPSK 和 QPSK，但有必要对它们进行测试，以排除该种调制下的任何问题。

通过对所有 NR 信号的 CCDF 的分析，考虑从 CP-OFDM 调制中限制测试到 QPSK CP-OFDM 以及将测试限制在 64 QAM 或 256 QAM DFT-s-OFDM 中的一个。所以为了覆盖最关键的情况，FR2 的 ACLR 需要测试 UE 支持的以下 UL 调制：DFT-s-OFDM PI/2 BPSK、DFT-s-OFDM QPSK、DFT-s-OFDM 16 QAM、DFT-s-OFDM 64 QAM、CP-OFDM QPSK。

（5）资源块分配。对于 ACLR，为了和 MPR 要求一致，选择最大资源块分配和 Outer 1RB 分配（或最窄的 Outer RB 分配）。对应于 FR2 中 MPR 的不同要求，为最低频点选择左边缘的窄上行资源块，为最高频点选择右边缘的窄上行资源块，中频点选择最大资源块。

功率等级 2、3、4 的终端的 ACLR 测试配置如表 5-82 所示。

表 5-82　ACLR 测试配置（功率等级 2、3、4）

默认条件	
测试环境	常温、低温、高温
测试频率	低、中、高
测试信道带宽	最小、最大
子载波间隔	最小、最大

测试参数					
频率	测试带宽	SCS	下行配置	上行配置	
				调制方式	资源块分配
低	默认	默认	不适用	DFT-s-OFDM PI/2 BPSK/	Outer_1RB_Left
高				QPSK/ 16QAM/ 64QAM	Outer_1RB_Right
中				CP-OFDM QPSK	Outer_Full

测试步骤是终端发送上行调度信息，根据测试条件进行测试配置，根据发射波束峰值方向扫描结果，将波束转到发射波束的峰值方向，测试基站发送连续的上行功控 up 命令直到终端达到最大发射功率，并激活终端波束锁定功能（UBF）。在波束峰值方向上，测量信道的发射功率 $EIRP$，根据表 5-83 所示的带宽，分别在信道的上、下两侧，测量第一个邻信道的 $EIRP$，分别计算测量的信道功率值与邻信道较低和较高 NR_{ACLR} 的功率之比。

表 5-83　NR_{ACLR} 的常规要求

测 试 要 求	信道带宽/NR_{ACLR}/测试带宽（/MHz）			
	50	100	200	400
用于 n257、n258、n261 NR_{ACLR}/dB	17	17	17	17
用于 n260 NR_{ACLR}/dB	16	16	16	16
NR 信道测试带宽/MHz	47.58	95.16	190.20	380.28
相邻信道中心频率偏移/MHz	+50/−50	+100/−100	+200/−200	+400/−400

ACLR 规范是 FR1 和 FR2 之间的另一个主要区别。FR1 中的 NR 如同 LTE 中的 NR，必须满足-30 或-31dBc ACLR 规范。但对于 FR2，ACLR 的规格是在 28GHz 波段要求-17dBc，而在 38GHz 波段，n260 只要求-16dBc。这是一个巨大的差异，即 FR1 只允许泄漏约 1/1000 的信道功率到相邻的信道中。但是 FR2 可以将约 1/50 的信道功率泄漏到相邻的通道中。

对 FR2 相对宽松的 ACLR 规范意味着信道带宽是 FR2 射频频谱发射的有效限制因素。信道带宽指定 99%的功率必须在标称信道带宽内，这意味着约 1/100 的功率可能泄漏到其他信道。假设泄漏是对称的，并且都落入第一个相邻信道，这将是功率的 1/200，$ACLR$ 为-23dBc，所以信道带宽比 ACLR 规范严格得多。

3．频谱发射模板

关于测试时子载波间隔的选择可以参考 ACLR 的分析，不同的地方表现在 SEM 测试用例中，由于使用 TRP 测量功率，比在 MPR 和 ACLR 测试用例中使用的 EIRP 测量时间要长得多。因此，为了优化测试时间，在 SEM 用例中只测试 SCS 最高的情况。

SEM 的测试属于带外杂散域内，在此部分中，测试频率用来评估由于调制过程和发射机中的非线性而直接在标称信道之外产生的不需要的发射。

之前讨论了需要测试低频/高频的主要原因是，使用特定频段的射频滤波器的终端前端架构。对于 FR2，需要考虑的是这些终端是否在每个波段都使用了特定的前端滤波器。3GPP 讨论了一些工作在 FR2 频段的设备的参考体系结构，这些设备定义了一些假设，以便进一步推导终端的需求。在图 5-55 中可以看到 NSA 参考体系结构，可以看出，FR1 波段利用了射频滤波器，而对于 FR2 波段，一些滤波器只在接收 LNA 前实现，而不在设备的发射链路中。

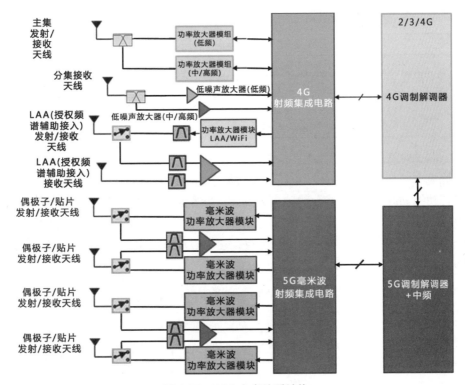

图 5-55　NSA 参考体系结构

　　考虑到这一信息，可以得出结论，由于终端的滤波器实现方法不同，没有必要测试低和高频率范围。使用被测频段的单一测试点就足够了，因此只测试中频范围。为了确保 SEM 测试点是 MPR 测试点的一个子集，这意味着 MPR 也需要测试中频范围，为了一致性，ACLR 也会添加中频点。

　　测试带宽中关于滤波器最差情况的分析同 ACLR 一样，最低和最高信道带宽覆盖了最差的场景，但像 LTE 一样，通过增加一个额外的中带宽来覆盖更多的信道带宽的非线性情况，也是非常合理的，为了确保 SEM 测试的测试点是 MPR 测试点的子集，最终将仅在最低和最高信道带宽下测试 SEM。资源块分配，SEM 由于只测试中频点，由于 TRP 测量方法、测试时间较长，所以只选择最大的资源块分配情况。测试配置如表 5-84 所示。

表 5-84　测试配置

初始配置	
测试环境	常温
测试频率	中
测试信道带宽	最小、最大
子载波间隔	最大

续表

下行配置	上行配置	
	调制方式	资源块分配
不适用	DFT-s-OFDM PI/2 BPSK /QPSK /16QAM /64QAM CP-OFDM QPSK	Outer_Full

表头：测试参数

测试时终端发送上行调度信息，根据测试条件进行测试配置，根据发射波束峰值方向扫描结果，将波束转到发射波束的峰值方向，测试基站发送连续的上行功控 up 命令直到终端达到最大发射功率并激活终端波束锁定功能（UBF）。根据表 5-84 中配置测量发射信号的 TRP。滤波器的中心频率连续步进，记录每一步的 TRP 值。根据 TRP 测试步骤得到总辐射功率，TRP 计算包含两个极化 θ 和 φ。测得的 TRP 需要满足表 5-85 的要求。

表 5-85　常规 NR 范围 2 的频谱发射掩码

Δf_{OOB}/MHz	频谱杂散限值（/dBm）/信道带宽				测试带宽/MHz
	50MHz	100MHz	200MHz	400MHz	
±0~5	−5	−5	−5	−5	1
±5~10	−13	−5	−5	−5	1
±10~20	−13	−13	−5	−5	1
±20~40	−13	−13	−13	−5	1
±40~100	−13	−13	−13	−13	1
±100~200		−13	−13	−13	1
±200~400			−13	−13	1
±400~800				−13	1

4. 杂散辐射

对于 FR2，杂散辐射测试是最耗时的测试，因此在测试条件的配置上，最好尽可能减少测试配置缩短测试时间。杂散辐射测试配置如表 5-86 所示。

表 5-86　杂散辐射测试配置

初始配置	
测试环境	常温
测试频率	低、高
测试信道带宽	最大
子载波间隔	120kHz

续表

序号	下行配置	测试参数	
		上行配置	
		调制方式	资源块分配
1	不适用	DFT-s -OFDM QPSK	Inner_Full for PC2, PC3 and PC4 Inner_Full_Region1 for PC1
2		DFT-s -OFDM QPSK	Inner_1RB for PC2, PC3 and PC4 Inner_Partial for PC1

（1）测试频率。FR1 的发射机杂散辐射的测试频率选择高、中、低 3 个频率范围。一般来说，由于在毫米波频率下射频前端的大损耗和天线的低效率，FR2 杂散辐射在杂散域的水平预期是很低的。为了减少 FR2 中杂散辐射测试的测试时间，只测试低范围或高范围的频率（取决于被测试的杂散区域），考虑到所有的低/中/高频率范围都会做 SEM 和 ACLR 测试，所以在 NR FR2 测试频段以下的杂散域测试时测试低频点，在 NR FR2 测试频段以上的杂散域测试时测试高频点。

（2）测试信道带宽。FR1 的杂散辐射测量的信道带宽为高、中、低 3 个测试信道带宽。同样由于 FR2 在杂散域的杂散辐射水平预期比较低，当信道带宽越高时，输出信号的频谱利用率越高，因此，在最低信道带宽和中信道带宽时，产生的任何互调混合引起的杂散辐射也会在高信道带宽时产生。为了减少测试时间，在 FR2 中对杂散辐射测试的测试频率的建议是只测试最高的信道带宽。

（3）子载波间隔。FR1 的子载波间距是测试每个测试信道的高、中、低 SCS。对于 FR2，由于最低的 SCS 有最高的频谱利用率和最高的载波功率，所以可以只测最低的 SCS，不需要对中、高 SCS 进行测试，因此预期其性能会介于最低/最高 SCS 之间。因为 120kHz 是唯一支持 400MHz 信道带宽的 SCS，需要减少测试时间，因此作为简化，选择只测试 120kHz 的 SCS。

（4）资源块配置。LTE 对于每个信道带宽，杂散辐射选用全资源块和单资源块。5G NR FR1 遵循类似的资源块选择，但也扩展了单一资源块情况，覆盖内部和外部资源块位置。虽然这与其他 FR1 测试用例中提出的常见上行配置一致，但此处选择这个配置是为了减少杂散辐射测试量和只测试最差情况。0MPR 波形中 Inner Full RB 会带来最大互调产物，而非 0MPR 波形中，Inner_1RB_left/Inner_1RB_right 会引起最高 PSD，因此这三种情况是需要测试的最差资源块配置。所以对于 FR2 发射机的杂散辐射测量，最高信道带宽和最低 SCS 应选用 Full RB 和 1RB 波形。DFT-s-OFDM QPSK 是 0MPR 波形，因此是测试杂散发射的最差情况。

测试时选择任意一种放置对齐方式将终端固定到测试静区内，如果采用重新定位法，当最大波束峰值方向在天顶角范围 $0° \leqslant \theta \leqslant 90°$ 时，将设备定位在 DUT 方向 1；当最大波束峰值方向在天顶角范围 $90° < \theta \leqslant 180°$ 时，将设备换到 DUT 方向 2（选项 1 或选项 2）。如果不用重新定位法，则将设备定位在 DUT 方向 1。

终端发送上行调度信息，根据测试条件进行测试配置，将终端波束转到发射波束的峰值方向。测试基站发送连续的上行功控 up 命令直到终端达到 P_{UMAX} 并激活终端波束锁定功能（UBF）。测量发射杂散步骤如下。（步骤一是可选的，适用于信噪比 $\geqslant$0dB）。

步骤一：按照网格选择准则中的粗网格测量 TRP 值，在频率范围和测量带宽上分别完成极化方向 θ 和 ϕ 的测量。如果有 TRP 杂散辐射频点与测试要求限值的差值小于表 5-87 的偏离值，则需继续按照步骤二进行细 TRP 测量。这些偏离值为 95%置信水平的 TRP 测量不确定度，包括粗网格测量不确定度元素的影响，并排除噪声的影响。

表 5-87　粗 TRP 测量步骤一的偏离值

网　　格	频率范围/GHz	偏　离　值
定密度	$6 \leqslant f < 12.75$	5.13
	$12.75 \leqslant f \leqslant 23.45$	5.09
	$23.45 \leqslant f \leqslant 40.8$	5.38
	$40.8 \leqslant f \leqslant 66$	7.31
	$66 \leqslant f \leqslant 80$	7.61
定步长	$6 \leqslant f < 12.75$	5.26
	$12.75 \leqslant f \leqslant 23.45$	5.23
	$23.45 \leqslant f \leqslant 40.8$	5.52
	$40.8 \leqslant f \leqslant 66$	7.43
	$66 \leqslant f \leqslant 80$	7.73

步骤二：对于步骤一中确定的每一个杂散辐射频率，按照网格选择准则中的细网格测量 TRP 值。

NR 带外和杂散发射域间的边界如表 5-88 所示，最低频率应设置在该频率范围的最低边界加 MBW/2 处。最高频率应设置在频率范围减 MBW/2 的最高边界处，MBW 为保护频带定义的测量带宽。

表 5-88　NR 带外和杂散发射域间的边界

信道带宽/MHz	50	100	200	400
OOB 边界 F_{OOB}/MHz	100	200	400	800

杂散辐射的最大 TRP 功率需要满足表 5-89 的限制值。

表 5-89　杂散辐射极限

频 率 范 围	最大发射电平	测 试 带 宽
30MHz ≤ f < 1000MHz	−36dBm	100kHz
1GHz ≤ f < 12.75GHz	−30dBm	1MHz
12.75GHz ≤ f ≤ 2nd 上行工作频段上频边沿谐波	−13dBm	1MHz

5. 共存辐射

验证发射机在与保护波段共存时，发射机杂散发射不会造成不可接受的干扰。测试条件的分析过程以及测试条件配置同杂散辐射测试完全一致，只是测试要求增加了保护频段。

测试时选择任意一种放置对齐方式将终端固定到测试静区内，终端发送上行调度信息，根据测试条件进行测试配置，将终端波束转到发射波束的峰值方向。测试基站发送连续的上行功控 up 命令直到终端达到 P_{UMAX}，并激活终端波束锁定功能（UBF），按与通用杂散辐射相同的步骤测量共存杂散。测得的共存辐射杂散的最大 TRP 不超过表 5-90 的限制值。

表 5-90　杂散辐射终端共存极限

NR 频段	杂散辐射				
	保护带宽/频率范围	频率范围/MHz	最大值/dBm	带宽/MHz	说明
n257	NR 频段 n260	$F_{DL 低} \sim F_{DL 高}$	−2	100	
	频率范围	57000～66000	2	100	
	频率范围	23600～24000	1	200	3
n258	频率范围	57000～66000	2	100	
n259	NR 频段 n257	$F_{DL 低} \sim F_{DL 高}$	−5	100	n259
	NR 频段 n261	$F_{DL 低} \sim F_{DL 高}$	−5	100	
	频率范围	36000～37000	7	1000	
	频率范围	57000～66000	2	100	
n260	NR 频段 n257	$F_{DL 低} \sim F_{DL 高}$	−5	100	
	NR 频段 n261	$F_{DL 低} \sim F_{DL 高}$	−5	100	
	频率范围	57000～66000	2	100	
n261	NR 频段 n260	$F_{DL 低} \sim F_{DL 高}$	−2	100	
	频率范围	57000～66000	2	100	

6. 额外的杂散辐射

额外的杂散辐射要求是由网络发出信号，以表明 UE 应满足作为小区切换/广播消息一部分的特定部署场景的额外功率要求。测试条件的考量、分析过程以及测试条件配置同额外的最大功率回退测试用例完全一致。

测试时选择任意一种放置对齐方式将终端固定到测试静区内，终端发送上行调度信息，根据测试条件进行测试配置，将终端波束转到发射波束的峰值方向。测试基站发送连续的上行功控 up 命令直到终端达到 P_{UMAX}，并激活终端波束锁定功能（UBF）。

然后按与通用杂散辐射相同的步骤测量。结束后终端激活 UBF。测得的额外辐射杂散的最大 TRP 值不超过表 5-91 的限制值。

表 5-91 额外杂散辐射测试要求

网络指令	频率范围/GHz	最大值/dBm	测试带宽/MHz
NS_202	7.25≤ f ≤12.75	−10	100
	12.75≤ f ≤23.45	−10 + 13	100
	23.45≤ f ≤40.8	−10 + 13	100
	40.8≤ f ≤上行工作频段最高频点的 2 倍频	−10 + 13	100
	23.6≤ f ≤24.0	+1 +0.3	200
NS_203	23.6≤ f ≤24.0	+1 + 0.3	200

5.4 射频接收机测试

本节将基于 TS 38.521-2 介绍射频一致性的接收机测试部分，首先介绍进行射频接收机测试前的准备工作，以及通用的最大 EIS 测量步骤和阻塞测试步骤，接下来介绍接收机射频测试，其中包括测试的目的和考察初衷，测试参数配置及分析过程，测试方法和测试要求。

5.4.1 射频接收机测试准备

同毫米波射频发射机测试类似，在进行射频接收机测试前，需要对接收波束峰值方向进行扫描和搜索。

1. 接收波束峰值扫描和搜索

接收波束峰值方向是通过三维 EIS 扫描（分别为每个正交下行极化）找到的。扫描的网格点数如 5.3 节中介绍的一样，同样，粗网格与细网格结合的方式也可以使用。

默认情况下，每个测试频率范围都应进行波束峰值搜索，除非设备制造商明确声明，中频点的波束峰值适用于其他（低、高）测试频率。波束峰值搜索结果不可以跨不重叠的不同波段重复使用，如果有明确的声明，波束峰值搜索

结果可以复用完全包含目标频段的结果。除非设备制造商明确声明参考频段或
频段组合的波束峰值适用于其他带内连续组合和 CA BW 类，否则，默认应对
每个频段内连续组合和 CA BW 类进行波束峰值搜索。除非设备制造商明确声
明 QPSK 调制的波束峰值适用于其他的 16 QAM 和 64 QAM 调制，否则默认应
对每个调制执行波束峰值搜索。

对于不同测试温度条件，常温（NTC）和极限温度（ETC、低温、高温），
波束峰值搜索应分别进行。

单载波的测量步骤如下。

（1）选择任意一种放置对齐方式将终端固定到测试静区内。

（2）按照 DUT 方向 1 摆放 DUT。

（3）通过极化方向为 $Pol_{Link}=\theta$ 的测量天线将测量基站与终端连接，使终
端接收波束朝向基站方向。

（4）通过扫描 θ 极化的功率电平，使吞吐量超过指定参考测量信道要求，
得到 θ 极化方向的 EIS（测量天线和连接天线极化方向均为 θ）。当下行功率电
平接近灵敏度电平时，下行功率步长应不大于 0.2dB。

（5）通过极化方向为 $Pol_{Link}=\phi$ 的测量天线将测量基站与终端连接，使终
端接收波束朝向基站方向。

（6）通过扫描 ϕ 极化的功率电平，使吞吐量超过指定参考测量信道要求，
得到 ϕ 极化方向的 EIS（测量天线和连接天线极化方向均为 ϕ）。

（7）在 $0°\leqslant\theta\leqslant90°$ 内继续扫描下一个网格点，重复步骤（3）～步骤（6）
直到所有网格点都完成扫描。

（8）如果使用重新定位法，则将终端重新摆放到 DUT 方向 2，对于第二
半球 $90°<\theta\leqslant0°$ 范围的网格点，重复步骤（3）～步骤（6）进行接收波束峰
值搜索。如果不采用重新定位法，则在 $90°<\theta\leqslant180°$ 范围的网格点，重复步
骤（3）～步骤（6）进行接收波束峰值搜索。

（9）用以下公式计算平均 EIS：

$$EIS = 2\times[1/EIS(Pol_{Meas}=\theta, Pol_{Link}=\theta) +1/EIS(Pol_{Meas}=\phi, Pol_{Link}=\phi)]^{-1}$$

2. 最大 EIS 测量

测量步骤如下。

（1）选择任意一种放置对齐方式将终端固定到测试静区内。

（2）如果采用重新定位法，当最大波束峰值方向在天顶角范围 $0°\leqslant\theta\leqslant$
$90°$ 时，将设备定位在 DUT 方向 1；当最大波束峰值方向在天顶角范围 $90°<$
$\theta\leqslant180°$ 时，将设备换到 DUT 方向 2（选项 1 或选项 2）。如果不用重新定位法，
则将设备定位在 DUT 方向 1。

（3）通过极化方向为 $Pol_{Link}=\theta$ 的测量天线将测量基站与终端连接，使接

收波束朝向接收波束峰值方向。

（4）通过扫描 θ 极化的功率电平，使吞吐量超过指定参考测量信道要求，得到 θ 极化方向的 EIS（测量天线和连接天线极化方向均为 θ）。当下行功率电平接近灵敏度电平时，下行功率步长应不大于 0.2dB。

（5）通过极化方向为 $Pol_{Link}=\phi$ 的测量天线将测量基站与终端连接，使接收波束朝向接收波束峰值方向。

（6）通过扫描 ϕ 极化的功率电平，使吞吐量超过指定参考测量信道要求，得到 ϕ 极化方向的 EIS（测量天线和连接天线极化方向均为 ϕ）。

（7）用以下公式计算平均的最大 EIS：

$$EIS = 2\times[1/EIS(Pol_{Mes}=\theta,Pol_{Link}=\theta) +1/EIS(Pol_{Meas}=\phi,Pol_{Link}=\phi)]^{-1}$$

3. 阻塞测量

测量步骤如下。

（1）选择任意一种放置对齐方式将终端固定到测试静区内。

（2）如果不用重新定位法，则将设备定位在 DUT 方向 1。如果采用重新定位法，当最大波束峰值方向在天顶角范围 $0°\leqslant\theta\leqslant90°$ 时，将设备定位在 DUT 方向 1；当最大波束峰值方向在天顶角范围 $90°<\theta\leqslant180°$ 时，将设备换到 DUT 方向 2（选项 1 或选项 2）。

（3）通过极化方向为 $Pol_{Link}=\theta$ 的测量天线将测量基站与终端连接。

（4）使终端的波束以接收波束峰值方向朝向测试基站。

（5）将具有指定参考测量信道的信号施加到 θ 极化上，将信号的功率水平设置为低于要求中规定的 EIS 水平 3dB。

（6）用具有相同极化以及来自相同方向的阻塞信号作为下行信号。将阻塞信号的功率水平设置为低于要求值 3dB。

（7）测量 θ 方向的下行信号吞吐率。

（8）切换测量天线下行信号和阻塞信号到 φ 方向。

（9）在 φ 方向重复步骤（3）～步骤（7）。

（10）将 θ 极化和 φ 极化的结果分别与要求进行比较。如果两个结果都能满足要求，则测试通过。

5.4.2 接收机射频一致性测试

FR2 接收机射频一致性测试在 3GPP 中已经完成定义，包括接收参考灵敏度、邻道选择性、带内阻塞和接收机杂散辐射测试。

1. 接收参考灵敏度

接收参考灵敏度就是接收机能够正确地把有用信号取出来的最小信号接收

功率，它和 3 个因素有关：带宽范围内的热噪声、系统的噪声系数、系统把有用信号取出所需要的最小信噪比。要让接收机明白发射机发送的信息，信号电平强度一定要大于接收机的接收参考灵敏度。接收参考灵敏度越小，说明接收机的接收性能越好，对弱信号的分辨能力高，能够把越小的发射信号识别出来。

　　在这个测试中考察的 UE 是在低信号电平、理想传播和无附加噪声的条件下，对指定参考测量信道以给定的平均吞吐量接收数据的能力。如果终端无法满足这些条件下的吞吐量需求，g-NodeB 的有效覆盖面积将会减少。

　　接收灵敏度测试配置如表 5-92 所示，测试温度条件和测试频率参考 LTE和 FR1 的要求。测试信道带宽除了 100MHz 和 200MHz 外，还应测试终端所能支持的最高信道带宽。用于 FR2 Rx 参考灵敏度测试的资源块配置、上行通道配置、下行通道配置和调制选择应遵循 FR1 Rx 参考灵敏度测试的定义，如表 5-93和表 5-94 所示。下行链路配置应选择 QPSK CP-OFDM 调制与全资源块分配，以实现最大频谱利用率。上行信道配置应使用 QPSK DFT-s-OFDM 调制使用。

表 5-92　接收灵敏度测试配置

初始配置			
测试环境		常温、低温、高温	
测试频率		低、中、高	
测试信道带宽		最小、100MHz、最大	
子载波间隔		120kHz	
测试参数			
序号	下行配置		上行配置	
	调制方式	资源块分配	调制方式	资源块分配
1	CP-OFDM QPSK	Full RB	DFT-s-OFDM QPSK	REFSENS

表 5-93　每个资源块分配下行配置

信道带宽/MHz	SCS/kHz	$LCRB_{max}$	资源块分配（CRB[①]长度从@RBstart 开始位）
50	120	32	32@0
100	120	66	66@0
200	120	132	132@0
400	120	264	264@0

① CRB 全称为 common resource block，指公共资源块。

表 5-94　参考灵敏度上行 RB 配置（CRB[①]长度@RBstart 开始位）

工作频段	SCS/kHz	50MHz	100MHz	200MHz	400MHz	双工模式
n257	120	32@0	64@0	128@0	256@0	TDD

续表

工作频段	SCS/kHz	50MHz	100MHz	200MHz	400MHz	双工模式
n258	120	32@0	64@0	128@0	256@0	TDD
n260	120	32@0	64@0	128@0	256@0	TDD
n261	120	32@0	64@0	128@0	256@0	TDD

① CRB 全称为 common resource block，指公共资源块。

测试时根据测试条件进行上、下行配置，测试基站发送连续的上行功控 up 命令直到终端达到最大发射功率。根据接收波束峰值方向扫描结果，将波束设置到接收波束的峰值方向。然后进行 EIS 测量，用 0.2dB 的步长改变想要的信号的功率级别。对每个功率步骤测量一个持续时间内的平均吞吐量，以达到足够的统计意义。当射频功率电平接近灵敏度电平时，下行功率步长应不大于 0.2dB。将接收波束峰值方向对应的平均 EIS 与测试要求比较。

与发射机测试规范一样，FR2 的接收机规范假定了 OTA 测量值，并根据 EIS 进行定义。峰值灵敏度值与 FR1 值相似，但 50%文件的 *CDFEIS* 要差 11～12dB，意味着有一半的角度方向会比 50%更差。功率等级 3 的终端参考灵敏度要求如表 5-95 所示。

表 5-95   功率等级 3 终端的参考灵敏度要求

工作频段	参考灵敏度（/dBm）/信道带宽			
	50MHz	100MHz	200MHz	400MHz
n257	−88.3	−85.3	−82.3	−79.3
n258	−88.3	−85.3	−82.3	−79.3
n259	−84.7	−81.7	−78.7	−75.7
n260	−85.7	−82.7	−79.7	−76.7
n261	−88.3	−85.3	−82.3	−79.3

2. 邻道选择性

邻道选择性是指定信道频率上的接收滤波器衰减与相邻信道上的接收滤波器衰减的比。通过在理想传播和无附加噪声的条件下，相邻信道的信号与指定信道的中心频率具有给定的偏移频率（FR2 要求 1 倍带宽的偏移）时，测量接收机在指定信道频率上以给定平均吞吐量接收数据的能力。邻道选择性测试配置如表 5-96 所示。

表 5-96   相邻信道选择性测试配置

初始配置	
测试环境	常温
测试频率	中
测试信道带宽	50MHz、100MHz
子载波间隔	120kHz

续表

序号	测试参数			
	下行配置		上行配置	
	调制方式	资源块分配	调制方式	资源块分配
1	CP-OFDM QPSK	REFSENSE	DFT-s-OFDM QPSK	REFSENSE

（1）测试信道。LTE 为验证与频率选择性有关的 UE 的行为，消除可以随频率变化的其他不必要的接收行为，测试了中频点，因此，FR2 也只测试中信道。

（2）信道带宽。LTE 为测试与不同信道带宽的不同频率选择性相关的接收机的行为，在最低、5MHz 和最高信道带宽下进行测试，所以 FR2 ACS 也选择最低、中、最高信道带宽。

（3）子载波间隔。因为下行有用信号和干扰信号必须使用相同的 SCS 配置，而且两者会被配置得相互接近，那么最差的情况是传输带宽的限值接近带宽配置的限值的情形。在 FR2 中，不同 SCS 的最大传输带宽基本相同，SCS 为 50MHz 的信道带宽实现了较低的保护频段，而对于 100MHz 和 200MHz 信道带宽的保护频带是类似的。最大传输带宽和最小保护频段是 FR1 中该测试选择 SCS 的重要因素，然而对于 FR2，这些参数对 SCS 的选择并不是决定性的，因为相同的信道带宽，不同的 SCS 具有相似的值。考虑相位噪声，最差的情况是在高频率和最低 SCS 条件下测试，但对这个测试用例这似乎不是那么敏感。另一方面，这个测试用例利用了参考灵敏度上行配置，其只定义了 120kHz，即当上行传输采用 QPSK DFT-s-OFDM 波形，且上行传输带宽小于或等于参考灵敏度的带宽时，应满足参考灵敏度的要求。所以此测试用例 FR2 选择 120kHz SCS。

（4）下行配置。LTE 邻信道选择性和参考灵敏度测试用例使用相同的调制和资源分配相关的下行链路配置，下行链路使用 QPSK 调制和 Full RB 配置。FR2 遵循 LTE 原理是合理的。此外，这个测试用例的测试要求指定了有用信号的下行功率是对灵敏度的偏移，因此，对于 FR2 ACS 测试采用与灵敏度测试相同的下行链路配置是有意义的。由于这个测试用例配置为工作在接近灵敏度的功率水平，目标是终端可以消除接收到的不需要的信号，通过选择更鲁棒的调制（即 QPSK，因为它比其他的调制方式具有更低的 PAPR，尽管 CP-OFDM 波形不呈现强烈的调制变化），来消除任何来自调制问题的影响，所以选择 CP-OFDM QPSK 调制作为下行链路的配置。

下行链路的配置可以通过以下几个方面的评估来决定。第一个方面，与频率选择性相关的最坏情况是，当需要的信号和干扰都很接近时，下行链路的资源块分配是 Outer 位置（全部或部分）时，可以实现这种情况。第二个方面，即功率电平，下行链路配置全部分配时，子载波功率较低。考虑到信道中最大子载波数和灵敏度中较低的密度功率准则，确定最合适的下行链路配置为全分配，N_{RB} 方面，选择最大传输带宽配置。

（5）上行配置。上行调制的选择对于 ACS 评估接收机性能似乎不那么重要。然而，这种接收器性能是通过测量下行链路的吞吐量来测量的，因为在 PUSCH 配置中发送的 HARQ 反馈用于选择正确的调制，可以避免上行链路（接近最大功率）的问题。与 CP-OFDM 相比，DFT-s-OFDM 波形具有更低的 PAPR，可以避免上行链路问题。此外，这种波形在大功率的情况下也被推荐使用，因为它具有更高的功率效率。所以在 FR2 中选择 DFT-s-OFDM 波形用于相邻信道选择性测量的上行配置。

正如在下行配置所做的分析，LTE 相邻信道选择性和参考灵敏度级别测试用例使用与调制和资源分配相关的上行配置表相同的值。在 LTE 中，这些测试用例在所有情况下使用 QPSK 调制和 Outer 分配（全部和部分）资源块。要选择上行调制，应用相同标准是合乎逻辑的，需要基于最低的 PAPR（线性）。因此最合适的上行调制方式是 QPSK。关于资源块配置，在 FR2 中，NR 邻道选择性测量将使用灵敏度测试中相同的上下行资源块分配。相邻信道选择性测试配置如表 5-96 所示。

测试时根据接收波束峰值方向扫描结果，将波束转到接收波束的峰值方向。根据测试条件进行上、下行测试配置，测试基站发送连续的上行功控命令，步进小于或等于 1dB，直到终端达到测试要求中场景 1 或场景 2 的目标发射功率。终端激活终端波束锁定功能（UBF）。

首先加载场景 1 中定义的下行有用信号和频率低于有用信号 $F_{Interferer}$ 的带宽为 $BW_{Interferer}$ 的干扰信号 $P_{Interferer}$ 进行阻塞测量，测试吞吐量；然后加载场景 1 中的下行有用信号和频率高于有用信号的干扰信号，进行同样的测试。

最后分别加载场景 2 中下行有用信号和频率低于有用信号的干扰信号，以及场景 2 中下行有用信号和频率高于有用信号的干扰信号，分别进行阻塞测量，测试吞吐量。重复测试场景 1 和场景 2 中其他的信道带宽和工作频带组合。

终端应满足表 5-97 中规定的相邻信道干扰的最小值要求，但 ACS 不能直接测量，所以测量表 5-98 中频率上、下限时吞吐量的方式，其吞吐量应大于或等于参考测量信道最大吞吐量的 95%。

表 5-97 相邻信道选择要求

Rx 参数	单位	信道带宽/MHz			
		50	100	200	400
ACS 用于 n257、n258、n261	dB	23	23	23	23
ACS 用于 n260	dB	22	22	22	22

表 5-98　相邻信道选择测试参数

场景	接收参数配置	单位	信道带宽/MHz			
			50	100	200	400
1	有用信号功率	dBm	REFSENS + 14dB			
	PInterferer 用于 n257、n258、n261	dBm	REFSENS + 35.5dB	REFSENS +35.5dB	REFSENS +35.5dB	REFSENS +35.5dB
	PInterferer 用于 n260	dBm	REFSENS + 34.5dB	REFSENS +34.5dB	REFSENS +34.5dB	REFSENS +34.5dB
	BWInterferer	MHz	50	100	200	400
	FInterferer (offset)	MHz	50/−50	100/−100	200/−200	400/−400
2	n257、n258、n261 有用信号功率	dBm	−46.5	−46.5	−46.5	−46.5
	n260 有用信号功率	dBm	−45.5	−45.5	−45.5	−45.5
	PInterferer	dBm	−25			
	BWInterferer	MHz	50	100	200	400
	FInterferer (offset)	MHz	50/−50	100/−100	200/−200	400/−400

3．带内阻塞

阻塞特性是指接收机在非杂散响应或邻近信道的频率上，当存在不希望出现的干扰时，在其指定的信道频率上接收想要的信号的能力，且这个不需要的输入信号没有导致接收机性能退化超过指定的极限。阻塞性能适用于除杂散响应的频率以外的所有频率。与 FR1 不同，目前 FR2 仅要求进行带内阻塞测试。

带内阻塞是针对落入 UE 接收频带或落入 UE 接收频带以下或以上信道带宽的两倍的不需要的干扰信号定义的，在该频带处，相对吞吐量应满足或超过指定测量信道的最低要求。

当所需信号和干扰信号的入射波的到达角（angle of arrival，AOA）都来自达到峰值增益的方向时，该要求适用于辐射界面边界（radiated interface boundary，RIB）。假设在极化匹配条件下，所需要的和干扰的信号适用于所有支持的极化方向。

（1）子载波间隔。这个测试用例测量接收机当干扰信号靠近需要的信道时在其指定信道频率上接收 NR 信号的能力。因为下行有用信号和干扰信号必须使用相同的 SCS 配置，而且有用信号和干扰信号非常接近，所以当传输带宽接近极限定义的带宽配置时是最差的情况。分析过程可以参考测试用例 ACLR。由此可以得出，不同信道的最大传输带宽基本相同。SCS 为 50MHz 的信道带宽时较低的保护频带，而对于 100MHz 和 200MHz 信道带宽时，不同 SCS 的保护频带相差无几。考虑相位噪声，最差的情况是在高频率和低 SCS 的条件下测试，因为这时对相位噪声的问题更敏感。另外，这个测试用例利用参考灵敏度的上行配置，其只有 120kHz 的 SCS 配置，所以最终 SCS 选择 120kHz。

（2）测试频率。LTE 为验证与频率选择性有关的终端的行为，消除可以随频率变化的其他不必要的接收行为，接收阻塞测量选择在中频点进行测试，因此 FR2 采用相同的选择。

（3）测试信道带宽。与 LTE 一致，为测试与不同信道带宽的不同频率选择性相关的接收机的不同行为，选择最低、中、最高信道带宽的测试。另外，最低的信道带宽使 UE 符合选择窄带通和边缘陡峭的滤波器，在不增加滤波器的带通损耗和保持该带通平坦的情况下是很难获得的。这就是为什么在高频下运行的最窄滤波器通常被设计成不是真的陡升/陡降，以避免增加额外的损耗，因此需要对最低信道带宽进行测试。然而，滤波器尺寸较小时，高带通的信道带宽对于陡峭的上升、下降沿非常敏感，所以测试最高信道带宽也是有必要的。虽然最低和最高信道带宽覆盖了最关键的场景，但 LTE 中是通过增加一个额外的中带宽来覆盖更多的信道带宽的非线性情况。因此 FR2 非载波聚合情景时可以选择最低、中和最高三种配置。

（4）下行配置。LTE 带内阻塞和参考灵敏度在下行链路配置中使用相同的值，用于调制和资源分配。在 LTE 中，这些测试用例使用 QPSK 调制和全资源块分配下行链路。NR 带内阻塞采用 LTE 的方法是合理的。此外，这个测试用例的最小一致性要求指定了想要的信号的下行功率作为对灵敏度值的偏移（对于某些步骤）。因此，带内阻塞测试可以使用与灵敏度测试同样的下行链路配置。

由于这个测试用例将工作在接近灵敏度的水平，目的是 UE 消除接收到的不需要的信号，通过选择鲁棒性更高的调制 QPSK 消除调制带来的问题是合理的考虑，因为 QPSK 比其他的调制方法具有更低的 PAPR（尽管 CP-OFDM 波形不呈现强烈的变化与调制）。考虑到信道中最大子载波数和灵敏度级别下的低密度功率准则，确定最方便的下行链路配置为全分配。所以下行配置选择 CP-OFDM QPSK 最大传输带宽配置。

（5）上行配置。考虑到 NR 带内阻塞是评估接收机的特性，上行调制的选择似乎不那么重要。然而，这种接收器特性是通过测量下行链路的吞吐量来测量的，因为在 PUSCH 配置中发送的 HARQ 反馈用于选择正确的调制，以避免上行链路（接近最大功率）的任何问题。与 CP-OFDM 相比，DFT-s-OFDM 波形具有更低的 PAPR，可以避免上行链路问题。此外，这种波形在大功率的情况下也被推荐使用，因为它具有更高的功率效率。所以在 FR2 中选择 DFT-s-OFDM 波形进行上行配置。

正如在下行配置所做的分析，LTE 带内阻塞和参考灵敏度测试对与调制和资源块分配相关的上行配置表使用相同的值。在 LTE 中，这些测试用例在所有情况下都使用 QPSK 调制和 Outer 分配（全部和部分）资源块。对于上行调制的选择，用与波形选择的相同标准是合乎逻辑的，其基于最低的 PAPR（线性）。基于上述分析，最适合使用的调制方式是 QPSK。

带内阻塞测试的配置如表 5-99 所示。

表 5-99　带内阻塞测试配置

初始配置	
测试环境	常温
测试频率	中
测试信道带宽	50MHz、100MHz
子载波间隔	120kHz

测试参数				
序号	下行配置		上行配置	
	调制方式	资源块分配	调制方式	资源块分配
1	CP-OFDM QPSK	REFSENSE	DFT-s-OFDM QPSK	REFSENSE

测试时首先根据接收波束峰值方向扫描结果，将波束设置到接收波束的峰值方向并根据测试条件进行上、下行配置。然后测试基站发送连续的上行功控（小于或等于 1dB 步进）命令，确保终端输出功率在上行功控窗口范围内。

用下行信号和干扰信号进行阻塞测试。发射的干扰信号功率（$P_{Interferer}$）按照表 5-100 中的要求进行配置。干扰频率的选择应该从中心频率的偏移（$F_{Ioffset}$）开始，以干扰信道带宽为步进，向外扫向频带边缘。为了确保对干扰频率进行全范围的测试，要在定义为对应频段边缘的 $F_{Interferer}$ 频点上运行最后的测试步骤。在测试过程中吞吐量测量应大于或等于参考测量信道最大吞吐量的 95%。

表 5-100　带内阻塞要求

Rx 参数	单位	信道带宽/MHz			
		50	100	200	400
传输带宽配置功率	dBm	REFSENS + 14dB			
$BW_{Interferer}$	MHz	50	100	200	400
用于 n257、n258、n261 的 $P_{Interferer}$	dBm	REFSENS + 35.5dB			
用于 n260 的 $P_{Interferer}$	dBm	REFSENS + 34.5dB			
$F_{Ioffset}$	MHz	≤100 或 ≥-100	≤200 或 ≥-200	≤400 或 ≥-400	≤800 或 ≥-800
$F_{Interferer}$	MHz	（$F_{DL\_低}$+ 25）～（$F_{DL\_高}$- 25）	（$F_{DL\_低}$+ 50）～（$F_{DL\_高}$- 50）	（$F_{DL\_低}$+ 100）～（$F_{DL\_高}$- 100）	（$F_{DL\_低}$+ 200）～（$F_{DL\_高}$- 200）

4. 接收机杂散辐射

接收机杂散辐射功率是指在接收机中产生或放大的发射功率，过多的接收机杂散辐射会增加对其他系统的干扰，FR2 中通过 TRP 的方式测量接收机杂散辐射功率。

接收机杂散辐射测试配置如表 5-101 所示，其中测试环境同 LTE 一样，即在常温下测试。对于子载波间隔与测试信道带宽，由于在测量过程中上下行数据是关闭的，没有依据证实 SCS 和测试信道带宽会影响接收机杂散辐射。因此，同 LTE 一样使用最高的 SCS 和最高的测试信道带宽。测试频率，LTE 接收机杂散辐射在低、中、高频段测试。由于目的是测试杂散信号，而杂散可能来自整个射频电路（包括接收电路）对发射机的信号泄漏，因此信道带宽滤波特性仍然会影响接收机的杂散发射。所以对高、中、低三段进行测试是合理的。

表 5-101　接收机杂散辐射测试配置

初始条件	
测试环境	常温
测试频率	低、中、高
测试信道带宽	最大
子载波间隔	最大

测试参数				
序号	下行配置		上行配置	
	调制方式	资源块分配	调制方式	资源块分配
1	不适用	0	不适用	0

测试时选择任意一种放置对齐方式将终端固定到测试静区内，根据发射波束峰值方向扫描结果，将波束转到发射波束的峰值方向，终端激活终端波束锁定功能（UBF），按照以下步骤测量接收机杂散辐射，其中步骤一是可选的，仅适用于 SNR 大于或等于 0dB 时。

步骤一：按照网格选择准则中的粗网格测量 TRP 值，在频率范围和测量带宽上分别完成极化方向 θ 和 ϕ 的测量。若信噪比≥10dB，可选择更大的非恒定测量带宽。如果有 TRP 杂散辐射频点与测试要求限值的差值小于偏离值要求，则需继续按照步骤二进行细网格 TRP 测量。偏离值为 95%置信水平的 TRP 测量不确定度，包括粗网格测量不确定度元素的影响，并排除噪声的影响。粗网格 TRP 测量步骤一的偏离值如表 5-102 所示。

表 5-102　粗网格 TRP 测量步骤一的偏离值

网　　格	频率范围/GHz	偏　离　值
恒定密度	$6 \leqslant f < 12.75$	5.25
	$12.75 \leqslant f \leqslant 23.45$	5.21
	$23.45 \leqslant f \leqslant 40.8$	5.49
	$40.8 \leqslant f \leqslant 66$	7.31
	$66 \leqslant f \leqslant 80$	7.61
恒定步长	$6 \leqslant f < 12.75$	5.38
	$12.75 \leqslant f \leqslant 23.45$	5.34
	$23.45 \leqslant f \leqslant 40.8$	5.62
	$40.8 \leqslant f \leqslant 66$	7.43
	$66 \leqslant f \leqslant 80$	7.73

步骤二：对于步骤一中确定的每一个杂散辐射频率，按照网格选择准则中的细网格测量 TRP，测量结束后终端关闭 UBF。

最后测到的任何窄带连续波杂散辐射的功率均不得超过表 5-103 规定的最高电平。

表 5-103　常规接收机杂散辐射要求（工作频段 n257、n258、n260、n261）

频率范围/GHz	测试带宽/MHz	最大值/dBm
$6\text{GHz} \leqslant f < 20$	1	$-47+10.2$
$20\text{GHz} \leqslant f < 40$	1	$-47+17.2$
$40\text{GHz} \leqslant f \leqslant$ 下行工作频率上边缘频率的 2 倍频	1	$-47+33.1$

5.5　解调性能测试

本节将介绍 FR2 NR 终端的性能一致性测试方法，这部分内容在 3GPP TS 38.521-4 中的第 7 章和第 8 章。测试用例分两大类：终端解调性能测试和信道质量指示（CSI）上报测试，与 LTE 和 FR1 类似，测试指标主要考察 PDSCH 绝对吞吐量。

❑　不同下行物理通道（如 PDCCH）的块错误率性能。

❑　CSI 统计信息（如 CQI 准确度，不同 CSI 或测试设置的吞吐量比等）。

鉴于解调性能的测试过程和测试要求有很多与 FR1 类似的地方，基本一致、重复的地方这里就不再做详细介绍。本节将重点介绍与 FR1 有较大差异的地方，主要有 OTA 测试方法、测试方向的搜索方法以及测试配置等内容。

5.5.1　测试方法

FR2 的解调性能测试和射频发射机、接收机测试一样，需要使用 OTA 的测试方法。3GPP 也评估了使用中频（IF）进行测试的可能性，然而有很多因素限制：如果是 DUT 的内部接口，使用标准化的 IF（信号电平、端口数量、频率等）将限制许多不同的 DUT 实现，包括直接转换接收器，因此这种方法对标准化具有挑战性。此外，中频测试也不包括射频滤波器、双工器、发射接收开关、低噪声放大器（LNA）、功率放大器（PA）、模拟波束形成相移元件等工作在射频上的所有元器件，以及控制这些元器件的算法。

1. 测试环境要求

FR2 终端的解调性能测试和 CSI 上报测试的基本测试配置是，在 DUT 和数个 gNB 间建立一个到达角的 OTA 连接，解调和 CSI 的基本测试配置如图 5-56 所示。

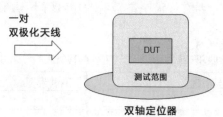

图 5-56　解调和 CSI 的基本测试配置

测试应在辐射近场或远场进行。最小测量距离 R 的定义如下。

$$R > 0.62\sqrt{\frac{D^3}{\lambda}}$$

式中：D 为 DUT 的辐射孔径，λ 为波长。如果使用的测试系统和射频测试相同，也应该用相同的测量距离。

进行测试需要满足以下条件。

（1）在暗室中进行，测试应在辐射近场或远场中进行。使用的测试方法包括直接远场、简化的直接远场、间接远场以及直接近场（该种方法可行性还未最终确定）。暗室需要一个对准 DUT 的带有双极化天线的发射接收点（TRxP），同时提供定位系统，使双极化测量天线与被测物体之间的角度至少具有两个自由度轴。

（2）需要实现从双极化天线 TRxP 到 DUT 的两个正交路径之间的隔离，从而能够独立控制到达每个基带接收机的信号。测试方法支持 DL MIMO rank 2 传输。

（3）传播条件包括多径衰落传播（单探头信道模型）和静态传播。

（4）终端应支持每个接收端口（SS-RSRPB）的功率测量。测量设备可以使用来自 DUT 的 SS-RSRPB 报告实现隔离度测量，并实现对到达每个基带接收机的信号的独立控制。SS-RSRPB 测量和报告是在无噪声条件下进行的，使用静态信道条件。一旦建立，预计将修复设置，并与终端 Tx/Rx 波束锁定一起使用，以允许在虚拟连接场景下测试 DUT 基带特性。基线设置包括在初始呼叫设置中选择最佳 UE 接收波束的能力。

（5）支持 interwork 场景下终端解调和 CSI 上报验证，以及非独立模式下和 FR1 和 FR2 带间 NR CA 模式下测量 UE 解调和 CSI 的设置。此时 LTE 或 FR1 链路天线提供稳定、无噪声的信号，不需要精确的路径损耗和极化控制和性能验证。

（6）对于 QPSK/16 QAM/64 QAM 的性能要求，测量系统应支持不低于 6% 的 TX EVM。

2. 参考点的测试参数

FR2 在参考点的性能测试要求有如下两种模式。

1）模式 1（固定信噪比）

（1）测试系统将发送有用信号 Es 和噪声信号，以实现目标信噪比。

（2）指定参考点的绝对 Noc 水平（根据操作频段和终端功率等级，Noc 级别有不同的值）。

（3）指定参考点的 SNRRP（SNRRP 为测试指定的值）。

2）模式 2（无噪声）

（1）测试系统只发送有用的信号，没有额外的噪声信号。

（2）测试系统应在参考点发送所需的功率级别为 Es 的信号，该功率级别是测试系统可达到的最佳功率级别。测试系统能确定可达 Es 水平和最大可达到的信噪比水平。

（3）测量设备需要控制的主要测试参数有在参考点的下行信号信噪比和加衰落的下行信道。对于 DNF 设置，下行信号信噪比的参考点定义为定位系统旋转轴的间隙。对于 DFF 或 IFF 设置，下行信号信噪比的参考点被定义为 QZ 的几何中心。从 UE 的角度来看，参考点是 UE 天线阵的输入点，辐射解调和 CSI 测试的参考点如图 5-57 所示。

下行信号和噪声的波束方向应符合以下条件：如果射频测试已经有测得的下行最大波束方向，只要它满足 TS 38.521-4 中定义的最小隔离要求和对应的测试用例的流数，就可以复用该方向。否则需要选择满足参考灵敏度、最小隔离要求和测试用例对应的流数的波束方向。Rank 是空分复用流数，简单理解就是相同的时频资源在空间中分成几份同时传输。码字通过层映射映射到各个流上

（码字数≤流数≤天线端口数）。在时频资源不变的情况下，Rank 越高，实际吞吐率越高，可以通过多个不同的波束来实现多流。

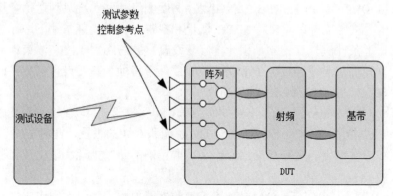

图 5-57   辐射解调和 CSI 测试的参考点

N_{oc} 是以子载波间距归一化的每 RE 平均功率的白噪声源的功率谱密度。对于模式 1 条件下的辐射测试解调和 CSI 要求，在实践中使用足够高的信号电平忽略 UE 的噪声影响是不可行的。因此解调需求要求噪声比 UE 峰值 EIS 水平高一个定义量，这样在指定的 N_{oc} 水平上，UE 噪声的影响下限被限制为不大于 Δ_{BB} 的值。由于 UE 的 EIS 级别与工作频段和功率级别有关，所以 N_{oc} 级别也与工作频段和功率级别有关。

UE 功率等级 3 的基线波段 n260 计算出的 N_{oc} 值四舍五入为-155dBm/Hz。对于单载波单频段设备，UE 功率等级 X（PC_X）和工作频段 Y（Band_Y）的 N_{oc} 级别可以用下面方法得到：

$$N_{oc}(\text{PC\_X, Band\_Y}) = -155\text{dBm/Hz} + \text{REFSENS}_{\text{PC\_X, Band\_Y, 50MHz}}$$
$$- \text{REFSENS}_{\text{PC3, n260, 50MHz}}$$

单载波的工作频段和功率等级的 N_{oc} 如表 5-104 所示，Δ_{BB}=1dB。对于功率等级 3 的 UE，在 N_{oc} 功率水平的基础上，测试用例执行的 N_{oc} 功率水平进一步提高 5.19dB。

表 5-104   不同功率等级的终端和频段对应的 N_{oc}

工作频段	N_{oc}/（dBm/Hz）			
	PC1	PC2	PC3	PC4
n257	−166.8	−163.8	−157.6	−166.3
n258	−166.8	−163.8	−157.6	−166.3
n260	−163.8	/	−155.0	−164.3
n261	−166.8	−163.8	−157.6	−166.3

5.5.2　测试方向的搜索方法

1．判定规范标准

一个给定的终端发射方向应满足以下要求。

（1）终端应通过射频测试中的参考灵敏度测试。

（2）测试设备 2 个极化支路之间应满足最小 12dB 的隔离要求。

（3）UE 报告的等级应高于或等于给定测试的预期等级。

2．无线线缆模式隔离程序

下面的步骤用来验证无线线缆模式是否已经建立，并且已经达到最小隔离要求。

（1）选择 3 个对齐选项（1、2 或 3）之一将 DUT 安装在静区内。如果在解调测试用例中应用重定位的概念，RX 波束峰值为 $0° \leqslant \theta \leqslant 90°$，则将 DUT 定位到 DUT 方向 1，否则将 DUT 定位到 DUT 方向 2（选项 1 或 2）。如果重新定位的概念不应用于解调测试用例，则将 DUT 定位到 DUT 方向 1。

（2）使用静态传播条件，通过 $Pol_{Link}=\theta$ 极化的测量天线将系统模拟器与 DUT 连接起来，形成朝向所需测试方向的接收波束。按照表 5-105 调整 SS 的下行功率，得到静区中心的下行信号功率 P_{DL}，执行支路隔离，实现无线线缆模式。

表 5-105　NR FR2 默认下行链路功率

SCS/kHz	下 行 配 置	单位	信道带宽/MHz			
			50	100	200	400
60	资源块数量		66	132	264	N/A
	带宽信道功率	dBm	−70	−67	−64	N/A
120	资源块数量		32	66	132	264
	带宽信道功率	dBm	−70	−67	−64	−61
	SS/PBCH SSS EPRE	dBm/60kHz	−99	−99	−99	−99

（3）验证无线电缆模式以及分支之间的最小隔离。① 从 DUT 中查询 θ 极化的 SS-RSRPB（$Pol_{Meas}=Pol_{Link}=\theta$），将两个测量值转换为 dBm，即 SS-RSRPB$_{B1}$ 和 SS-RSRPB$_{B2}$，计算从 θ 极化到分支 1 的隔离程度，即 ISO$_{\theta,B1}$ = SS-RSRPB$_{B1}$-SS-RSRPB$_{B2}$，计算从 θ 极化到分支 2 的隔离程度，即 ISO$_{\theta,B2}$ = SS-RSRPB$_{B2}$-SS-RSRPB$_{B1}$。② 使用静态传播条件，通过极化为 $Pol_{Link}=\phi$ 的测量天线将 SS 与 DUT 连接，形成朝向所需测试方向的 RX 波束。调整 SS 的下行功率，得到在静区中心定义的 P$_{DL}$。③ 同理计算 ISO$_{\phi,B1}$ 和 ISO$_{\phi,B2}$，若 ISO$_{\theta,B1}$ 和 ISO$_{\phi,B2}$ 或 ISO$_{\theta,B2}$ 和 ISO$_{\phi,B1}$ 超过 12dB，即达到无线线缆模式。

3．搜索方法

这里提供了用于解调和 CSI 测试的终端方向的搜索方法示例（不排除满足无线线缆模式隔离程序的其他方法），其中方法二是默认的方法。

（1）方法一：使用接收峰值方向搜索。首先按照射频测试的步骤对接收波束峰值方向进行搜索，然后运行无线线缆模式隔离程序，确保 UE 报告的等级高于或等于给定测试的预期等级。

（2）方法二：基于 RSRPB 的接收波束峰值方向搜索后备选项扫描，包括 3 个步骤。① 步骤一，开启终端定时 RSRPB 上报。然后进行网格点扫描，UE 扫描的网格点集可以是用户自定义的集，也可以是整个球面。对于每个网格点，首先通过 $Pol_{Link}=\theta$ 极化的测量天线将 SS 连接到 DUT，记录 $RSRPB$，形成朝向测量天线的 Rx 波束，$Pol_{Link}=\phi$ 化也是如此。一旦网格点扫描完成，根据 4 个 $RSRPB$ 的线性和（θ 和 ϕ 极化各两个）对网格点进行排序。对于前 10 个网格点，按照射频测试的测试配置进行灵敏度吞吐量测试，能够通过灵敏度吞吐量测试的网格点是可以用于运行测试的备选方向。如果不能继续找到网格点，则返回使用方法一。② 步骤二，对步骤一找到的备选方向进行等级 1（rank1）测试，即对找到的格点运行无线电缆隔离程序。③ 步骤三，对找到的备选方向进行等级 2（rank2）测试，即对网格点执行无线电缆模式隔离步骤。如果网格点满足最小隔离，则进行 RI 检查，如果终端上报 rank=2，退出操作。如果 UE 报告的等级不等于 2，则回到步骤一并移动到下一个网格。如果最终没有找到满足的网格点，则回退使用方法一。

5.5.3 解调性能测试

解调性能测试包括 PDSCH 解调性能测试和 PDCCH 解调性能测试两种。测试要求被测试的 UE 预先关闭上行发射分集方案，以适配测试环境中的单极化系统模拟器，但被测 UE 可进行双极化传输。

对于所有的解调测试用例，测试环境为常温，测试频率为中信道。

对于不同的工作频段，终端都需要支持 2 个接收端口，上报测试类型如表 5-106 所示。

表 5-106　上报测试类型

终端支持的接收天线端口	测 试 类 型
2 个	PDSCH
	PDCCH
	PBCH

为进行解调性能测试，终端必须支持的功能如表 5-107 所示。

表 5-107　具有 UE 功能信令的强制功能的适用条件

终端能力/功能	测 试 类 型	
支持的最大 PDSCH MIMO 层（最大数为 MIMO-LayersPDSCH）	FR2 TDD	PDSCH
支持 PT-RS，带有一个用于 DL 接收天线端口（一个端口 PTRS）	FR2 TDD	PDSCH
		SDR
PCell 操作 FR2（pCell-FR2）	FR2 TDD	SDR
PDSCH 映射类型 B（pdsch-MappingTypeB）	FR2 TDD	PDSCH

1. PDSCH 解调性能测试

　　PDSCH 映射类型分为类型 A 和类型 B 两种，其中类型 A 指时隙型调度，DMRS 的位置相对固定，其第一列所在符号位置相对时隙边界定义。类型 B 指非时隙型调度，DMRS 的位置随 PDSCH 浮动，其第一列所在符号位置相对 PDSCH 起点所在符号定义。目前 FR2 一致性测试仅要求测试类型 A。本测试目的是验证 PDSCH 类型 A 的调度性能，PDSCH 解调性能测试目的及测序号如表 5-108 所示。

表 5-108　PDSCH 解调性能测试目的及测序号

目　　的	测 试 序 号
验证 PDSCH 映射类型 A 在 2 个接收天线条件，以及不同的信道模型、MCSs 和 MIMO 层数的正常性能	1-1、1-3、1-4、2-1、2-2、2-3、2-4、2-5、2-6
验证 PDSCH 映射类型 A HARQ 在 2 个接收天线条件下的软组合性能	1-2
验证 PDSCH 映射类型 A 在 2 个接收天线和 2 个 MIMO 层条件下的增强性能要求	3-1

　　测试时设置 UE 的方向满足规定的 3 个规范标准。如果没有找到方向，就把测试标记为不可测，然后终端根据测试要求设置带宽、MCS、参考信道、传输条件、相关矩阵和信噪比等参数。当测量达到统计显著性的时间内的平均吞吐量时，统计每个子测试上行的 NACK、ACK 和 statdtx 的数量，判断通过或不通过。等级 1、等级 2 和增强型 X 接收器的等级 2 的测试要求如表 5-109～表 5-111 所示。

表 5-109　等级 1 最低要求

测试号	参考信道	带宽 (/MHz)/子载波间隔 (/kHz)	调制方式，码率	TDD 上行-下行模式	传输条件	相关矩阵和天线配置	参考值	
							最大吞吐率/%	SNR_{BB}/dB
1-1	R.PDSCH.5-1.1 TDD	100/120	QPSK，0.30	FR2.120-1. A	TDLC60-300	2×2 ULA 低	70	−0.4

续表

测试号	参考信道	带宽(/MHz)/子载波间隔(/kHz)	调制方式，码率	TDD 上行-下行模式	传输条件	相关矩阵和天线配置	参考值	
							最大吞吐率/%	SNR_{BB}/dB
1-2	R.PDSCH.5-2.1 TDD	100/120	16QAM，0.48	FR2.120-1	TDLA30-300	2×2 ULA 低	30	1.7
1-3	R.PDSCH.5-3.1 TDD	100/120	64QAM，0.46	FR2.120-1	TDLA30-300	2×2 XPL 中	70	12.4
1-4	R.PDSCH.5-10.1 TDD	50/120	256QAM，0.67	FR2.120-1	TDLD30-75	2×2 ULA 低	70	20.2

表 5-110 等级 2 最低要求

测试号	参考信道	带宽(/MHz)/子载波间隔(/kHz)	调制方式，码率	TDD 上行-下行模式	传输条件	相关矩阵和天线配置	参考值	
							最大吞吐率/%	SNR_{BB}/dB
2-1	R.PDSCH.5-4.1 TDD	100/120	QPSK，0.30	FR2.120-2	TDLA30-75	2×2 ULA 低	70	4.1
2-2	R.PDSCH.5-2.2 TDD	100/120	16 QAM，0.48	FR2.120-1	TDLA30-300	2×2 ULA 低	70	14.4
2-3	R.PDSCH.5-5.2 TDD	50/120	16 QAM，0.48	FR2.120-2	TDLA30-75	2×2 ULA 低	70	14.0
2-4	R.PDSCH.5-2.3 TDD	200/120	16 QAM，0.48	FR2.120-1	TDLA30-300	2×2 ULA 低	70	14.2
2-5	R.PDSCH.4-1.1 TDD	50/60	16 QAM，0.48	FR2.60-1	TDLA30-75	2×2 ULA 低	70	14.3
2-6	R.PDSCH.5-6.1 TDD	100/120	64 QAM，0.43	FR2.120-2	TDLA30-75	2×2 ULA 低	70	18.6

表 5-111 增强型 X 接收器的等级 2 最低要求

测试号	参考信道	带宽(/MHz)/子载波间隔(/kHz)	调制方式，码率	TDD 上行-下行模式	传输条件	相关矩阵和天线配置	参考值	
							最大吞吐率/%	SNR_{BB}/dB
3-1	R.PDSCH.5-5.1 TDD	100/120	16 QAM，0.48	FR2.120-2	TDLA30-75	2×2 ULA 中	70	19.0

2. PDCCH 解调性能测试

本测试是在给定信噪比的情况下，通过下行链路调度授权（Pm-dsg）的误检测概率，验证 PDCCH 在单天线端口上的解调性能。

解调性能测试参数配置如表 5-112 所示。测试（仅在省电模式测试时设置）在 DRX 关闭状态下，SS 使用 DCI 格式 2_6 传输 PDCCH。使用上节中搜索方法中的任一方法找到的 UE 方向，如果没有找到方向，将测试标记为不确定。
SS 传输 DCI 格式的 PDCCH，要求 C_RNTI 传输 DL RMC 时使用 PDCCH 参考
通道。终端根据测试要求设置传输条件、天线配置、相关矩阵和信噪比等参数。

表 5-112 解调性能测试参数

参　　数	单　　位	单发射天线	双发射天线
TDD UL-DL pattern		FR2.120-1	
CCE 到 REG 的映射类型		交叉传输	
REG 包的大小		测试号 1-1: 2, 测试号 1-2: 6	2
交织尺寸		测试号 1-1: 3, 测试号 1-2: 2	3
交换指数		0	

测量 Pm-dsg 的持续时间足以达到统计显著性。统计每个子测试间隔内上
行 PUCCH 上 nack、ACKs 和 statdtx 的个数。下行调度授权丢失的平均概率
Pm-dsg 为(statDTX)/(NACK+ACK+statDTX)的比。如果 Pm-dsg 小于表 5-113 中
的值，则终端通过测试，否则失败。

表 5-113 120kHz SCS 的最低性能要求

测试号	发射天线/个	带宽/MHz	CORESET（控制资源集）		聚合级	参考信道	传输条件	相关矩阵和天线配置	参考值	
			RB	持续时间					最大吞吐率/%	SNR_{BB}/dB
1-1	1	100	0	1	2 CCE	R.PDCCH.5-1.1 TDD	TDLA30-75	1×2 低	1	7.7
1-2	1	100	60	1	4 CCE	R.PDCCH.5-1.2 TDD	TDLA30-300	1×2 低	1	4.3
2-1	2	100	60	1	8 CCE	R.PDCCH.5-1.3 TDD	TDLA30-75	2×2 低	1	3.2
2-2	2	100	60	2	16 CCE	R.PDCCH.5-2.1 TDD	TDLA30-75	2×2 低	1	0.2
3-1	1	100	60	1	4 CCE	R.PDCCH. 5-1.2 TDD	TDLA30-300	1×2 低	1	4.7

5.5.4 CSI 上报测试

CSI 自 LTE R10 引入，主要用于服务小区和邻区测量，是 UE 用于将下行
信道质量反馈给 gNB 的信息，以便 gNB 对下行数据的传输选择一个合适的
MCS，减少下行数据传输的 BLER（block error rate，块差错率）。

在 5G NR 中，CSI-RS 的用途也进行了进一步扩充，主要包括 CQI、PMI、
CSI 参考信号资源指示符、LI（layer indicator，层指示符）、RI、L1-RSRP（layer
1 reference signal received power，层 1 参考信号接收功率）等信道状态信息测量、
波束管理、通过 TRS 信号实现的时频跟踪、通过 CSI-RS 跟踪测量的移动性管
理以及速率匹配。此外还有伴随 CSI-RS 使用，主要用作干扰测量的 CSI-IM

（channel state information-interference measurement，信道状态信息-干扰测量）。但 CSI-RS 最典型的价值仍然是结合 MIMO 技术，基于 CSI-RS 对应的 PDSCH 参考资源的测量进行 CQI 的上报以及闭环与编码索引（PMI），供基站进行赋形预编码矩阵的选择。

  CSI 的工作原理是，首先 gNB 给终端配置适当的 CSI-RS 资源，然后终端对 CSI-RS 进行测量并计算所需要的 CSI，最后通过 PUCCH/PUSCH 上报给 gNB。终端上报 CSI 给 gNB，gNB 会根据上报的内容进行调度的调整以及波束管理相关的工作，因此 CSI 的上报是非常重要的。CSI 上报测试类型以及强制 UE 具有的能力如表 5-114 所示。同解调性能测试一样，对于不同的工作频段，终端需要支持 2 个接收端口。

表 5-114　上报测试类型

终端支持的接收天线端口	测试类型	支持的最大 PDSCH MIMO 层数	支持 1 端口 PTRS
2 个	信道质量指示上报测试	√	√
	预编码矩阵指示上报测试	/	√
	秩指示上报测试	√	√

  测试环境基于间接远场，最大设备尺寸≤30cm 的功率等级 3 的终端，在无衰落情况下最大可测试 SNRBB 的设定如表 5-115 所示。基于 SNR_{BB}，各频段的 CQI 上报测试用例如表 5-116 所示。

表 5-115　最大至 64 QAM、无衰落情况下的最大可测试 SNR_{BB} 的设定

频段/测试频率	最大可测 SNR_{BB}/dB		
	信道带宽 50MHz	信道带宽 100MHz	信道带宽 200MHz
n257 中信道	28.7	25.5	22.5
n258 中信道	28.7	25.5	22.5
n259 中信道	18.4	15.2	12.1
n260 中信道	22.5	19.3	16.3
n261 中信道	28.7	25.5	22.5

表 5-116　每个频段基于最大可测 SNR 的测试要求的可测试性

测试用例	测试点	信道带宽/MHz	衰落	SNR 测试要求	测试点适用性				
					n257	n258	n259	n260	n261
两接收 TDD 加性高斯白噪条件下周期性宽带 CQI 上报	1	100	否	9	适用	适用	适用	适用	适用
	2	100	否	15	适用	适用	适用	适用	适用
两接收 TDD 衰落条件下周期性宽带 CQI 上报	1	100	是	7	适用	适用	适用	适用	适用
	2	100	是	13	适用	适用	-	适用	适用

续表

测试用例	测试点	信道带宽/MHz	衰落	SNR 测试要求	测试点适用性				
					n257	n258	n259	n260	n261
两接收 TDD 衰落条件下周期性宽带 CQI 上报-256 QAM	3	50	是	8	TBD	TBD	TBD	TBD	TBD
	4	50	是	21	TBD	TBD	TBD	TBD	TBD
两接收 TDD FR2 秩指示上报	1	100	是	0	适用	适用	适用	适用	适用
	2	100	是	16	适用	适用	-	-	适用
	3	100	是	16	适用	适用	-	-	适用

测试时设置 UE 的方向应满足规定的 3 个规范标准。如果没有找到方向，就把测试标记为不确定。CSI 上报测试中需要用到的测试参数如表 5-117 所示，其中与 FR1 TDD 2RX 一样的配置这里不再重复列出。

表 5-117　CSI 上报测试参数

通用参数		单位	测试
带宽		MHz	100
子载波间隔		kHz	120
TDD 时隙配置			CQI 用 FR2.120-2，PMI 测试 1 和 PI 用 FR2.120-2
			PMI 测试 2 用 FR2.120-1
传输信道条件			CQI 用高斯白噪声 AWGN PMI 和 RI 用 TDLA30-35
天线配置			CQI 为 2×2 及静态信道条件
			PMI 和 RI 2×2 及 ULA 低信道
ZP CSI-RS 配置	用于 CSI-RS (k0, k1)的 PRB 中第一个子载波索引		第 4 行，(8,-)
	用于 CSI-RS (l0, l1)的 PRB 中第一个 OFDM 符号		(13,-)
	CSI-RS 间隔和偏移量	slot	8/1
NZP CSI-RS 用于 CSI 获取	CSI-RS 资源类型		CQI 是周期性、PMI 和 RI 是非周期性
	NZP CSI-RS-时间配置周期和偏移量	slot	CQI 为 8/1、PMI 和 RI 不进行配置
	用于 CSI-RS (k0, k1)的 PRB 中第一个子载波索引		第三行，(6,-)
	用于 CSI-RS (l0, l1)的 PRB 中第一个 OFDM 符号		(13,-)

续表

通用参数		单位	测试		
CSI-IM 配置	CSI-IM 资源类型		CQI 是周期性、PMI 和 RI 是非周期性		
	CSI-IM 时间配置周期性和偏移量	slot	CQI 为 8/1、PMI 和 RI 不进行配置		
	CSI-IM RE 模式		1		
	CSI-IM 资源映射（kCSI-IM，lCSI-IM）		(8, 13)		
CQI 表			Table 1		
上报配置类型			CQI 是周期性、PMI 和 RI 是非周期性		
CSI-上报的周期性和偏移量		slot	CQI 为 8/3、PMI 和 RI 不进行配置		
CSI 上报的物理信道			CQI 为 PUCCH、PMI 和 RI 是 PUSCH		
HARQ 传输最大数			CQI 和 RI 是 1，PMI 是 4		
PMI 及 CQI 测试参数		单位	测试 1		测试 2
PMI 时延		ms	1.375		1.75
CQI 时延		ms	8.375		8.375
CQI SNR_{BB}		dB	8	9	14	15
RI 测试参数		单位	测试 1	测试 2	测试 3
RI SNR		dB	0	16	16
RI 配置			固定 RI = 2	固定 RI = 1	固定 RI = 1
RI 时延		ms	1.375	1.375	1.375

　　CSI-RS 是用于测量 CSI 的重要信号,基站根据测量需求配置 CSI-RS 资源,CSI-RS 的主要应用场景有：初始 CQI 上报,用以初始 MCS 选择;PMI 上报,用于预编码矩阵的计算以及终端移动时的服务小区和邻区测量;RI 上报,即 RANK 上报。

　　CSI-RS 分为非零功率 CSI-RS（non-zero power CSI-RS,NZP CSI-RS）和零功率 CSI-RS（zero-power CSI-RS,ZP CSI-RS）两种。非零功率 CSI-RS 可用于信道测量,计算 CQI、PMI、LI、RI 等值上报基站用作链路自适应的 PDSCH 传输以及 MIMO 预编码;或者用于计算 L1-RSRP,上报基站用于连接态波束管理（由于只需要测量 RSRP,端口数一般配置 1 或 2）。也可用作干扰测量,主要用作小区内 MU-MIMO 用户间干扰测量。UE 假设每个 CSI-RS 端口对应一个干扰传输层,UE 将所有干扰层的干扰测量进行累加。ZP CSI-RS 不实际映射到物理资源上,只用于 PDSCH 的速率匹配,即配置为 ZP CSI-RS 的 RE 不用于 PDSCH。

　　CSI-IM 主要用于小区间干扰测量,因此在当前小区 CSI-IM 资源通常配置为 ZP CSI-RS,即不传输任何东西,而在邻小区相同的资源上则有正常的信号传输（如数据传输）,这样 UE 通过测量 CSI-IM 资源的接收功率可以估计出来自其他小区的干扰,在 CSI-IM 上测得信号通常假设为邻小区的 PDSCH。CSI-IM 资源也支持 periodic、semi-persistent 和 aperiodic 3 种时域行为。如果只采取基于 CSI-IM 的干扰测量，则 CSI-IM 的资源数与用于信道测量的 NZP CSI-RS 资源数相同，且 CSI-IM 资源与 NZP CSI-RS 资源一一对应，以用于特定的 CSI 报告。

1. CQI 上报测试

CQI 是一个载有有关通信信道质量的好坏的信息指标。下行链路自适应算法基于 UE 上报的 CQI 来进行。UE 对无线信道质量如 SINR 进行测量，并上报信道相关的 CQI 信息，用以为分组调度和链路适配等无线资源管理算法提供信道质量信息，链路适配算法则基于 CQI 选择最有效的调制和编码机制。

本测试目的是验证上报的 CQI 值是否符合 3GPP TS 38.214 中给出的 CQI 定义。考虑到输入信噪比的灵敏度，如果在两个分离的信噪比水平中至少有一个满足上报精度要求，则可认为上报定义得到了验证，两个信噪比水平之间的偏移量为 1dB。测试要求如下。

（1）报告的 CQI 值应在 90%以上报告中位数的±1 范围内。

（2）如果使用中位数 CQI 表示的传输格式的 PDSCH BLER 小于或等于 0.1，则使用（中位数 CQI + 1）传输格式的 BLER 应大于 0.1。如果使用中位数 CQI 表示的传输格式的 PDSCH BLER 大于 0.1，则使用（中位数 CQI-1）传输格式的 BLER 应小于或等于 0.1。

2. PMI 上报测试

PMI 上报测试中性能要求是基于预编码增益定义的，与使用随机预编码的情况相比，当发射机根据 UE 报告配置发射机时，吞吐量相应增加。当发射机使用随机预编码时，对每个 PDSCH 分配随机生成预编码器并应用于 PDSCH。为所有需求配置了固定的传输格式（FRC）。

有 2 个发射的传输模式 1 的测试要求和更高层参数用比率 $\gamma = t_{ue}/t_{rnd}$ 的形式表示。其中 t_{ue} 是使用根据 UE 报告配置的预编码器在 SNR_{ue} 获得的最大吞吐量的 90%，而 t_{rnd} 是采用随机预编码在 SNR_{ue} 测得的吞吐量。若最终得到得 $\gamma \geqslant 1.05$，则测试通过，否则测试失败。

3. RI 上报测试

UE 上报的 RI 是基于 CSI-RS 测量得到的。终端根据接收到的 CSI-RS 预估下行最优的秩（rank），并通过 RI 反馈给基站。这个测试的目的是验证所报告的秩指示器是否准确地表达信道的秩。RI 报告的准确性是相对于使用固定秩进行传输时的吞吐量，由基于上报秩传输时获得的吞吐量的增加决定的。

RI 上报测试要求如表 5-118 所示，根据 UE 报告 RI 发送时得到的吞吐量与固定秩 1 发送时得到的吞吐量之比 $t_{reported}/t_{fix}$ 应大于或等于 γ_1；同理，根据 UE 报告 RI 发送时得到的吞吐量与固定秩 2 发送时得到的吞吐量之比应大于或等于 γ_2。

表 5-118　RI 上报测试要求（TDD）

	测试 1	测试 2	测试 3
γ_1	N/A	1.05	1.05
γ_2	1.0	N/A	N/A

5.6　无线资源管理测试

　　无线资源管理（RRM）是无线网络和终端的关键功能，主要是指对通信系统中的无线资源进行规划及管理，使终端有效地利用现有的无线电资源，同时也提供了使终端能够满足无线电资源相关需求的机制。RRM 一致性测试主要关注的是终端在 RRM 性能方面的能力是否与 3GPP 标准中定义的一致。

　　5G 终端 RRM 的标准为 3GPP TS 38.533，根据网络部署情况和频率范围，其测试要求分为 4 个主要章节，其中涉及 FR2 的章节是第 5 章和第 7 章。第 5 章包含支持 EN-DC option 3 的终端测试用例，第 7 章包含支持 SA option 2 的终端测试用例。移动终端 FR2 RRM 性能测试主要有以下内容。

　　（1）空闲模式和非激活模式。考察由配置参数（阈值和迟滞值）控制的小区重选算法确定最佳小区和/或决定终端何时应该选择一个新的小区。此类用例用于验证终端处于空闲状态下小区重选的能力。

　　（2）考察在连接模式下通过专用信令传输的 UE 测量和报告流程的配置，以及所需信道测量的报告的准确性。

　　（3）连接模式考察所支持的无线连接的移动性能。

　　（4）切换决策是基于终端或者基站的测量。

　　（5）多制式间的无线资源管理是考察与移动制式间移动性有关的无线电资源管理，如多制式间的切换。

　　具体需要考察的内容与 FR1 相似，详细要求参见 TS 38.533，其中很多用例的测试方法和测量公差等仍在讨论完善中。FR2 的 RRM 测试方法同 FR2 射频发射接收测试一样，需要在 OTA 模式下进行，考虑到 RRM 的测试场景，在测试环境的实现方式上与 FR1 有很大差异，本节将重点进行介绍。

5.6.1　基础概念

　　在 FR2 无线资源管理一致性测试基础概念中，不同于 FR1 的主要有测试频段分组不同、由于 OTA 测试方法的引入带来到达角概念及分类。

1．测试频段分组

　　频段分组的目的是增加测试规范的可读性。根据 3GPP 核心标准对终端参

考灵敏度的要求，假设相邻组间步长为 0.5dB 推导频段分组。各组按参考灵敏
度增加的顺序定义，即 A 组的参考灵敏度最小。

　　对于相同的子载波间隔（SCS）和给定的带宽，在 TS 38.533 的相应要求中，
同一组的频段具有相同的 Io 条件。对于同一频带和同一带宽支持的不同 SCS，
要求的频段可适用不同的 Io 条件。对于相同的 SCS 但支持的带宽不同，频段
组是根据其支持的带宽中子载波数量标准化的最低参考灵敏度需求来确定的。
FR2 NR 频段组如表 5-119 所示。

表 5-119　FR2 NR 频段组

分　　组	频段分组标记	工 作 频 段
A	NR_TDD_FR2_A	n257[①]、n258[①]、n261[①]
B	NR_TDD_FR2_B	n257[④]、n258[④]、n261[④]
F	NR_TDD_FR2_F	n260[④]
G	NR_TDD_FR2_G	n260[①]
L	NR_TDD_FR2_L	n257[②]、n258[②]、n261[②]
T	NR_TDD_FR2_T	n257[③]、n258[③]、n261[③]
Y	NR_TDD_FR2_Y	n260[③]
AA	NR_TDD_FR2_AA	n259[③]

① 终端功率等级 1。

② 终端功率等级 2。

③ 终端功率等级 3。

④ 终端功率等级 4。

2. 到达角的概念及分类

　　到达角（AoA）指的是入射波与天线阵列的夹角，到达角概念示意图如
图 5-58 所示。

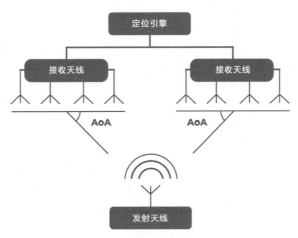

图 5-58　到达角概念示意图

对于 FR2 的 RRM 测试，一些测量用例需要多个到达角来体现，考虑到这些需要多个到达角的波束赋形场景以及测试设置的复杂性和可实现性，目前 TS 38.533 中定义了以下几种到达角的类型。

（1）类型 1：下行波束峰值方向的单到达角。

该测试中只有一个基站探头是工作的。从探头传输的下行信号和噪声对准终端 Rx 波束峰值方向。

（2）类型 2：非下行波束峰值方向的单到达角。

与类型 1 从基站探头传输的下行信号和噪声对准的方向不同，该方向来自 UE 功率级别对应的 EIS 球面覆盖的一组方向。它又分为 2a 和 2b 两个子类型。① 类型 2a 的信号的方向在测试迭代之间不会变化。② 对于 UE 功率等级 3，类型 2b 信号的方向会在每次测试迭代中改变。除非测试用例另有规定，测试设备应在至少 33 个不同的测试点之间交替进行测试。在连续迭代中使用的 AoA 之间的最小间隔应为 30°。如果不可能找到符合要求的 33 个不同的测试点，则测试应在所有可用的测试点之间交替进行。

（3）类型 3：两个到达角。

此类型中有 2 个工作的基站探头。从这两个探头传输的 DL 信号和噪声，对准与 UE 功率级别对应的 EIS 球面覆盖的方向组。2 个基站探头的方向之间的相对角偏移，应在每次测试迭代中改变。测试设备应在至少 33 个不同的测试点之间交替进行测试。测试点应从 UE 角度来考虑主动探头之间的相对角度偏移，以及每个信号的 AoA。对于连续的测试点，工作探头之间的相对角度偏移必须进行变化。

表 5-120 给出了相对应每个 UE 功率等级的基站探头之间的相对角度偏移。

表 5-120　相对应每个 UE 功率等级的基站探头之间的相对角度偏移

终端功率等级	相对探头之间的角度偏移
1	待定
2	待定
3	30°、60°、90°、120° 及 150°
4	待定

（4）类型 4：两个到达角，一个在接收波束峰值方向，一个在非波束峰值方向。

此类型中，两个工作的基站探头，一个对准接收波束峰值方向，另一个对准球面覆盖对应的方向组。根据方向是否变化，分为两个子类型，类型 4a 和类型 4b。类型 4a 对准非波束峰值方向，信号方向在迭代测试中不会变化。类型 4b 同类型 3 一样，需要在测试过程中进行方向变化。

以上四种类型到达角的总结如表 5-121 所示。

表 5-121　到达角类型总结

类　　型		基站探头/个	探头对准方向	方向是否变化
1	1	1	接收波束峰值方向	否
2	2a	1	非接收波束峰值方向	否
	2b	1		是
3	3	2	均非接收波束峰值方向	是
4	4a	2	一个接收波束峰值方向，另	否
	4b	2	一个非接收波束峰值方向	是

5.6.2　测试方法

在 LTE 中，空间特性被建模为静态二维的，但对于 5G NR（特别是在毫米波频率下），空间特性是三维的和高度动态的。为了解决这种更高水平的空间模拟，3GPP R16 开启了相关研究内容，该研究将静态视线连接从 R15 扩展到更具挑战性和现实意义的 FR1 和 FR2 频率。对于毫米波频段，R16 研究的主要重点是空间场的解调和 RRM 测试，这使 3GPP 辐射要求和测试方法与正常运行中将遇到的实际传播条件之间存在最大的差距。

1. 测试装置的能力要求

FR2 RRM OTA 测试允许的测试方法有 DFF、简化型 DFF、IFF、加强型 IFF 以及 IFF+DFF 混合型。基本测试装置需要具有以下能力。

1）模拟最多两个 NR 发射接收点（TRxP）

有用信号和噪声信号可以由一个或两个基站探头传输。测试描述将定义在参考点的每个 TRxP 的真实信号、噪声、信噪比、载噪比水平。

2）支持的测试场景

对于同时需要 LTE 和 NR FR2 载波的测试场景，需要提供从 LTE 到 DUT 的连接。对于同时需要 NR FR1 和 NR FR2 载波的测试场景，应提供 NR FR1 到 DUT 的连接。仿真的 LTE 小区和 NR FR1 小区只需要提供稳定的信号，无须精确的传播建模或路径损耗控制，也不需要进行 LTE/FR1 载波的性能验证。

3）定位系统中 DUT 和测试系统天线之间的两个自由轴的角关系

对于 $N_{\text{MAX\_AoAs}} = 2$ 的装置，其 $N_{\text{MAX\_AoAs}}$ 之间的相对角度关系对应于基站探头对，需要支持以下几种角：30°、60°、90°、120° 和 150°。对于单个有源探头的场景，当需要改变目标 AoA 的角步进时，需要能够支持 30°、60°、90°、120° 和 150° 这几种初始和目标 AoA 的相对角变化值。

4）天线、极化和同时工作的 AoA 数量

N 个双极化天线用于将仿真基站的信号传输到 DUT。天线信号发送到测试

区，其极化不会影响 DUT 接收一致性和可预测的功率水平。$N \geqslant N_{MAX\_AoAs}$，其中 N_{MAX_AoAs} 是同时到达 AoA 的最大有源信号角度。对于不同的测试方法，N_{MAX_AoAs} 是不同的，如表 5-122 所示。

（1）对于基于 DFF 的终端 RRM 基线测量装置，支持的 $N_{MAX\_AoAs} = 2$。

（2）对于基于简化 DFF 的终端 RRM 基线测量装置，支持的 $N_{MAX\_AoAs} = 1$。

（3）对于基于 IFF 的终端 RRM 基线测量装置，支持的 $N_{MAX\_AoAs} = 1$。

（4）对于基于加强型 IFF 的终端 RRM 基线测量装置，支持的 $N_{MAX\_AoAs} = 2$。

（5）对于基于 IFF+DFF 混合型的终端 RRM 基线测量装置，支持的 $N_{MAX\_AoAs} = 2$。

表 5-122　根据允许的测试方法设置 AOA 测试的适用范围

AoA 测试类型	$D > 5cm$ 或无要求	$D \leqslant 5cm$
类型 1	IFF、增强型 IFF	DFF、IFF、增强型 IFF、IFF+DFF
类型 2a	IFF、增强型 IFF	DFF、IFF、增强型 IFF、IFF+DFF
类型 2b	IFF、增强型 IFF	DFF、IFF、增强型 IFF、IFF+DFF
类型 3	增强型 IFF	DFF、增强型 IFF、IFF+DFF
类型 4a	增强型 IFF	DFF、增强型 IFF、IFF+DFF
类型 4b	增强型 IFF	DFF、增强型 IFF、IFF+DFF

注：1. D 指的是由终端厂家声明的测试中天线阵的直径。
　　2. DFF 包含 DFF 和简化型 DFF。

5）天线端口映射

当 RRM 测试需要多个下行传输天线端口时，会将不同的天线端口映射为不同的极化方式。

6）传播条件

测试方法需能建模终端与模拟基站间的传播条件，包括静态传播条件与多径衰落传播条件，其中 DUT 和仿真基站源之间的多路径衰落传播条件被建模为单探测信道模型，同解调测试采用了相同的框架。

2. 测试装置

TR 38.810 中关于毫米波无线资源管理测量环境设置的基本原理如图 5-59 所示。基于直接远场方法，其中 DUT 与连接到仿真基站源的两个或多个探测天线保持相等距离。探头以 30°～180° 的不同角度间距，30° 为增量，半圆的形式分布。基站探头的绝对位

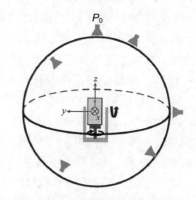

图 5-59　RRM 特性基线测量设置

置取决于实现方式。两个到达角之间的相对角关系可以使用任何基站探头组合来实现。坐标系统的相对方向是相对一个探头定义的，这个基站探头被称为参考探头 P_0，z 轴是沿着这个探头定义的。静区验证质量只需使用参考探头 P_0 进行，且仅用于评估单向 EIRP 和 EIS 指标。

多探头法（multi-PRobe anechoic chambeR，MPAC）是比较主流的 MIMO OTA 测试方法，如图 5-60 所示。测试时，将 DUT 置于环形暗室测量系统的中心。在环形暗室四周等距排布若干个标准双极化喇叭天线，模拟不同路径下到达终端的信号。

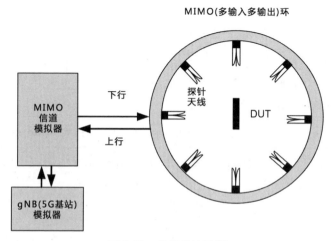

图 5-60　多探头法示例

鉴于 MPAC 方法在 4G 终端 MIMO OTA 测试中被广泛接受，因此很容易考虑将 MPAC 方法扩展到毫米波应用中。然而，直接扩展到三维信道模型和应用到毫米波显得不切实际，因为当波长减小和 DUT 尺寸增大时，需要太多的探测天线，这大大增加了系统的复杂性。3D MPAC 测试方法是 FR2 MIMO OTA 测试的参考方法。通过在 DUT 周围布置天线阵列，可以模拟三维 MPAC 系统中到达角的空间分布，从而使 DUT 暴露在似乎源自复杂多径远场环境的近场环境中。目前支持的最大测试区域大小为 20cm。

信号从基站/通信测试器通过一个被称为空间信道模型的模拟多径环境传播到 DUT，在此情况下，在通过探针阵列将所有定向信号同时注入腔室之前，对每个路径施加适当的信道损伤，如多普勒和衰落。测试区域的场分布结果由 DUT 天线集成，并由接收机处理，与在任何非模拟多路径环境中一样。带有 6 个双极化探针的 3D MPAC 系统（见图 5-61 中的黑点）放置在距离测试区域中心最小半径为 0.75m 的扇形上，支持进行 NR FR2 MIMO OTA 测试。

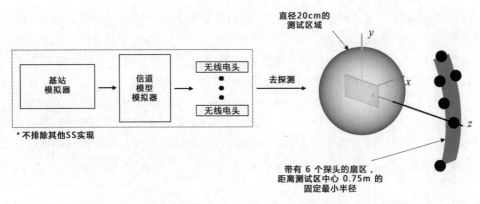

图 5-61 用于 NR FR2 MIMO OTA 测试的 3D MPAC 系统布局

探头相对于 OTA 测试系统坐标系中的精确位置如表 5-123 所示，其中的
3D MPAC 探针，只要采用相同的探针结构和探针数量，既可以采用传统的毫米
波探针，也可以采用基于 IFF 的探针。

表 5-123 FR2 3D MPAC 探头在 OTA 测试系统坐标系中的精确位置

探　头	$\theta/°$	$\varphi/°$
1	0.0	0.0
2	11.2	116.7
3	20.6	−104.3
4	20.6	104.3
5	20.6	75.7
6	30.0	90.0

在通道模型坐标系中定义通道模型参数和实现通道模型的探针位置，信道
坐标轴模型如图 5-62 所示。信道模型坐标轴 x_{CM}、y_{CM}、z_{CM} 分别对应 OTA 测
试系统坐标轴 z、y、$-x$。

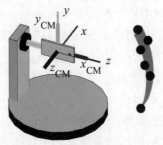

图 5-62 信道坐标轴模型

信道坐标系模型中 FR2 3D MPAC 的探头位置如表 5-124 所示。

表 5-124 信道坐标系模型中 FR2 3D MPAC 的探头位置

探 头	$\theta/°$	$\varphi/°$
1	90	0
2	85	10
3	85	−20
4	85	20
5	95	20
6	90	30

3．参考点 RPM 测试的测试参数和测试指标

1）测试参数

（1）下行信号的信噪比。

（2）下行功率级（如 EPRE）（来自 AoA）。

（3）两个信号的相对下行功率水平。

（4）来自频段内或频段间小区。

（5）来自相同或不同的到达角。

（6）两个信号的相对下行时间。

（7）每个信号的加衰落下行信道。

（8）到达信号的到达角。

2）测试指标

（1）终端传输的上行 PRACH 水平。

（2）终端传输的相对上行 PRACH 水平。

（3）终端上行传输相对于下行信号的时间。

（4）终端上行传输相对于下行信号的相对时序变化。

（5）对下行事件引起的上行事件进行定时测量。

3）测试频率

以 FR2 n257（SCS 120kHz、ΔFRaster 120kHz、SSB SCS=120kHz、k_{SSB}=0、Offset(RBs)=0）为例，频段 n257 测试频率要求如表 5-125 所示。

表 5-125 频段 n257（SCS 120kHz、ΔFRaster 120kHz、SSB SCS=120kHz、k_{SSB}=0、Offset(RBs)=0）的测试频率要求

信道带宽/MHz	载波带宽/PRBs	范 围		中心载频/MHz	中心载频	A 点/MHz	A 点绝对频率
100	66	下行和上行	中	28015.68	2079427	27968.16	2078635
100	66	下行和上行	相邻带间频率小区	28119.36	2081155	28071.84	2080363

4）参考点和测试模式

对于基于 DFF 和 IFF 的 RRM 基线测量设置，参考点位于静区的中心。从

UE 的角度来看,参考点是 UE 天线阵列的输入点。测试系统需要提供功率水平的校准、相对功率水平测试参数和 RRM 指标(在要求的 AoA 下)。另外应在声明的不确定性范围内提供适当的时序和相对时序测试参数。

NR RRM 测试方法可支持下列有用信号(S)和噪声信号(N)配置的模式。

模式 1(信噪比模拟):测试系统传输有用信号和噪声信号,以模拟目标信噪比条件。其中每个试验用例都会指定到达角及每个到达角的参考点处的绝对节点等级 N_{oc} 和信噪比。

模式 2(无噪声传输):测试系统仅传输有用信号。

5)支持的 RRM 测试需求类型

类型 1:在假设终端使用了终端接收波束细扫模式的情况下定义的 RRM 测试需求。细扫得到的终端接收波束用于执行 PDSCH 接收和定义终端射频需求(如 EIS、EIS 球面覆盖)。

类型 2:在假设终端使用了终端接收波束粗扫模式的情况下定义的 RRM 测试需求。粗扫得到的终端接收波束用于 RRM 测试,如 SSB 测量。

6)测试方向的选择方法

对于如何选择满足一定前提条件的测试方向(用来执行测试的 AoA),从 RRM 基线测量设置的角度来看,分为以下两种方法。

方法 1:在 RRM 基线测量系统中运行一个预测试,以识别所有的方向(具有给定的空间粒度),其中 UE 满足给定的前提条件(如 EIS 球面覆盖)。然后,根据给定的规则,从有效的方向中选择测试方向。在测试描述中指定要满足的前提条件,以及如何从有效的方向中选择测试方向的规则。

方法 2:对于每个给定的潜在方向,首先测试一个给定的先决条件(如给定功率的最小 TP),以验证该方向对测试是否有效。如果方向有效,则测试需求,否则按照给定规则跳转到下一个潜在方向。在测试描述中规定如何选择潜在的方向和验证它们作为测试方向的前提条件。

4. 峰值方向的搜索方法

同射频一致性测试一样,在进行 RRM 测试用例执行前,需要对接收峰值方向进行搜索。基于 RSRPB 扫描的接收峰值方向搜索方法可以用于到达角类型 1 和类型 4 的测试方向之一。该方法大大减少了寻找峰值波束位置的时间,可用于 DFF 和 IFF 测试暗室。若通过该方法无法找到足够的网格点,那么需要使用同射频测试一致的传统的接收波束峰值扫描方法。

通过三维 RSRP(B)扫描(分别为每个正交下行极化)找到接收波束的峰值方向,即 RSRP 的最大总分量的位置。搜索步骤如下。

(1)终端启用定期 RSRPB 报告。

(2)终端扫描的网格点集合可以是用户定义的部分或整个球面。

（3）将下行 SSB_RP（位于 QZ 的中心）设置为-95dBm/SCS。对于每个栅格点，通过具有 $Pol_{Link}=\theta$ 极化的测量天线将 SS 连接到 DUT，形成朝向测量天线的 Rx 波束，记录 RSRPB。

（4）对于每个网格点，计算 $Pol_{Link}=\theta$ 的 RSRPB 结果作为两个 RSRPB 报告的线性和（每个接收器分支一个）。

（5）设置 $Pol_{Link}=\phi$，重复步骤（1）和步骤（4）。

（6）在网格点扫描完成后，根据 $Pol_{Link}=\phi$ 和 $Pol_{Link}=\theta$ 的 RSRPB 结果的线性和对网格点进行排序。

（7）在步骤（6）的 10 个点中选择参考结果最好的网格点作为使用 AoA 类型 1 或 4 的 RRM 测试用例的 Rx 波束峰值。

（8）在 RSRPB 结果上叠加 RRM 波束峰值的 EIS 结果，以获得 EIS 球面覆盖（SC）图的估计值。

（9）从步骤（8）中的 EIS 图中选择所有符合 EIS SC 标准的点作为到达角类型 2a、2b、3、4a 和 4b 的潜在测试方向。为了确认网格点是否是合适的，可以进行参考吞吐量测试，并验证是否符合 EIS 球面覆盖标准。

5.6.3 测试内容

TS 38.533 中除 5.7、7.7 节外，其他所有的无线资源管理性能均与频段无关。因此，可以在 UE 支持的频段中验证每个测试用例中所需的性能，但在条款 3A.1 中的频段间测试要求除外。7.7 节中的 NRSA 测试用例依赖目标小区的 NR 频段，因此需要在所有 UE 支持的 NR 频段中进行验证。5.7 节中的 EN-DC 测试用例和 8.5.2 节中的 inter-RAT 测试用例依赖目标小区的 NR 频段，因此也需要在所有 UE 支持的 NR 频段中进行验证。不需要对不同的 LTE 频段重复测试。对于具有相同 NR 频段的 EN-DC 配置，只需配置其中任何一个进行测试即可。

1. RRC_IDLE 状态移动性

LTE 的 RRC 仅有 RRC_IDLE 和 RRC_CONNECTED 两种状态，而 5G NR RRC 支持 3 种状态，即 RRC_IDLE、RRC_INACTIVE、RRC_CONNECTED。5G 引入了 RRC_INACTIVE 状态是基于对 5G 应用场景之一 eMTC（增强机器类通信）的要求，满足大量连接设备低功耗、快速接入、低时延且信令开销小等特征的要求。

目前 FR2 RRM 一致性测试在这部分仅要求进行随机接入测试，主要分为基于竞争和基于非竞争的随机接入测试。测试原理和测试过程同 FR1 类似，这里不再重复说明，其中随机接入测试 OTA 相关测试参数如表 5-126 所示，相对功率容差和 Te 定时误差限值测试要求如表 5-127 和表 5-128 所示。

表 5-126 随机接入测试 OTA 相关测试参数

参 数		单 位	测 试
到达角配置			类型 1
终端波束类型			粗型
索引值为 0 的 SSB	E_s	dBm/SCS	−80.6
	SSB_RP	dBm/SCS	−80.6
	$E_s/I_{ot}BB$	dB	21.09
	I_o	dBm/95.04MHz	−56.01
索引值为 1 的 SSB	E_s	dBm/SCS	−95.0
	SSB_RP	dBm/SCS	−95.0
	$E_s/I_{ot}BB$	dB	6.69
	I_o	dBm/95.04MHz	−70.41
传输条件		-	高斯白噪

表 5-127 相对功率容差测试要求

测 量 功 率	功率步进 ΔP/dB	PRACH/dB
两种 PRACH 的测量功率都大于（$P_{max} - 6dB$）	$2 \leqslant \Delta P < 3$	±4
两种 PRACH 的测量功率有一个小于或等于（$P_{max} - 6dB$）		±6

表 5-128 Te 定时误差限值测试要求

频 段	SSB 信号的 SCS/kHz	上行信号的 SCS/kHz	测 试
FR2	120	120	$224+[48] \times T_c$

2. 定时测试

定时测试分为发射时间精度和定时提前调整精度测试。

1）发射时间精度测试

本测试用例的目的是验证 UE 可以跟踪所连接的 gNodeb 的帧定时变化，并且 UE 初始发射定时精度、一次调整最大定时变化量、最小和最大调整率均在规定的范围内。测试的发射时间精度 OTA 参数配置如表 5-129 所示。

表 5-129 发射时间精度 OTA 参数配置

参 数	单 位	测试 1	测试 2
到达角配置		类型 1	
终端波束类型		细型	
N_{oc}	dBm/15kHz	−112	
N_{oc}	dBm/SCS	−100	
$\hat{E}_s/N_{oc}$	dB	4	
同步信号参考信号的接收功率	dBm/SCS	−96	
$\hat{E}_s/I_{ot}$	dB	4	
I_o	dBm/95.04MHz	−68.5	

当是 DRX 周期传输的第一个 PUCCH、PUSCH 和 SRS 或 PRACH 传输时，在最近的 160ms 内，至少有一个 SSB 可用时，UE 初始传输定时误差应小于或等于 $\pm T_e$，定时误差极限值 T_e 在表 5-130 中定义。UE 初始传输定时控制要求的参考点应为参考单元的下行定时减去 $(N_{TA}+N_{TA\ offset})\times T_c$ 的值。下行时序定义为从参考单元接收到相应下行帧的第一个检测路径（在时间上）的时间。PRACH 的 N_{TA} 定义为 0。其他信道的 $(N_{TA}+N_{TA\ offset})\times T_c$（以 T_c 为单位）是 UE 传输定时和下行定时之间的差值，即最后一次定时提前之后的差。其他频道的 N_{TA} 在收到下一次计时提前量前不会改变。FR2 的 $N_{TA\ offset}$ 为 13792 T_c。

表 5-130　T_e 定时误差限值

频　　段	SSB 信号的 SCS/kHz	上行信号的 SCS/kHz	T_e
FR2	120	60	$3.5\times64\times T_c$
	120	120	$3.5\times64\times T_c$
	240	60	$3\times64\times T_c$
	240	120	$3\times64\times T_c$

当不是 DRX 周期内的第一次传输或没有 DRX 周期为 PUCCH、PUSCH 和 SRS 传输时，除应用定时提前外，UE 应能根据接收到的参考小区下行帧改变传输定时。当终端与参考定时之间的传输定时误差超过 $\pm T_e$ 时，需要将终端定时调整到 $\pm T_e$ 以内。基准计时应为基准单元的下行计时之前的 $(N_{TA}+N_{TA\ offset})\times T_c$。对 UE 上行链路时间进行的所有调整应遵循以下规则。

（1）一次时间调整变化幅度的最大量为 T_q。

（2）最小累计调整率为 T_p/s。

（3）最大累计调整率为 T_q/200ms。具体要求如表 5-131 所示。

表 5-131　T_q 最大自动定时调整步长和 T_p 最小累计调整率

频　率　范　围	上行信号 SCS/kHz	一次时间调整变化幅度的最大量 T_q	最小累计调整率 T_p	最大累计调整率 T_q
FR2	120	$3.125\times64\times T_c$	$-1.225\times64\times T_c$	$+3.725\times64\times T_c$

2）定时提前调整精度测试

定时提前调整精度测试的目的是验证 UE 定时提前调整的时延和精度满足测试规范要求。定时提前从 gNB 开始，用 MAC 消息暗示和调整定时提前。UE 应在指定的激活时间，即接收到定时提前命令后的 $k+1$ 时隙，将 sTAG 中 PSCell 的信号定时提前值应用于传输定时，其中 $k=11$。sTAG 中 PSCell 的定时提前调整精度应在表 5-132 规定的范围内。在重复测试中观察到的定时提前调整的正确率应至少为 90%，置信水平为 95%。

表 5-132　UE 定时提前调整精度

SCS/kHz	60	120
定时提前调整精度	$\pm128\,T_c$	$\pm32\,T_c$

3. 测量过程

FR2 RRM 测量过程分为同频测量、异频测量及用于波束上报的 L1-RSRP（Layer1-reference signal received power，层 1 的参考信号接收功率）测量三部分。同频测量是指 UE 当前所在的小区和待测量的目标小区在同一个载波频点（中心频点）上。异频测量是指 UE 当前所在的小区和目标小区不在一个载波频点上。

同频测试的测试用例如下。

（1）在非 DRX 模式下，无间隙状态下的事件触发报告。

（2）在 DRX 模式下，无间隙状态下的事件触发报告。

（3）在非 DRX 模式下，有间隙状态下的事件触发报告。

（4）在 DRX 模式下，有间隙状态下的事件触发报告。

异频测量的测试用例如下。

（1）在非 DRX 模式下的事件触发报告。

（2）在 DRX 模式下的事件触发报告。

（3）在非 DRX 模式下带 SSB 时间指数检测的事件触发报告。

（4）在 DRX 模式下带 SSB 时间指数检测的事件触发报告。

用于波束上报的 L1-RSRP 测量的测试用例如下。

（1）在非 DRX 模式下，基于 SSB 的 L1-RSRP 测量。

（2）在 DRX 模式下，基于 SSB 的 L1-RSRP 测量。

（3）在非 DRX 模式下，基于 CSI-RS 的 L1-RSRP 测量。

（4）在 DRX 模式下，基于 CSI-RS 的 L1-RSRP 测量。

测试配置方面，NR 和 LTE 的测量配置类似，区别如下。

（1）beam：5G 采用了 beam 管理机制，可以用于初始接入、控制和数据信道。对于初始接入，NR 改进了 4G 基于广播的机制，升级为 beam 机制，从而提高系统覆盖率。

（2）RS Type：基于 SSB、CSI-RS。

（3）Carrier frequency：由带宽和 RS 设计引发的一些模糊性，基于频域或时域偏移的模糊度。

同频测量的测试目的主要是验证 UE 在同频小区搜索中正确报告事件的能力，同频测试 OTA 参数配置如表 5-133 所示。其中，AoA1 和 AoA2 的时分传输示例如图 5-63 所示。

表 5-133　同频测试 OTA 配置参数

参　　数	配　　置	小区 2		小区 3	
		T1	T2	T1	T2
非 DRX 模式下到达角设置	1～4	类型 3			
		AoA1		AoA2	
DRX 模式下到达角设置	1～4	类型 1			
终端波束类型	1～4	粗型		粗型	

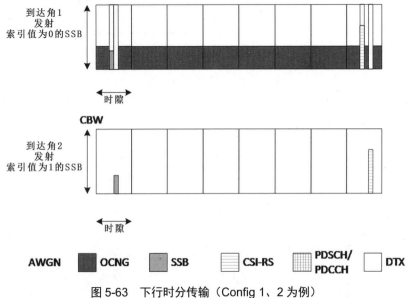

图 5-63　下行时分传输（Config 1、2 为例）

异频测量主要是验证 UE 在异频小区搜索中正确报告事件的能力，异频测试的 OTA 配置参数如表 5-134 所示。

表 5-134　异频测试的 OTA 配置参数

参　　数	测 试 配 置	小区 2		小区 3	
		T1	T2	T1	T2
DRX 模式下到达角设置	配置 1、2	类型 1			
非 DRX 模式下到达角设置	配置 1、2	类型 3			
		AoA1		AoA2	
终端波束类型	配置 1、2	粗型			
射频信道号	配置 1、2	1		2	

L1-RSRP 测量主要是验证 UE 在 L1-RSRP 测量要求内正确报告基于 SSB 和

CSI-RS 的 L1-RSRP 测量能力。L1-RSRP 测量的 OTA 配置参数如表 5-135 所示。

表 5-135   L1-RSRP 测量的 OTA 配置参数

基于 SSB 测量的参数	配　　置	SSB#0		SSB#1	
		T1	T2	T1	T2
到达角配置		类型 1			
终端波束类型	1～4	粗型			
基于 CSI-RS 测量的参数	配　　置	CSI-RS#0		CSI-RS#1	
到达角配置	1～2	类型 1			
终端波束类型	1～2	粗型			

4．测量性能要求

测量性能要求的测试目的是，验证 NR FR2 的频率内 SS-RSRP、SS-RSRQ、SS-SINR 以及 L1-RSRP 的测量精度是否在所有波段的规定范围内。FR2 测量精度要求如表 5-136 所示。

表 5-136   FR2 测量精度要求

子测试用例	精度		条件				
	常温	极限条件	SSB $\hat{E}_s$/Iot	Io 范围			
				最小 Io			最大 Io
				dBm / SCS$_{SSB}$		dBm/ BW$_{Channel}$	dBm/ BW$_{Channel}$
	dB	dB	dB	SCS_{SSB}=120kHz	SCS_{SSB}=240kHz		
SS-RSRP 同频绝对精度	±6	±9	≥-6	同 38.533 表 B.2.2-2 中的 SSB_RP 值		N/A	-70
	±8	±11		N/A		-70	-50
SS-RSRP 异频绝对精度	±6	±9	≥-4	同 38.533 表 B.2.3-2 中 SSB_RP 值		N/A	-70
	±8	±11		N/A		-70	-50
SS-RSRQ 同频绝对精度	±2.5	±4	≥-3	同 38.533 表 B.2.2-2 中 SSB_RP 值	-50	N/A	-50
	±3.5	±4	≥-6			N/A	
SS-RSRQ 异频绝对精度	±2.5	±4	≥-3	同 38.533 表 B.2.2-2 中 SSB_RP 值		N/A	-50
	±3.5	±4	≥-4			N/A	
基于 SSB 的 L1-SRP 绝对精度	±6.5	±9.5	≥-3	同 38.533 表 B.2.4.1-2 中 SSB_RP 值		N/A	-70
	±8.5	±11.5	≥-3	N/A		-70	-50
基于 SSB 的 L1-SRP 相对精度	±6.5	±9.5	≥-3	同 38.533 表 B.2.4.1-2 中 SSB_RP 值		N/A	-50
基于 CSI-RS 的 L1-RSRP 绝对精度	±6.5	±9.5	≥-3	同 38.533 表 B.2.4.2-2 中 SSB_RP 值		N/A	-70
	±8.5	±11.5	≥-3	N/A		-70	-50

5.7 FR2 射频一致性测试系统及测量仪器

5.7.1 测量仪器

3GPP 5G NR 毫米波频段（FR2）范围为 24.25～52.6GHz，工作带宽为 400MHz，三载波聚合带宽将达到 3×400MHz=1200MHz，所以 5G 毫米波测试仪器的工作频率及测量带宽需满足以上要求。移动通信常用的测量仪器包括矢量信号源、矢量信号分析仪、矢量网络分析仪、终端综测仪、信道模拟器等。

1. 矢量信号源与矢量信号分析仪

在 5G 毫米波设备的研发测试、射频一致性测试等各个环节，矢量信号源和矢量信号分析仪都是必不可少的基础测量仪器。3GPP 对其最高频率要求不低于 52.6GHz，带宽不低于 1.2GHz。目前业界信号源和分析仪单表最大能力已支持 2GHz 带宽的信号产生和分析，频谱仪单机频率可达 90GHz，满足 3GPP TS 38.141 规范中杂散测量最高频率覆盖载频二次谐波频率的测试要求。

另外，对于研发工程师，短时偶发杂散的问题定位尤为麻烦，随着毫米波大带宽引入移动通信，迫切需要能与之带宽相匹配的实时频谱分析仪。目前业界最大实时能力已达 800MHz，截获概率为 0.46μs，在很大程度上提升了工程师在处理该类问题上的定位效率。

2. 矢量网络分析仪

矢量网络分析仪是一个连续波扫描信号的自发自收测试系统，具有自校准功能，测量精度高。矢量网络分析仪广泛应用于利用连续波信号进行测量的场景，从微波网络的角度看，它是利用连续波测量网络 S 参数的仪器。

3. 终端综测仪

终端综测仪是 5G 芯片和终端研发、生产过程中的重要测量仪器。终端综测仪是一个收发一体的仪器，可以模拟基站向终端发送信号，也可以解调、测量终端发射的信号。综测仪可通过信令方式在空口控制终端，使其完成测量过程。

4. 信道模拟器

信道模拟器是一种在实验室条件下模拟无线信道特性的仪器，具备衰减、衰落、多径、多普勒等模拟功能，与天线探头、暗室环境共同构成了一个功能丰富、灵活的测试系统。在 5G OTA 测试中扮演着重要的角色。信道模拟器可以模拟方向图，是两步法测试系统的关键设备之一。在多探头测试中，信道模拟器一端通过馈线与天线探头连接，另一端与综测仪、信号分析仪等测试仪器连接，实现了 OTA 测试适配器的功能。

5.7.2 一致性测试系统

射频一致性测试系统需要获得 GCF 和 PTCRB 的认可，目前毫米波射频一致性测试系统的型号主要有 Keysight S8705A on H56-sm、Anritus ME7873NR FR2 和 Rohde & Schwarz TS8980 FTA。

1. Keysight S8705A on H56-sm

Keysight S8705A on H56-sm 系统配置如图 5-64 所示，系统仪表配置如表 5-137 所示。

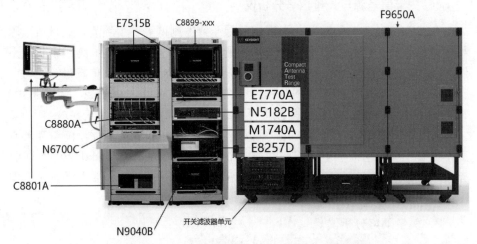

图 5-64　Keysight S8705A on H56-sm 系统配置

表 5-137　Keysight S8705A on H56-sm 系统仪表配置

模　　块	描　　述
E7515B	5G 信令综测仪（UXM 5G）
E7770A	通用接口单元
N5182B	信号发生器
E8257D	模拟信号发生器（PSG）
C8880A	FR1 切换、滤波单元
N9040B	频谱仪分析仪
F9650A	CATR 消声室包括位置控制器
N6700C	供电单元
M1740A	变频头

2．Anritus ME7873NR FR2

Anritus ME7873NR FR2 系统配置如图 5-65 所示，Anritus ME7873NR FR2 系统仪表配置如表 5-138 所示。

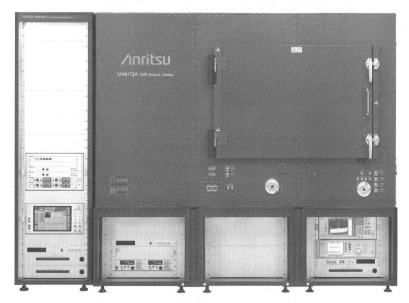

图 5-65 Anritus ME7873NR FR2 系统配置

表 5-138 Anritus ME7873NR FR2 系统仪表配置

模　　块	描　　述
MT8000A	无线通信测试（5G）
MD8430A	信号测试（用于 LTE 锚）
MT8821C	RCA 作为 LTE 锚点（仅用于 TRx 系统）
MS2840A	信号分析仪
MG3697C	信号发生器
MN74000B	杂散测量单元
MA80003A	多频段射频转换器
MA8172A	CATR 消声室
MA8178A	位置控制器
MA8179A	定位器

3．Rohde & Schwarz TS8980 FTA

Rohde & Schwarz TS8980 FTA 系统配置如图 5-66 所示，系统仪表配置如表 5-139 所示。

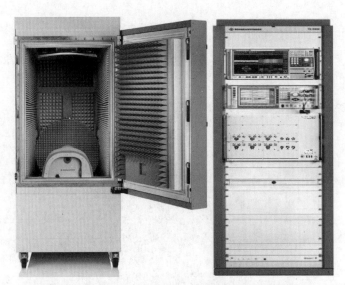

图 5-66　Rohde & Schwarz TS8980 FTA 系统配置

表 5-139　Rohde & Schwarz TS8980 FTA 系统仪表配置

模　　块	描　　述
ATS1800C	CATR 消声室包括位置控制器
RRH	变频头
CMW+CMX	综测仪
FSW	频谱与信号分析仪

参 考 文 献

[1] Test Methodology, SISO. Millimeter Wave: CTIA 01.22 V4.0.0[S/OL]. (2022-02). https://ctiacertification.org/test-plans/.

[2] 3rd Generation Partnership Project, Technical Specification Group Radio Access Network, NR. User Equipment (UE) radio transmission and reception: Part 2 Range 2 Standalone: 3GPP TS 38.101-2 V17.7.0[S/OL]. (2022-11-09). https://portal.3gpp.org/desktopmodules/Specifications/SpecificationDetails.aspx?specificationId= 3284.

[3] 3rd Generation Partnership Project, Technical Specification Group Radio Access Network, NR. Physical channels and modulation: 3GPP TS 38.211 V17.3.0[S/OL]. (2022-11-09). https://portal.3gpp.org/desktopmodules/Specifications/SpecificationDetails.aspx?specificationId=3213.

[4] 3rd Generation Partnership Project, Technical Specification Group Radio Access Network, 5GS. User Equipment (UE) conformance specification:Part 1 Common test environment: 3GPP TS

38.508-1 V17.6.0[S/OL]. (2022-11-08). https://portal.3gpp.org/desktopmodules/Specifications/SpecificationDetails.aspx?specificationId=3384.

[5] 3rd Generation Partnership Project, Technical Specification Group Radio Access Network, NR. User Equipment (UE) conformance specification; Radio transmission and reception: Part 2 Range 2 Standalone: 3GPP TS 38.521-2 V16.13.0[S/OL]. (2022-11-08). https://portal.3gpp.org/desktopmodules/Specifications/SpecificationDetails.aspx?specificationId=3385.

[6] 3rd Generation Partnership Project, Technical Specification Group Radio Access Network, NR. User Equipment (UE) conformance specification; Radio transmission and reception: Part 3 Range 1 and Range 2 Interworking operationwith other radios: 3GPP TS 38.521-3 V17.6.0[S/OL]. (2022-11-08). https://portal.3gpp.org/desktopmodules/Specifications/SpecificationDetails.aspx?specificationId=3386.

[7] 3rd Generation Partnership Project, Technical Specification Group Radio Access Network, NR. User Equipment (UE) conformance specification; Radio transmission and reception: Part 4 Performance requirements: 3GPP TS 38.521- 4V16.13.0[S/OL]. (2022-11-08). https://portal.gpp.org/desktopmodules/Specifications/SpecificationDetails.aspx?specificationId=3426.

[8] 3rd Generation Partnership Project, Technical Specification Group Radio Access Network, NR. User Equipment (UE) conformance specification; Radio Resource Management (RRM): 3GPP TS 38.533 V17.4.0[S/OL]. (2022-11-08). https://portal.3gpp.org/desktopmodules/Specifications/SpecificationDetails.aspx?specificationId=3388.

[9] 3rd Generation Partnership Project, Technical Specification Group Radio Access Network, NR. Study on test methods: 3GPP TR 38.810 V16.6.1[S/OL]. (2022-11-08). https://portal.3gpp.org/desktopmodules/Specifications/SpecificationDetails. aspx?specificationId=3218.

[10] 未来移动通信论坛. 白皮书：5G 毫米波系统测量方法、专用设备与测试规范[R/OL].（2018-11）[2022-11-09]. http://www.future-forum.org.cn/cn/d_list.asp?classid=%B9%A4%D7%F7%D7%E9%B0%D7%C6%A4%CA%E9&page=3.

[11] 3rd Generation Partnership Project, Technical Specification Group Radio Access Network. User Equipment (UE) / Mobile Station (MS) Over The Air (OTA) antenna performance;Conformance testing: 3GPP TS 34.114 V12.2.0[S/OL]. (2022-11-08). https://portal.3gpp.org/desktopmodules/Specifications/SpecificationDetails.aspx?specificationId=2361.

[12] 3rd Generation Partnership Project, Technical Specification Group Radio Access Network, NR. Study on enhanced test methods for FR2 NR UEs; 3GPP TR 38.884 V18.2.0[S/OL]. (2022-11-08). https://portal.3gpp.org/desktopmodules/Specifications/SpecificationDetails.aspx?specificationId=3707.

[13] Measurement Grids for Optional 4×2 PC3 Antenna Array Configuration: R5-213812[S/OL]. (2021-05-26). https://www.3gpp.org/ftp/TSG_RAN/WG5_Test_ex-T1/TSGR5_

91_Electronic/Docs/R5-213812.zip.

[14] GSMA. 5G 毫米波技术白皮书[R]. 北京：5G 毫米波产业高峰论坛（2020）.

[15] 中兴通讯. 5G 毫米波（mmWave）技术白皮书[R].

[16] Rohde,Schwarz.WhitePaper:Millimeter-Wave Beamforming: Antenna Array Design Choices & Characterization.[R/OL]. (2016-10-1). https://www.rohde-schwarz.com/applications/millimeter-wave-beamforming-antenna-array-design-choices-characterization-white-paper_230854-325249.html.

第 6 章

5G 协议栈

协议栈分层的目的是为了简化设计和互联互通,底层协议为上层提供基础服务,上层不必关心底层的实现细节,直接利用底层服务实现其具体功能。了解 5G 的网络架构、组网模式和协议栈是理解 5G 通信协议的基础,也是进行协议一致性测试的基础,本章将针对相关知识点做最基础的介绍,方便读者理解第 7~9 章的内容。

6.1 5G 的网络架构

从信息传输的角度看,通信的基本过程如图 6-1 所示。

图 6-1 通信系统框图

应用到实际的无线网络中,无线网络框图如图 6-2 所示,其中两端无线终端的关系就是端到端。

图 6-2 无线网络框图

从用户端的角度看,移动网络分为终端侧和网络侧,除了手机终端,其他都是网络侧。从网络端来看,网络又分为接入网和核心网(core network, CN)。接入网的功能是把移动终端接入通信网络里,使手机终端发出的业务请求能够被传输和处理。基站就是接入网的一部分。核心网的主要功能是处理接入网传来的业务需求,包括语音呼叫、数据请求等,也具有位置管理、移动性管理等功能。假如把核心网比作一个人的大脑,那么接入网就可以类比为人的四肢。

在 5G 终端的协议测试标准 TS 38.523-1 中,会频繁提及核心网和接入网的网元,因此理解 5G 的网络架构和网元的基本功能有助于测试标准的理解。但深入解读 5G 系统架构如此设计的原因及 5G 系统架构的优点则超出本书的范围，因此读者无须花费较多的时间深入理解此部分内容，仅从终端测试的角度理解即可。

6.1.1 5G 核心网架构

随着移动互联网的快速发展，特别是一些新兴业务和应用的出现，4G 核心网的技术局限性开始显现，因此 3GPP 在进行 5G 的网络架构设计时，针对 5G 多样化的服务需求，在进行网络架构的设计时遵循了如下原则。

（1）将用户面（user plane，UP）功能与控制面（control plane，CP）功能分离，允许独立的可扩展性、演化和灵活的部署，如集中位置或分布式（远程）位置。

（2）模块化功能设计，如实现灵活高效的网络切片。

（3）只要适用，将网络过程（即网络功能之间的交互集）定义为网络服务，这样就可以重用它们。

（4）如果需要，允许每个网络功能（NF）和它的 NF 服务直接或间接地与其他 NF 和它的 NF 服务交互。该体系结构并不排除使用另一个中间功能来帮助路由控制平面消息。

（5）最小化接入网和核心网之间的依赖关系。该架构定义为一个具有公共 AN-CN 接口的融合核心网络，集成了不同的接入类型，如 3GPP 接入和非 3GPP 接入。

（6）支持统一的身份认证框架。

（7）支持"无状态"网络功能，其中计算资源与存储资源解耦。

（8）支持能力开放。

（9）支持对本地和集中服务的并发访问。为了支持低延迟业务和本地数据网络接入，用户面功能可以部署在靠近接入网的地方。

（10）支持漫游，包括归属路由流量以及访问 PLMN 中的本地疏导流量。

遵照上述的设计原则，3GPP 设计了基于服务的网络架构，在 3GPP TS23.501 中定义了 5G 核心网的架构，协议中分别从基于服务的接口和参考点关系两个角度描述核心网架构，基于服务接口的网络架构和基于参考点的网络架构分别如图 6-3 和图 6-4 所示。

5G 系统架构中涉及的网络功能及实体如下。

❑ 接入与移动性管理功能（access and mobility management function，AMF）。

❑ 认证服务器功能（authentication server function，AUSF）。

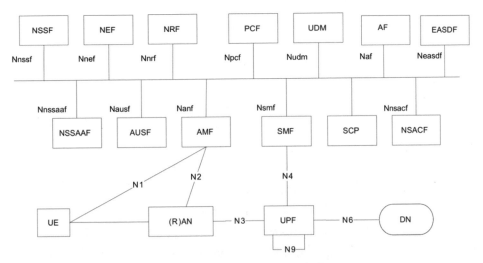

图 6-3　基于服务接口的网络架构

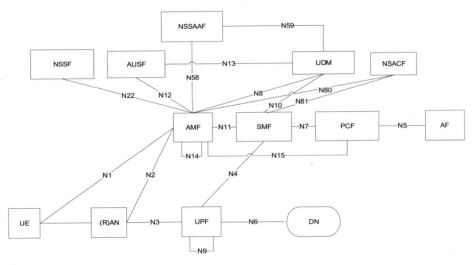

图 6-4　基于参考点的网络架构

❑　数据网络（data network，DN）。

❑　非结构化数据存储功能（unstructured data storage function，UDSF）。

❑　网络开放能力（network exposure function，NEF）。

❑　网络储存功能（network repository function，NRF）。

❑　网络切片管理控制功能（network slice admission control function，NSACF）。

❑　网络切片特定和 SNPN 认证授权功能（network slice-specific and SNPN authentication and authorization function，NSSAAF）。

- ❑ 网络切片选择功能（network slice selection function，NSSF）。
- ❑ 策略控制功能（policy control function，PCF）。
- ❑ 会话管理功能（session management function，SMF）。
- ❑ 统一数据管理（unified data management，UDM）。
- ❑ 统一数据存储（unified data repository，UDR）。
- ❑ 用户面功能（user plane function，UPF）。
- ❑ 应用功能（application function，AF）。
- ❑ 用户设备（user equipment，UE），通常意义上的无线终端设备。
- ❑ （无线）接入网络（(radio) access network，(R)AN）。
- ❑ 5G 设备身份寄存器（5G-equipment identity register，5G-EIR）。
- ❑ 网络数据分析功能（network data analytics function，NWDAF）。
- ❑ 边缘应用服务器发现功能（edge application server discovery function，EASDF）。
- ❑ 服务通信代理（service communication proxy，SCP）。

6.1.2 5G 接入网架构

在 3G 时代，接入网的逻辑节点由 NodeB 和 RNC 组成，在 4G 时代，接入网仅包含 eNB 节点，而 5G 的接入网节点为 gNB 及 ng-eNB。

在沿袭 LTE 网络架构的基础上，5G NR 系统对 RAN 和 5GC 的系统架构进行了改进和优化，并对两者之间的功能进行了划分。5G 接入网架构如图 6-5 所示。

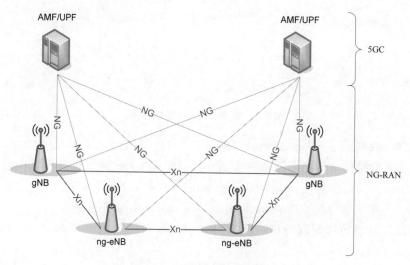

图 6-5 的 5G 接入网架构

其中，NG-RAN 表示无线接入网，5GC 表示核心网。gNB 是向用户设备提供 NR 用户面和控制面协议的节点，并通过 NG 接口连接到 5G 核心网。ng-eNB 是 eNB 的演进节点，向 UE 提供 E-UTRAN（4G 网络的接入网）接入。g-NB 和 ng-eNB 通过 Xn 接口互联。

gNB/ng-eNB 通过 NG-C 接口与 AMF 连接，通过 NG-U 接口与 UPF 连接。

6.1.3　网络实体和功能

如前所述，5G 核心网涉及多个网络实体和功能，在此仅介绍其中最为核心的 AMF、SMF、UPF、gNB 和 ng-eNB。

1．AMF 的主要功能

- 接入网控制面接口终止端。
- 非接入层（non-access stratum，NAS）信令终止端，NAS 信令安全。
- 注册管理。
- 连接管理。
- 可达性管理。
- 移动性管理。
- 接入层安全控制。
- 接入认证。
- 接入授权。
- 安全锚点功能。
- 支持非 3GPP 接入网络。

2．SMF 的主要功能

- 会话管理。
- 终端 IP 地址分配及管理。
- 用户面功能的选择和控制。
- 在 UPF 上配置流量转向，将流量路由到正确的目的地。
- 策略控制功能接口终止端。
- 控制部分策略执行和服务质量下行数据包缓冲和下行数据通知触发。
- 下行数据通知。

3．UPF 的主要功能

- 系统内/间移动的锚点。
- 与数据网络互连的外部 PDU 会话点。
- 分组路由与转发。

- 分组检测。
- 部分用户面策略规则执行。
- 流量使用报告。
- 用户面服务质量处理。
- 上行流量验证。
- 上行链路和下行链路中的传输级数据包标记。
- 下行数据包缓冲和下行数据通知触发。

4. gNB 和 ng-eNB 的主要功能

- 无线资源管理的功能有无线承载控制、无线接入控制、连接移动性控制、在上行和下行链路上完成 UE 上的动态资源分配（调度）。
- 用户数据的 IP 报头压缩、数据加密和完整性保护。
- UE 附着状态时的 AMF 选择。
- 用户面数据的路由选择。
- 执行由 AMF 发起的寻呼消息和系统广播消息的调度和传输。
- 用于移动性和调度的测量和测量报告设置。
- 连接的建立和释放。
- 上行链路中的传输级数据包标记。
- 会话管理。
- 服务质量流量管理和无线数据承载的映射。
- 支持处于 RRC_INACTIVE 状态的终端。
- NAS 消息的分发功能。
- 无线接入网络共享。
- 双连接。
- 支持 NR 和 E-UTRA 之间的连接。

6.2 5G 组网模式

　　5G 等新技术的发展和应用会带来改变社会的机遇，建设和部署 5G 网络包括两部分：无线接入网和核心网，如果同步部署需要庞大的资金投入，而且目前 4G 仍是网络设备的主流，考虑到各个国家不同运营商的网络部署策略和运营场景不同的现状，同时为了加速 5G 网络的商用，3GPP 提出了独立（standalone，SA）组网和非独立（non-standalone，NSA）组网两种组网模式，根据 4G 接入网、4G 核心网、5G 接入网、5G 核心网等不同配置的组合提出了 8 个选项，5G 的组网模式如表 6-1 所示。

表 6-1　5G 的组网模式

组　　合	模　　式	核　心　网	接　入　网	主　要　特　点
选项 1	独立组网	4G	4G	纯 4G 的组网模式
选项 2	独立组网	5G	5G	5G 组网模式的最终形态，可以支持 5G 所有的应用
选项 3	非独立组网	4G	4G（主）+5G（辅）	EN-DC 模式
选项 4	非独立组网	5G	5G（主）+4G（辅）	NE-DC 模式
选项 5	独立组网	5G	4G	eLTE 模式
选项 6	非独立组网	4G	5G	现实意义不大
选项 7	非独立组网	5G	4G（主）+5G（辅）	考虑了选项 3 情况下，升级核心网为 5G
选项 8	非独立组网	4G	5G（主）+4G（辅）	现实意义不大

1．独立组网模式

（1）选项 1：核心网和接入网都是 4G，不是 5G 的组网模式。

（2）选项 2：核心网和接入网都是新建的 5G 网络，即由 5G 基站连接 5G 核心网，这是最理想的组网模式，但是由于所有的设备都需要新建，且投资巨大，大部分现有的运营商未采用这种选项。

（3）选项 5：将 4G 基站升级为 4G 增强型基站，可以直接接入 5G 核心网。但是 4G 增强型基站毕竟不是 5G 基站，在容量、时延等方面不能满足部分应用场景的需求。

总之，5G 可能的独立组网模式只有选项 2 和选项 5，其中选项 2 是 5G 网络的终极架构，适合重新部署网络的运营商。

2．非独立组网模式

非独立组网模式除了考虑核心网是 4G 还是 5G 之外，还要考虑控制信令是走 4G 基站还是 5G 基站，数据分流点是在 4G 基站、5G 基站，还是在核心网部分。

选项 3 中核心网络使用 4G，基站使用增强型 4G 基站为主站，新部署 5G 基站为从站。NSA 选项 3 如图 6-6 所示，5G 基站是无法直接连到 4G 核心网的，所以需要先连到 4G 基站上。即 4G 基站不但负责控制管理，还负责把从核心网下来的数据分成两路，一路自己发给手机，另一路通过 5G 基站发给手机。手机这时处于双连接状态，即同时与两个基站保持着连接。

选项 3 又分为 3、3a 和 3x 共 3 个子项，其主要区别在于数据分流控制点的不同。选项 3a 是把 5G 基站的用户面数据直接连到核心网，控制面数据还是继续锚定在 4G 基站，NSA 选项 3a 如图 6-7 所示。选项 3x 是把用户面数据分为

两部分，一部分 4G 基站无法处理的数据通过 5G 基站进行传输，剩下的那部分
数据仍然通过 4G 基站传输，NSA 选项 3x 如图 6-8 所示。

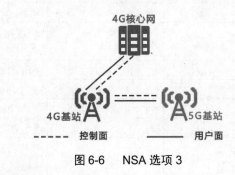

图 6-6　　NSA 选项 3

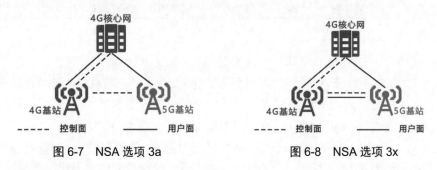

图 6-7　NSA 选项 3a　　　　　　　　　图 6-8　NSA 选项 3x

如果把选项 3 中的 4G 核心网换成 5G 核心网，那么就是表 6-1 中"选项 7"
的组网模式了，同样，选项 7 也有 7、7a 和 7x 共 3 个子项，这里的 4G 基站都
必须升级到增强型 4G 基站才可以，NSA 选项 7 及子项如图 6-9 所示。

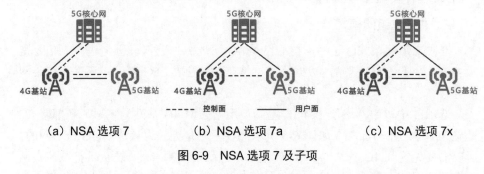

（a）NSA 选项 7　　　　　（b）NSA 选项 7a　　　　（c）NSA 选项 7x

图 6-9　NSA 选项 7 及子项

在选项 4 中，4G 基站和 5G 基站共用 5G 核心网，5G 基站为主站，4G 基
站为从站。选项 4 的用户面数据从 5G 基站传输，选项 4a 的用户面数据直接连
5G 核心网，选项 4 及子项如图 6-10 所示。

综上所述，选项 1、选项 6 和选项 8 的组网模式现实意义不大，3GPP 协议
已经将其放弃。目前运营商可选的组网方式是选项 2、3、4、5 和 7，其中选项

3 和选项 2 是运营商最关注的方式，选项 3 可以利用现有 4G 基站，尽快占领 5G 市场，但非独立组网只是过渡阶段，最终也会演进为独立组网。

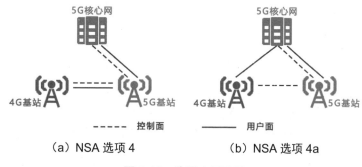

（a）NSA 选项 4　　　　　　　　（b）NSA 选项 4a

图 6-10　选项 4 及子项

6.3　5G 协议栈

　　协议就是一系列的标准和约定，通信双方对等的实体必须按照同样的标准发送和接收才能保证互联互通。协议栈就是协议的实现，是网络中各层协议的总和。理解协议栈，首先要理解分层概念，底层协议为上层服务，上层协议利用下层提供的功能。理论上，每一层用到的协议是这一层内部定义的，与其上、下层关系不大，这使得这一层可以独立地更新协议标准。

　　5G 接入网的协议栈由用户面和控制面组成，用户面主要负责处理来自用户的数据业务请求和转发等协议，与核心网用户面节点 UPF 相连。控制面主要负责处理系统的控制信令传输等协议，与核心网的控制面节点 AMF 连接。

　　5G 系统的协议栈结构如图 6-11 所示。

　　相较于 LTE 的协议栈结构，5G 核心网的协议栈结构没有变化，分别由物理层、数据链路层、互联网协议（internet protocol，IP）层、用户数据报协议（user datagram protocol，UDP）层或流控制传输协议（stream control transmission protocol，SCTP）层、用户面 GPRS 隧道协议（GPRS tunnelling protocol for the user plane，GTP-U）层或 NG 接口应用协议（NG application protocol，NG-AP）层组成。

　　5G 接入网侧，控制面的协议栈组成与 LTE 相比没有变化，仍然由物理层、L2 层（Layer 2）层、无线资源控制（radio resource control，RRC）层和 NAS 组成。其中 L2 层包含 MAC 层、RLC（radio link control，无线链路控制）层和 PDCP（packet data convergence protocol，分组数据汇聚协议）层。但在用户面，协议栈新增了 SDAP（service data adaptation protocol，服务数据适配协议）层。

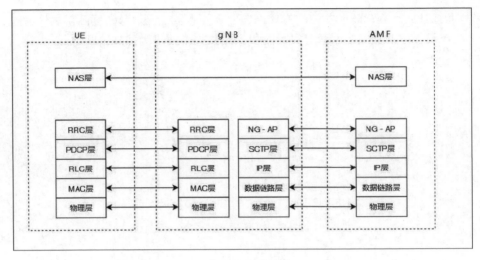

（a）控制面协议栈

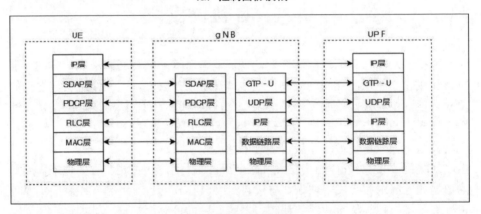

（b）用户面协议栈

图 6-11　5G 协议栈结构

（1）物理层的功能：主要有对传输信道进行差错检测、对物理信道的已编码传输信道进行速率匹配、物理信道的调制解调、频率和时间同步、射频信号处理等。物理层为较高层提供传输服务，接入这些服务需要通过 MAC 层用传输信道进行。

（2）MAC 层功能：负责逻辑信道和传输信道之间的映射、MAC SDU 的复用和解复用、上下行调度相关流程、随机接入流程等。

（3）RLC 层功能：负责 RLC SDU（service data unit，业务数据单元）数据的切割、重组、错误检测等。

（4）PDCP 功能：负责加解密、完整性保护、头压缩、排序及按序递交等。

（5）SADP 功能：负责 QoS（quality of service，服务质量）和 DRB（data

radio bearer，数据无线承载）之间的映射。

从上往下看，以用户面发送数据的流程为例，用户面数据通过无线承载到达 SDAP 层，SDAP 层对数据进行 QoS 流的匹配，生成 SADP PDU（packet data unit，分组数据单元）递交 PDCP 层，PDCP 层对 SADP PDU 进行包头压缩、加密、完整性保护等，生成 PDCP PDU 递交 RLC 层，RLC 层根据配置的 RLC 模式进行 RLC SDU 的处理，传递到 MAC 层，MAC 层负责将逻辑信道的数据复用成一个 MAC PDU，这个 MAC PDU 可以包含一个或多个 RLC SDU 或 RLC SDU 的切割段。

从下往上看，物理层为 MAC 层提供传输信道，MAC 层为 RLC 层提供逻辑信道，RLC 层为 PDCP 层提供 RLC 信道，PDCP 层为 SDAP 层提供无线承载。

广泛应用的 TCP/IP 协议栈模型是 5 层结构，由物理层、数据链路层、网络层、传输层和应用层组成，可以将 5G 核心网及 5G 接入网的协议栈结构与 TCP/IP 的协议栈相对应，方便理解记忆。协议栈模型对比如表 6-2 所示。

表 6-2　协议栈模型对比

TCP/IP	5G 接入网	5G 核心网
应用层	RRC、NAS	GTP-U、NG-AP
传输层		SCTP/UDP
网络层		IP
数据链路层	MAC、RLC、PDCP、SDAP	L2
物理层	物理层	物理层

参 考 文 献

[1] 3rd Generation Partnership Project, Technical Specification Group Services and System Aspects. System architecture for the 5G System (5GS); Stage 2 (Release 17): 3GPP TS 23.501: V17.5.0 (2022-07)[S/OL]. (2022-06-15). https://portal.3gpp.org/desktopmodules/Specifications/ SpecificationDetails.aspx?specificationId=3144.

[2] 3rd Generation Partnership Project, Technical Specification Group Radio Access Network, NR. NR and NG-RAN Overall Description; Stage 2 (Release 16): 3GPP TS 38.300 V16.8.0 (2021-12)[S/OL]. https://portal.3gpp.org/desktopmodules/Specifications/SpecificationDetails.aspx? specificationId=3191.

[3] 张晨璐. 从局部到整体：5G 系统观[M]. 北京：人民邮电出版社，2020.

第7章

协议一致性测试

第 6 章介绍了移动通信网络的构成有终端、接入网和核心网，从检测终端的角度，我们最关注的协议内容就是接入网及无线空中接口技术，即 5G NR。

接入网的 5G 协议主要集中在 3GPP TS.3** 系列，是 5G 标准最核心的部分，规定非常详细且内容篇幅较长，有兴趣的读者可以到 3GPP 官网 www.3gpp.org 下载学习。本章并未对接入网协议的每一层都进行详细介绍，而是有重点地分析了 MAC 层、RRC 层和 NAS 层的协议内容，了解这部分内容对于终端的协议测试、定位和分析问题是非常有帮助的。同时，从用户的使用角度和工程师测试的角度看，从终端开机的第一个行为——搜索并注册网络开始介绍，将终端的行为与理论知识联系起来可以帮助读者更好地理解协议一致性测试。

7.1 网 络 选 择

当用户插入 USIM 卡，打开手机，手机的第一个行为就是搜索合适的可用网络（即网络注册）。网络注册是其他业务功能的基础。网络注册又分为小区选择和重选。小区选择是指终端开机后，还没有驻留小区，需要从众多小区中选择一个小区的过程。小区选择后，如果没有其他业务，终端进入空闲态。处于空闲态下的终端持续对网络进行监测，如果有了新的信号更好的小区，则进行重选选择，并驻留到新的小区中，这也称为小区重选。

7.1.1 小区搜索与选择

小区搜索是移动性管理的基本过程，指的是 UE 对目标小区进行搜索，获取小区的频率和小区 ID 等信息并进行测量的过程。小区搜索包括同频小区搜索、异频小区搜索和异系统的小区搜索。

手机通过广播消息判断当前找到的 PLMN 是否是要找的 PLMN。如果是，那么手机计算是否满足小区驻留标准和符合标准，手机则驻留在该小区上。UE 在空闲模式下，要随时监测当前小区和邻区的信号质量，以选择一个最好的小区提供服务，这就是小区重选过程。

1. 当 UE 开机，进行小区选择过程

（1）初始小区选择：UE 在它的能力范围内搜索所有的小区。在每一个频率内，UE 只需搜索信号最强的小区，一旦找到合适的小区，UE 就会选择。

（2）有先验信息的小区选择：UE 首先选择它之前驻留过的小区，而且这个小区是合适的小区。这样的小区不存在，才会开始初始小区选择流程。

2. 从 RRC_CONNECTED 进入 RRC_IDLE

当 UE 从 RRC_CONNECTED 进入 RRC_IDLE，UE 首先选择驻留在上次 RRC_CONNECTED 下所在的小区，或 RRC 在状态转移消息中分配的频率或异频上的任何小区（即 RRC RELEASE 消息中设置的频点信息的小区）。

3. 丢失覆盖后重选新的 PLMN

这种情况下的小区选择过程与开机时的小区选择过程一样。

7.1.2 手机的状态

5G 连接管理状态中新增的一个未激活态（RRC_INACTIVE），未激活态便于网络在需要传输数据时快速恢复连接，同时兼顾终端省电的需求。从宏观上来看，通信网络分为 3 个网元，包括终端（手机）、基站、核心网。基站与核心网侧依然是连接态，UE 和 RAN 间的信令是释放的。

（1）连接态（NR RRC_CONNECTED）代表终端和基站、基站和核心网之间都为目标终端（手机）建立了连接，可以随时进行数据传输，这种状态无须建立时延，因此时延最短。

（2）未激活态（NR RRC_INACTIVE）代表端和基站之间未建立连接，而基站和核心网之间为终端建立了连接。一旦有数据需要发给终端，基站会下发寻呼，终端收到后快速与基站建立连接，终端由未激活态变成连接态。

（3）空闲态（NR RRC_IDLE）代表终端和基站之间，基站和核心网之间都未给目标终端建立连接。如果有数据发给终端，或终端需要发送数据，那么由空闲态转为连接态需要大于 100ms 的时延。

小区的选择和重选发生在手机的空闲态和未激活态。空闲态和未激活态任务可细分为下面 3 个过程。

（1）PLMN 选择。

（2）小区选择和重新选择。

（3）位置注册和 RAN 更新。

空闲态和未激活态在小区上注册的目的有如下 4 个。

（1）使 UE 能够从 PLMN 接收系统信息。

（2）当注册时，如果 UE 希望建立 RRC 连接或恢复暂停的 RRC 连接，则其可以通过最初访问其所在小区的控制信道上的网络完成。

（3）如果网络需要向注册的 UE 发送消息或传送数据，通知（在大多数情况下）UE 所在的跟踪区域集（处于 RRC_IDLE）或 RAN（处于 RRC_INACTIVE）。然后，它可以在相应区域集中所有小区的控制信道上为 UE 发送寻呼消息。然后，UE 将接收寻呼消息并可以响应。

（4）使 UE 能够接收 ETWS（earthquake and tsunami warning system，地震和海啸报警系统）和 CMAS（commercial mobile alert system，商用移动告警系统）通知。

7.1.3 小区的类别

1. 可接受小区

可接受小区是指 UE 可以在其上注册以获得有限服务（发起紧急呼叫并接收 ETWS 和 CMAS 通知）的小区。此类小区应满足以下要求，这是在 NR 网络中发起紧急呼叫和接收 ETWS 和 CMAS 通知的最低要求。

（1）小区未被禁止。

（2）满足小区选择标准。

2. 合适的小区

UE 如果满足以下条件，则认为小区是合适的。

（1）对于该 PLMN，该小区是选定 PLMN 或等效 PLMN 列表的注册 PLMN 或 PLMN 的一部分。

（2）该 PLMN 的 PLMN-ID 由没有相关联的 CAG（Closed Access Group，封闭接入组）ID 的小区广播，并且 UE 中该 PLMN 的 CAG-only 指示不存在或错误。

（3）UE 中针对该 PLMN 的允许 CAG 列表包括小区针对该 PLMN 广播的 CAG-ID。

（4）满足小区选择标准。

（5）小区未被禁止。

（6）该小区是至少一个 TA（tracking area，跟踪区）的一部分，该 TA 不属于"漫游禁止跟踪区域"列表的一部分，属于满足上述第一项要求的 PLMN。

7.1.4 小区选择的准则

小区选择需要满足 S 准则，即

$$S_{rxlev} > 0;$$

$$S_{qual} > 0;$$

其中：

$$S_{rxlev} = Q_{rxlevmeas} - (Q_{rxlevmin} + Q_{rxlevminoffset}) - P_{compensation} - Q_{offsettemp}$$

$$S_{qual} = Q_{qualmeas} - (Q_{qualmin} + Q_{qualminoffset}) - Q_{offsettemp}$$

公式中各个参数的具体含义如表 7-1 所示。

表 7-1　S 准则涉及参数含义

参　数	含　　义
S_{rxlev}	小区选择 RX 电平（dB）
S_{qual}	小区选择质量（dB）
$Q_{offset_{temp}}$	临时附加小区偏移（dB），根据 TS 38.331 定义
$Q_{rxlevmeas}$	被测小区 RX 电平（RSRP）
$Q_{qualmeas}$	被测小区质量（RSRQ）
$Q_{rxlevmin}$	小区所需最低 RX 电平（dBm）。如果 UE 支持该小区的 SUL 频率，则在 SIB1、SIB2 和 SIB4 中从 q-RxLevMinSUL（如果存在）获得 $Q_{rxlevmin}$，此外，如果相关小区的 $Q_{rxlevminoffsetcellSUL}$ 在 SIB3 和 SIB4 中存在，则将该小区特定偏移添加到相应的 $Q_{rxlevmin}$ 中，以实现相关小区中所需的最小 RX 电平；否则，$Q_{rxlevmin}$ 从 SIB1、SIB2 和 SIB4 中的 q-RxLevMin 中获得。此外，如果相关小区的 SIB3 和 SIB4 中存在 $Q_{rxlevminoffsetcell}$，则该小区特定偏移将添加到相应的 $Q_{rxlevmin}$ 中，以达到相关小区中所需的最低 RX 电平
$Q_{qualmin}$	小区中所需的最低质量电平（dB）。此外，如果向相关小区发送 $Q_{qualminoffsetcell}$ 信号，则添加该小区的特定偏移，以达到相关小区中所需的最低质量电平
$Q_{rxlevminoffset}$	根据 TS 23.122 的规定，在 VPLMN 上正常驻留时，由于定期搜索更高优先级的 PLMN，在 Srxlev 评估中考虑的信号 $Q_{rxlevmin}$ 的偏移
$Q_{qualminoffset}$	根据 TS 23.122 的规定，在 VPLMN 上正常驻留时，由于定期搜索更高优先级的 PLMN，在 Squal 评估中考虑的信号 $Q_{qualmin}$ 的偏移
$P_{compensation}$	对于 FR1，如果 UE 支持 NR-NS-PmaxList（如果存在）中的 additionalPmax，则在 SIB1、SIB2 和 SIB4 中： $\max(P_{EMAX1} - P_{PowerClass}, 0) - (\min(P_{EMAX2}, P_{PowerClass}) - \min(P_{EMAX1}, P_{PowerClass}))$（dB）； 其他：$\max(P_{EMAX1} - P_{PowerClass}, 0)$（dB）； 对于 FR2，$P_{compensation}$ 设置为 0； 对于 IAB-MT，$P_{compensation}$ 设置为 0
P_{EMAX1}，P_{EMAX2}	在 TS 38.101 [15]中定义为 P_{EMAX} 的小区（dBm）上行链路传输时，UE 可以使用的 TX 功率电平。如果 UE 支持该小区的 SUL 频率，则 P_{EMAX1} 和 P_{EMAX2} 分别从 TS 38.331[3]中规定的 SIB1 中 SUL 的 p-Max 和 SUL 在 SIB1、SIB2 和 SIB4 中的 NR-NS-PmaxList 获取，否则 P_{EMAX1} 和 P_{EMAX2} 分别从 TS 38.331[3]中规定的正常 UL 的 SIB1、SIB2 和 SIB4 中的 p-Max 和 NR-NS-PmaxList 中获取
$P_{PowerClass}$	根据 TS38.101-1[15]中定义的 UE 功率等级，UE 的最大射频输出功率（dBm）

7.1.5 小区重选的测量规则

处于空闲态下的终端，如果已经驻留了一个小区，但有了新的更好的小区，则需要重新选择，驻留到新的小区中，该过程称为小区重选。

1. 小区重选优先级

NR 异频或系统异频的优先级可在 RRC-Release 消息的系统信息中提供，或小区在做系统间选择或重选过程中留存在另一个系统。假如 UE 可以在不提供优先级的情况下列出 NR 频率或异系统（即对于该频率不存在字段 cell Reselection Priority）。如果在专用信令中提供了优先级，则 UE 应忽略系统信息中提供的所有优先级。如果 UE 驻留小区状态，则 UE 应仅使用来自当前小区的系统信息提供的优先级，除非另有规定，否则 UE 保留在 RRC-Release 中接收的专用信令提供的优先级和 deprioritisationReq。当 UE 在正常状态下驻留时，除了专用于当前频率的优先级之外，还应考虑 UE 当前频率是最低优先级频率（即低于任何网络配置值）。

UE 仅对系统信息中给出且 UE 具有优先权的 NR 频率和异系统频率执行小区重选评估。

在 UE 接收到 deprioritisationReq 时，应考虑当前的频率和存储频率，因为先前接收的 deprioritisationReq 的 RRCRelease 消息或 NR 的所有频率都是最低优先级频率（即低于网络配置值的任何值），而 T325 则与注册系统无关。当 NAS 层请求执行 PLMN 选择时，UE 应删除存储的去优先级请求。

注意：UE 应在优先级改变后尽快搜索更高优先级的层进行小区重选。TS 38.133 中规定的最低相关性能要求仍然适用。

在以下任一情况下，UE 应删除专用信令提供的优先级。

（1）UE 进入不同的 RRC 状态。

（2）专用优先级的可选有效期（T320）到期。

（3）UE 接收不存在字段 cell reselection priorities 的 RRC-release 消息。

（4）应 NAS 层的请求执行 PLMN 选择。

UE 不应考虑任何黑名单的小区作为小区重选的候选，只考虑白名单的小区，如果配置的话，则作为小区重选的候选。

处于 RRC 空闲状态的 UE 应在异系统小区间（重新）选择时继承专用信令提供的优先级和剩余有效时间（即 NR 和 e-UTRA 中的 T320）。

2. UE 使用规则

UE 使用以下规则限制所需的测量。

（1）如果服务小区满足 $S_{rxlev} > S_{IntraSearchP}$ 和 $S_{qual} > S_{IntraSearchQ}$，则 UE 可以选择不执行同频测量。否则，UE 应执行同频测量。

（2）对于异频和异系统的小区，UE 应用以下规则，系统信息中显示 UE 优先级，重选中定义的优先级见 7.1.5 节。① 对于 NR 异频或异系统的小区重选优先级高于当前 NR 重选小区，UE 应根据 TS 38.133 规定对更高优先级的 NR 异频或异系统的小区进行测量。② 对于 NR 异频小区重选优先级等于或低于当前 NR 重选优先级的小区，异系统小区 UE 应对重选优先级低于当前小区；如果服务小区满足 $S_{rxlev} > S_{nonIntraSearchP}$ 和 $S_{qual} > S_{nonIntraSearchQ}$，则 UE 可以选择不执行相等或更低优先级的 NR 同频小区或更低优先级的异系统小区的测量；否则，UE 应根据 TS 38.133 规定对 NR 优先级相等或较低的同频小区或较低优先级的异系统小区进行测量。

（3）如果 UE 支持释放测量且 SIB2 中存在释放测量，则 UE 之后会释放所需的测量。

7.1.6 小区选择和注册流程

1．小区选择

小区选择有以下两种途径。

（1）初始小区选择（事先不知道哪些射频信道是 NR 频率）：① UE 应根据其能力扫描 NR 频带中的所有 RF 信道，以找到合适的小区。② 在每个频率上，UE 只需要搜索最强的小区，除了使用共享频谱信道接入的操作，其中 UE 可以搜索下一个最强的小区。③ 一旦找到合适的小区，应选择该小区。

（2）利用存储信息选择小区：① 本程序需要存储频率信息，还有来自先前接收到的测量控制信息元素或先前检测到的小区的参数信息。② 一旦 UE 找到合适的小区，UE 应选择该小区。③ 如果没有找到合适的小区，应启动（1）中的初始小区选择程序。

2．小区注册流程

小区注册流程如图 7-1 所示。

1）RRCConnectionRequest

该消息用于建立 RRC 连接，包括 SRB1 的建立。处于 RRC_IDLE 状态下的 UE 需转变为 RRC_CONNECTED 状态时发起该过程，如呼叫、响应寻呼等。UE 发送完该消息后，仍然可以继续进行小区重选测量及小区重选评估，如果条件满足，执行小区重选流程。

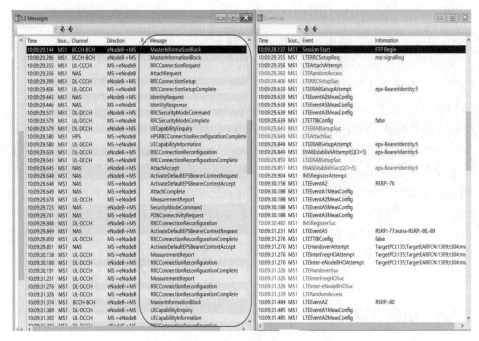

图 7-1　小区注册流程

2）RRCConnectionSetup

该消息用于建立 SRB1，其承载在 SRB0 上。如果 gNB 收到 RRCSetupRequest 消息，则为 UE 创建 UE Context，并执行 SRB1 的准入和资源分配。如果允许建立 SRB1，则在 RRCSetup 消息中携带 SRB1 的完整配置信息发送给 UE。UE 收到该消息后进入 RRC_CONNECTED 状态，并停止小区重选。

3）RRCConnectionSetupComplete

该消息用于 UE 确认已经成功完成 RRC 连接的建立，其承载在 SRB1 上。UE 收到 RRCSetup 消息后根据其中的 radioBearerConfig 进行无线承载配置。

在 5G 中共有 4 种注册类型。

（1）初始注册（initial registration）。UE 开机时，处于 RM-DEREGISTERED 状态发起的注册流程。

（2）移动性注册更新（mobility registration update）。发起移动性注册更新的场景有：① 进入不在 TA 列表的新 TA；② 更新 UE 能力及协议参数（和 TA 是否改变无关）；③ 请求改变 NSSAI（network slice selection assistance information，网络切片选择支撑信息）；④ （R16 新增）UE 推荐的 Network Behaviour 改变和 AMF 当前支持的 Network Behaviour 参数不兼容；⑤ 请求改变允许使用的 NSSAI。

（3）周期性注册更新（periodic registration update）。T3512 超时发起的注

册流程。

（4）紧急注册（emergency registration）。紧急注册国内未开启。在该 IE 中还有一个重要的指示，UE 如果不包含需要激活的 PDU Session 或 UE 要进行紧急注册，但 UE 还有上行信令需要发送时包含该参数，需要在该 5GS Registration type IE 中设置 "Follow-on request pending"。

在注册过程中 UE 上发的参数中非常重要的是 5GS mobile identity，该 IE 中包含 SUCI（subscription concealed identifier，用户隐藏标识符）、5G-GUTI（globally unique temporary UE identity，全球唯一临时 UE 标识）或 PEI（permanent equipment identifier，永久设备标识符）。注册中 UE 携带的用户标识应按下列优先级逐次降低提供相应的标识。

（1）从 EPS GUTI 映射来的 5G-GUTI。

（2）当前 UE 正在注册的 PLMN 分配的 native 5G-GUTI。

（3）对等 PLMN 网络分配的 native 5G-GUTI。

（4）其他 PLMN 分配的 5G-GUTI。

（5）其他情况，UE 提供 SUCI 进行注册。如果 UE 既有有效的 EPS GUTI 又有 5G-GUTI，则原来的 5G-GUTI 会放在 Additional GUTI 字段中。如果有多个 native 5G-GUTI，则按照上面 UE 标识的选择顺序选择最高优先级的标识。紧急注册时可以使用 PEI 进行注册，这里不进行介绍。

3. NSA 模式下的网络选择和小区选择

关于非独立组网模式，本节中主要介绍以 4G LTE 部署为主，5G NR 为辅的模式（具体可以参见 6.2 节 5G 选择的选项 3）。该组网模式的提出主要在于运营商希望尽可能重用现有 4G 接入网与核心网投资，同时又能使用 5G 节点的传输技术提升网络性能。

非独立组网需要建立一个 LTE 连接，用来进行 LTE 服务网络和 UE 之间的初始控制信息及信令信息交换。因此，任何支持 EUTRA-NR 双连接的 5G NR 终端均会在开机后执行 LTE 小区搜索和选择过程，然后再获取 LTE 系统消息并执行 LTE 初始接入过程，以便在 LTE 网络上完成注册。

终端使用推荐的 EUTRA 绝对射频信道号（EARFCN）开始扫描信道光栅为 100kHz 的 LTE 频段。该信道号可从 UICC（通用集成电路卡）上 USIM（用户服务标识模块）的存储信息中获取。终端通过搜索 LTE 主、辅同步信号（PSS、SSS）识别该特定无线小区的物理小区标识（PCI）。如果 UE 未能在该特定频段上成功找到同步信号，则该终端将按 USIM 中指定的优先级顺序扫描其他支持的频段和推荐的 EARFCN。

对于每个检测到的小区将执行 RSSI 测量，相关结果按顺序列出，并且仅对高于设定阈值的信号的小区执行 PCI 解码。LTE 共定义了 504 个小区标识。

由于设计了同步信号，并且每个无线帧（5ms）广播 PSS、SSS 两次。终端将在时域和频域上和网络侧完全同步。PSS 和 SSS 在围绕中心频率（等于 EARFCN）的 6 个内部资源块（RB=6×12 个子载波×15kHz=1.08MHz）中传输。通过成功检测这两种信号，终端还能获取循环前缀的长度信息，并确定小区是支持 FDD 还是支持 TDD 模式，因为 PSS 和 SSS 在时域内的映射对于 FDD 和 TDD 模式是不同的。

接下来是解码承载了主信息块（master information block，MIB）的物理广播信道（PBCH），从而获取必需的系统消息。

此外，还有其他网络参数帮助终端计算小区选择标准——S 准则。这使终端能够确定接收的信号质量高于两个阈值（$S_{rxlev}>0$ 和 $S_{qual}>0$），则允许 UE 驻留该小区或确定立即开始小区重选过程。

需要强调的是，除了接入 LTE 网络所需的全部信息外，在 3GPP Release1 5 版本里还为 SIB2 添加了一个对 EN-DC 模式非常重要的新信息元素——PLMN-Info-List-r15。对于列出的每个网络，如果该网络支持 EN-DC，则会将 upperLayerIndication-r15 设置为 True。LTE 网络通过 SIB2 广播其是否支持 EN-DC 和 5G NR NSA 组网。

小区搜索、小区选择和系统消息获取完毕之后，最终终端已准备好使用随机接入过程（RACH）开始 LTE 网络的初始接入。

随机接入是指终端与基站建立联系的过程，如图 7-2 所示。随机接入后，终端才能实现与小区的同步。然后随机接入相关的消息 MSG1-MSG4 如下。

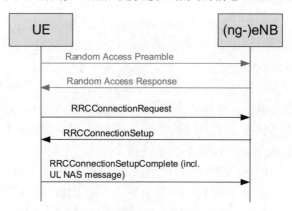

图 7-2 终端与基站建立联系的过程

（1）UE→eNB　MSG1：随机接入前导。

（2）UE←eNB　MSG2：随机接入响应。

（3）UE→eNB　MSG3：RRCConnectionRequest。

（4）UE←eNB　MSG4：RRCConnectionSetup。

LTE 中有两个信令承载：SRB1 和 SRB2，SRB1 负责传送 RRC 信令，SRB2 负责传送 NAS 信令。随机接入后，终端与基站建立 SRB1，成功建立了 RRC 连接，后面就需要进行附着过程。

（1）LTE 附着过程存在两个特点：双向鉴权、建立默认承载。

（2）附着过程包括请求附着、获取终端用户 ID、鉴权、启动 NAS 信令安全通信、接受附着、建立 SRB2 和默认承载、完成附着。

4．SA 模式下的网络选择和小区选择

开机终端收到和读取系统信息 SI（具体可见 7.3.3 节），进行网络注册。

小区搜索是 UE 获取 5G 服务的第一步。UE 通过小区搜索能够搜索并发现合适的小区，继而接入该小区。小区搜索完成之后，UE 选取合适的小区发起随机接入，从而建立与网络的 RRC 连接。

5G NR 随机接入可以实现以下两个基本功能。

（1）实现 UE 与 gNB 之间的上行同步。

（2）gNB 为 UE 分配上行资源。

在 NR 中，随机接入除了让 UE 接到某个载波上，最重要的是用于系统消息的请求和波束赋形失败后的恢复过程。波束赋形的具体过程参见 5.1.3 节。

图 7-3 描述了 SA 模式下的网络选择过程。注意：gNB-CU（全称为 gNB central unit），承载 gNB 的 RRC、SDAP 和 PDCP 协议的逻辑节点或控制一个或多个 gNB-DU 操作的 en-gNB 的 RRC 和 PDCP 协议。gNB-DU（全称为 gNB distributed unit），承载 gNB 或 en-gNB 的 RLC、MAC 和 PHY 层的逻辑节点，并且其操作部分由 gNB-CU 控制。一个 gNB-DU 支持一个或多个小区，一个小区仅由一个 gNB-DU 支持。

（1）UE 向 gNB-DU 发送 RRC 连接请求消息。

（2）gNB-DU 包括 RRC 消息，如果 UE 被允许，则在初始 UL RRC 消息传输消息中包括用于 UE 的相应低层配置，并且传输到 gNB-CU。初始 UL RRC 消息传输消息包括由 gNB-DU 分配的 C-RNTI。

（3）gNB-CU 为 UE 分配 gNB-CU UE ID，并向 UE 生成 RRC CONNECTION SETUP 消息。RRC 消息被封装在 DL RRC MESSAGE TRANSFER 消息中。

（4）gNB-DU 向 UE 发送 RRC CONNECTION SETUP 消息。

（5）UE 将 RRC CONNECTION SETUP COMPLETE 消息发送到 gNB-DU。

（6）gNB-DU 将 RRC 消息封装在 UL RRC MESSAGE TRANSFER 消息中并将其发送到 gNB-CU。

（7）gNB-CU 将 INITIAL UE MESSAGE 发送到 AMF。

（8）AMF 将初始 UE 上下文建立请求消息发送到 gNB-CU。

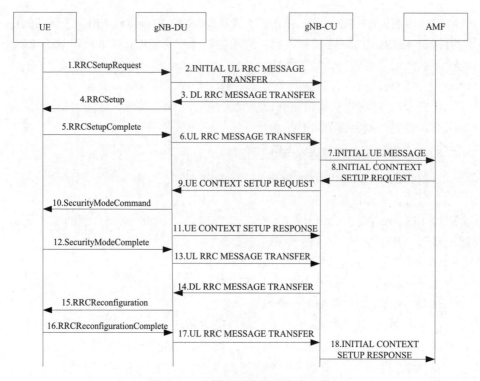

图 7-3　SA 模式下的网络选择过程

（9）gNB-CU 发送 UE 上下文建立请求消息以在 gNB-DU 中建立 UE 上下文。在该消息中，它还可以封装 RRC SECURITY MODE COMMAND 消息。

（10）gNB-DU 向 UE 发送 RRC SECURITY MODE COMMAND 消息。

（11）gNB-DU 将 UE CONTEXT SETUP RESPONSE 消息发送给 gNB-CU。

（12）UE 以 RRC SECURITY MODE COMPLETE 消息进行响应。

（13）gNB-DU 将 RRC 消息封装在 UL RRC MESSAGE TRANSFER 消息中并将其发送到 gNB-CU。

（14）gNB-CU 生成 RRC CONNECTION RECONFIGURATION 消息并将其封装在 DL RRC MESSAGE TRANSFER 消息中。

（15）gNB-DU 向 UE 发送 RRC CONNECTION RECONFIGURATION 消息。

（16）UE 向 gNB-DU 发送 RRC CONNECTION RECONFIGURATION COMPLETE 消息。

（17）gNB-DU 将 RRC 消息封装在 UL RRC MESSAGE TRANSFER 消息中并将其发送到 gNB-CU。

（18）gNB-CU 向 AMF 发送 INITIAL UE CONTEXT SETUP RESPONSE 消息。

基于 LTE 初始附着过程中的 UE 能力传输，网络获取所附着 UE 支持的 5G NR 频段信息。UE 不会自动启动扫描周围的 5G NR 信号的操作。LTE 网络为 UE 提供支持并指示 UE 对支持 5G NR 的相邻小区执行信号质量测量。这样做的优点是，网络知晓在业务区域内可访问哪些 5G NR 小区，以及每个小区使用什么频段。信号质量测量是基于同步信号块进行的。要执行这些测量，UE 必须获得基于同步信号块的 5G NR 下行信号同步。

图 7-4 描述了 EN-DC 网络选择过程。

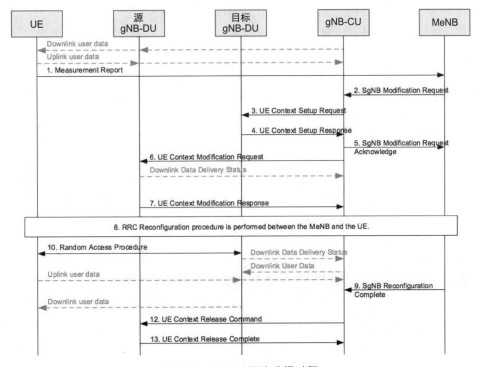

图 7-4　EN-DC 网络选择过程

（1）UE 向 MeNB 发送测量报告消息。

（2）MeNB 发送 SgNB 修改请求消息。

（3）gNB-CU 向目标 gNB-DU 发送 UE 上下文建立请求消息以创建 UE 上下文并设置一个或多个承载。

（4）目标 gNB-DU 使用 UE 上下文建立响应消息来响应 gNB-CU。

（5）gNB-CU 用 SgNB 修改请求确认消息来响应 MeNB。

（6）gNB-CU 向源 gNB-DU 发送 UE 上下文修改请求消息，指示停止向 UE 的数据传输。源 gNB-DU 还发送下行链路数据传递状态帧以向 gNB-CU 通知 UE 未成功传输的下行链路数据。

（7）源 gNB-DU 向 gNB-CU 响应 UE 上下文修改响应消息。

（8）MeNB 和 UE 执行 RRC 重配置过程。

（9）MeNB 向 gNB-CU 发送 SgNB 重配置完成消息。

（10）在目标 gNB-DU 处执行随机接入过程。目标 gNB-DU 发送下行链路数据传递状态帧以通知 gNB-CU。可以包括未在源 gNB-DU 中成功发送的 PDCP PDU 的下行链路分组从 gNB-CU 发送到目标 gNB-DU，下行链路分组被发送到 UE。此外，从 UE 发送上行链路分组，通过目标 gNB-DU 被转发到 gNB-CU。

（11）gNB-CU 向源 gNB-DU 发送 UE 上下文释放命令消息。

（12）源 gNB-DU 释放 UE 上下文并且用 UE 上下文释放完成消息来响应 gNB-CU。

在 EN-DC 网络选择过程中，在初始连接建立时，SRB1 使用 E-UTRA 的 PDCP。在初始连接建立之后，网络可以配置 MCG SRB（SRB1 和 SRB2）以使用 E-UTRA PDCP 或 NR PDCP。 可以通过切换过程（具有移动性的重新配置）在任一方向（即从 E-UTRA PDCP 到 NR PDCP 或反之）支持 SRB 的 PDCP 版本改变（旧 PDCP 的释放和新 PDCP 的建立）。当网络通知缓冲区中和初始安全激活之前没有 UL 数据时，从 E-UTRA PDCP 变为 NR PDCP，具有无移动性的重新配置。对于具有 EN-DC 能力的 UE，也可以在配置 EN-DC 之前为 DRB 和 SRB 配置 NR PDCP。

由 SN（secondary node，辅节点）生成的 RRC PDU（protocol data unit，协议数据单元）可以经由 MN（master node，主节点）传输到 UE。MN 总是经由 MCG（master cell group，主小区组）SRB（SRB1）发送初始 SN RRC 配置，但是后续的重新配置可以经由 MN 或 SN 传输。当从 SN 传输 RRC PDU 时，MN 不修改由 SN 提供的 UE 配置。

如果 SN 是 gNB（即用于 EN-DC 和 NGEN-DC），则 UE 可以被配置为与 SN 建立 SRB（SRB3）以使得能够在 UE 和 SN 之间直接发送 SN 的 RRC PDU。用于 SN 的 RRC PDU 仅可以被直接传送到 UE 用于 SN RRC 重新配置，而不需要与 MN 进行任何协调。如果配置了 SRB3，则 SN 内的移动性的测量报告可以直接从 UE 到 SN 完成。

7.1.7 小区重选流程

下面以在实际测试中，因为小区信号变差导致终端进行重选的流程为例，说明小区重选的整个过程，如图 7-5 所示。

图 7-5 中第一个框内为小区注册流程，图 7-6 为小区 1 信息，其首先注册在 PLMN 为 00221 的小区 1 上，随着小区的信号质量变差，手机完成释放流程。

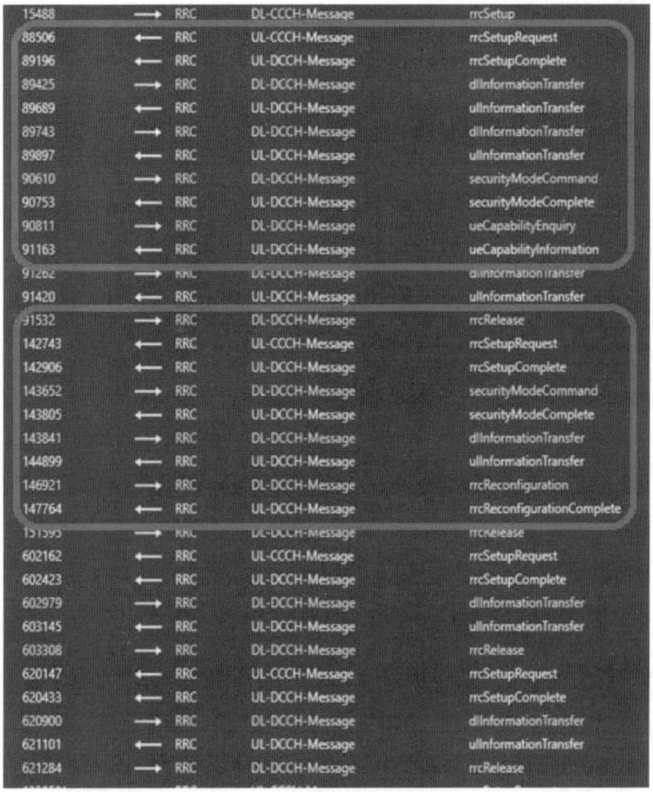

图 7-5　小区重选流程

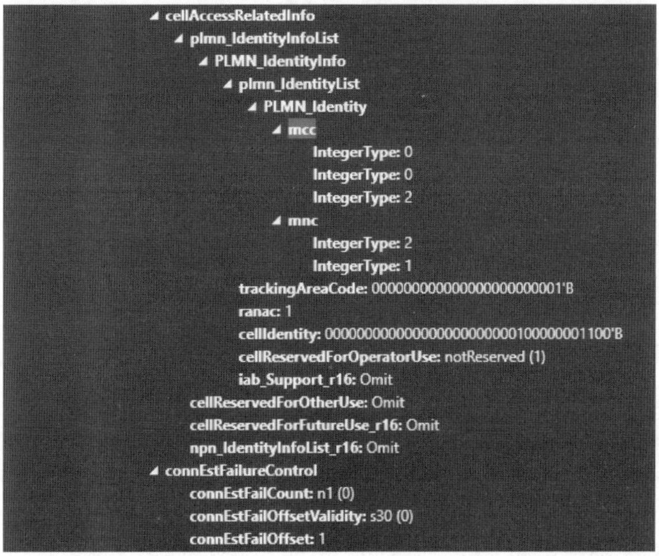

15488	→	RRC	DL-CCCH-Message	rrcSetup
88506	←	RRC	UL-CCCH-Message	rrcSetupRequest
89196	←	RRC	UL-DCCH-Message	rrcSetupComplete
89425	→	RRC	DL-DCCH-Message	dlInformationTransfer
89689	←	RRC	UL-DCCH-Message	ulInformationTransfer
89743	→	RRC	DL-DCCH-Message	dlInformationTransfer
89897	←	RRC	UL-DCCH-Message	ulInformationTransfer
90610	→	RRC	DL-DCCH-Message	securityModeCommand
90753	←	RRC	UL-DCCH-Message	securityModeComplete
90811	→	RRC	DL-DCCH-Message	ueCapabilityEnquiry
91163	←	RRC	UL-DCCH-Message	ueCapabilityInformation
91262	→	RRC	DL-DCCH-Message	dlInformationTransfer
91420	←	RRC	UL-DCCH-Message	ulInformationTransfer
91532	→	RRC	DL-DCCH-Message	rrcRelease
142743	←	RRC	UL-CCCH-Message	rrcSetupRequest
142906	←	RRC	UL-DCCH-Message	rrcSetupComplete
143652	→	RRC	DL-DCCH-Message	securityModeCommand
143805	←	RRC	UL-DCCH-Message	securityModeComplete
143841	→	RRC	DL-DCCH-Message	dlInformationTransfer
144899	←	RRC	UL-DCCH-Message	ulInformationTransfer
146921	→	RRC	DL-DCCH-Message	rrcReconfiguration
147764	←	RRC	UL-DCCH-Message	rrcReconfigurationComplete
151595	→	RRC	DL-DCCH-Message	rrcRelease
602162	←	RRC	UL-CCCH-Message	rrcSetupRequest
602423	←	RRC	UL-DCCH-Message	rrcSetupComplete
602979	→	RRC	DL-DCCH-Message	dlInformationTransfer
603145	←	RRC	UL-DCCH-Message	ulInformationTransfer
603308	→	RRC	DL-DCCH-Message	rrcRelease
620147	←	RRC	UL-CCCH-Message	rrcSetupRequest
620433	←	RRC	UL-DCCH-Message	rrcSetupComplete
620900	→	RRC	DL-DCCH-Message	dlInformationTransfer
621101	←	RRC	UL-DCCH-Message	ulInformationTransfer
621284	→	RRC	DL-DCCH-Message	rrcRelease

图 7-6　小区 1 信息

随后在小区 2 进行重选，图 7-5 中第二个是小区重选过程。小区 2 的 PLMN 为 00331，小区 2 信息如图 7-7 所示。

图 7-7　小区 2 信息

7.2　层 2

如 6.3 节所述，无线网络的层 2 包含 MAC 层、RLC 层、PDCP 层及 SDAP 层，为便于理解，本节会在简要介绍各层功能的基础上，通过具体的协议测试信令来举例说明。

❑ MAC（Medium Access Control，媒体接入控制）。

❑ RLC（Radio Link Control，无线链路控制）。

❑ PDCP（Packet Data Convergence Protocol，分组数据汇聚协议）。

❑ SDAP（Service Data Adaptive Protocol，服务数据适配协议）。

7.2.1　层 2 中各层功能介绍

1. MAC 层

MAC 层在物理层和 RLC 层之间，其主要功能如下。

大部分 NR MAC 层的功能沿用 LTE 的设计，包括与上下行数据相关的处理流程、随机接入流程、非连续接收相关流程等，但在 NR MAC 中引入了一些特有的功能或将现有的功能根据 NR 的需求做了一些增强。NR MAC 在随机接入功能上，其 R16 新增了两步竞争随机接入，以降低随机接入时延。

NR MAC 与 LTE MAC 层主要功能对比如表 7-2 所示。

表 7-2　NR MAC 与 LTE MAC 层主要功能对比

功　　能	LTE MAC	NR MAC
随机接入	四步竞争随机接入 四步非竞争随机接入	四步竞争随机接入 四步非竞争随机接入 两步竞争随机接入 两步非竞争随机接入
下行数据传输	基于 HARQ 的下行传输	基于 HARQ 的下行传输
上行数据传输	调度请求（SR） 缓存状态上报（BSR） 逻辑信道优先级（LCP）	增强的调度请求（SR） 增强的缓存状态上报（BSR） 增强的逻辑信道优先级（LCP）
半静态配置资源	下行 SPS 上行 SPS	下行 SPS 第一类型配置资源 第二类型配置资源
非连续接收	DRX	DRX
MAC PDU	上下行 MAC PDU	增强的上下行 MAC PDU
NR 特有	/	带宽部分基于随机接入的波束恢复流程

2．RLC 层

与 LTE 系统一样，NR RLC 包含下列 3 种传输模式。

❑ TM（transparent mode，透明模式）。

❑ UM（unacknowledged mode，非确认模式）。

❑ AM（acknowledged mode，确认模式）。

3 种 RLC 模式的主要特征如下。

（1）RLC TM：当 RLC 处于 TM 时，RLC 直接将上层收到的 SDU（service data unit，业务数据单元）递交到下层。TM 适用于广播、公共控制以及寻呼逻辑信道。

（2）RLC UM：当 RLC 处于 UM 时，RLC 会对 RLC SDU 进行处理，包括切割、添加包头等操作。UM 一般适用于对数据可靠性要求不高且时延比较敏感的业务逻辑信道，如承载语音的逻辑信道。

（3）RLC AM：当 RLC 处于 AM 时，RLC 具有 UM 的功能，同时还能支持数据接收状态反馈。AM 适用于专属控制以及专属业务逻辑信道，一般对可靠性要求比较高。

3．PDCP 层

对于上行，PDCP 层主要负责处理从 SDAP 层接收 PDCP PDU（protocol data unit，协议数据单元），通过处理生成 PDCP PDU 以后递交到对应的 RLC 层。而对于下行，PDCP 层主要负责接收从 RLC 层递交的 PDCP PDU，经过处理去掉 PDCP 包头后递交到 SDAP 层，PDCP 和无线承载一一对应，即每一个无线承载关联一个 PDCP 实体。大部分 NR PDCP 层提供的功能与 LTE 类似。

4．SDAP 层

SDAP 层是 NR 用户面新增的协议层。NR 核心网引入了更精细的基于 QoS 流的用户面数据处理机制，从空口来看，数据是基于 DRB 来承载的，这时就需要将不同的 QoS 流的数据按照网络配置的规则映射到不同的 DRB 上。引入 SDAP 层的主要目的是完成 QoS 流与 DRB 之间的映射，一个或多个 QoS 流的数据可以映射到同一个 DRB 上，同一个 QoS 流的数据不能映射到多个 DRB 上。

7.2.2 层 2 协议测试示例及说明

层 2 协议测试内容主要是，通过协议信令来验证终端 MAC 层、RLC 层、PDCP 层和 SDAP 层的功能是否符合协议标准。

（1）MAC 层主要验证点是该层的随机接入、上下行数据传输、不连续接收和半持续调度等功能是否正确和完整，具体参见 3GPP TS 38.523-1 7.1.1 节。

（2）RLC 层主要验证 RLC 非确认模式和确认模式的功能是否正确，具体参见 3GPP TS 38.523-1 7.1.2 节。

（3）PDCP 层主要验证该层的完整性保护、加密和分组数据的切换恢复功能是否正确，具体参见 3GPP TS 38.523-1 7.1.3 节。

（4）SDAP 层主要验证数据传输过程中对报头的处理功能是否正确，具体参见 3GPP TS 38.523-1 7.1.4 节。

在终端测试中，层 2 相关的协议测试出现问题比较少，下面以两个实例来说明层 2 在实际协议测试中的实现及问题分析。

1．MAC PDU 解析说明

协议规定，一个 MAC PDU 由一个或多个 MAC subPDU 组成，每个 MAC subPDU 由以下之一组成。

- ❑ 只一个 MAC 子头（包括填充）。
- ❑ 一个 MAC 子头和一个 MAC SDU。
- ❑ 一个 MAC 子头和一个 MAC CE。

❑ 一个 MAC 子头和填充。

MAC SDU 的大小是可变的。每个 MAC 子头对应一个 MAC SDU、一个 MAC CE 或一个填充。

除了固定大小的 MAC CE 和填充外，R/F/LCID/L 携带 8 位和 16 位 L 字段的 MAC 子头分别如图 7-8 和图 7-9 所示，R/LCID MAC 子头如图 7-10 所示，MAC 子头由 4 个头字段 R/F/LCID/L 组成。固定大小的 MAC CE 和填充的 MAC 子头由两个头字段 R/LCID 组成。

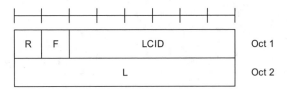

图 7-8　R/F/LCID/L 携带 8 位 L 字段的 MAC 子头

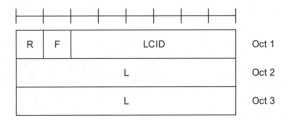

图 7-9　R/F/LCID/L 携带 16 位 L 字段的 MAC 子头

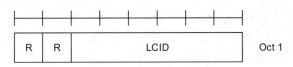

图 7-10　R/LCID MAC 子头

（1）R：为保留位，值为 0。

（2）F：表示格式，它决定 L 字段的长度，该字段的长度只有 1 位。当该值为 1 时，L 字段为 8 位；当值为 0 时，L 字段为 16 位。

（3）LCID：制定逻辑信道的 ID，每个 MAC 的子头部都有 LCID 字段存在，它占 6 位。

（4）L：制定对应的 MAC SDU 或可变大小的 MAC CE 的长度。除了固定大小的 MAC CE 和填充，每个 MAC 子头只有一个 L 字段，L 字段的长度由 F 字段决定。

下面结合协议测试加深对 MAC PDU 的理解，图 7-11 中高亮的信令是网络发给终端的 MAC subPDU。图 7-12 线框中是对 MAC subPDU 的解析，可以看出 R（Reserved）、F（Format）、LCID、L（Length）对应的值。

TTCN Test Step	Step 14
NR_DRB_COMMON_IND	Received on port: NR5GC:DRB
Verdict Intermediate Pass	Intermediate verdict: (PASS) | TTCN-3 message: Step 14
TTCN Test Step	Step 15
Text	Parameter: NR_L2_Common.v_Bitstring = '1000000000000000000010111000010001010101111110
Text	Parameter: NR_L2_Common.v_Octetstring = '80001708ABEECE4B0B813FD337873F2CD1E29AE9
Text	Parameter: MAC_TC_Common_NR.v_Bitstring = '11000000000000000000010111100000000000000
Text	Parameter: MAC_TC_Common_NR.v_Octetstring = 'C0001708001708ABEECE4B0B813FD337873F
Text	Parameter: MAC_TC_Common_NR.v_EncodedRlcPdu1 = 'C0001708001708ABEECE4B0B813FD33
Text	Parameter: Common4G5G_Templates.v_CnfFlag = False | File: Common4G5G_Templates.ttcn [Lin
NR_DRB_COMMON_REQ	Sent from port: NR5GC:DRB
TTCN Test Step	Step 16
NR_DRB_COMMON_IND	Received on port: NR5GC:DRB

图 7-11 网络发送给终端的 MAC subPDU

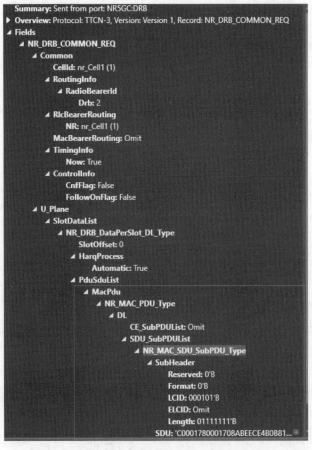

图 7-12 MAC subPDU 解析

2. 完整性保护和加密过程

AS（access straum，接入层）信令和数据安全由 PDCP 层负责，RRC 连接建立的过程中通过 Security Mode Command 流程建立 AS 层安全。完整性保护和加密流程如图 7-13 所示。

UE
Network
Security Mode Command
Security Mode Complete

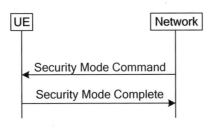

图 7-13　完整性保护和加密流程

下面以实际协议测试中遇到的安全模式异常为例，说明安全模式的重要性。

实际协议测试信令如图 7-14 所示，网络侧通过 PDCP DATA 下发 Security Mode Command。

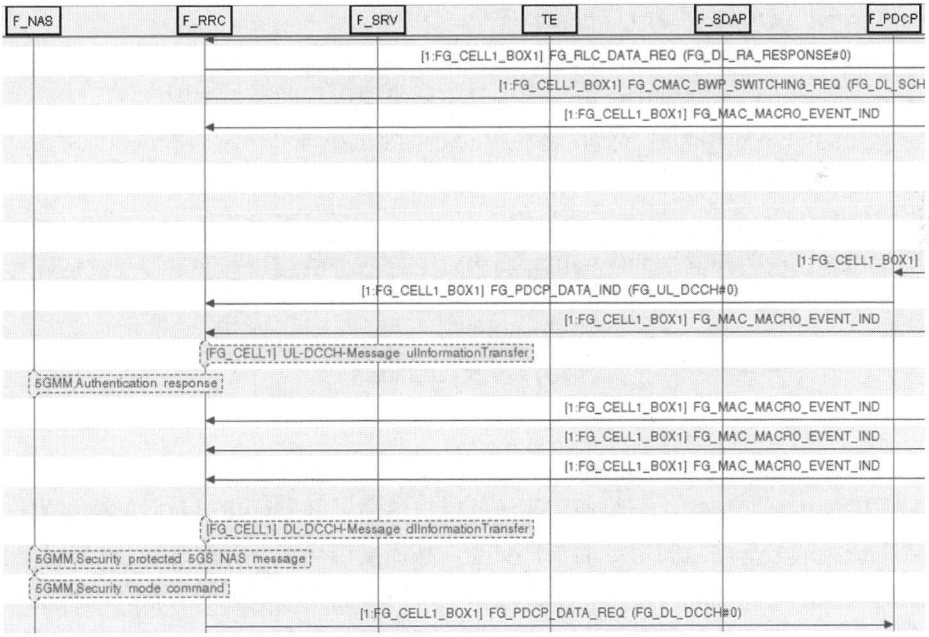

F_NAS
F_RRC
F_SRV
TE
F_SDAP
F_PDCP
[1:FG_CELL1_BOX1] FG_RLC_DATA_REQ (FG_DL_RA_RESPONSE#0)
[1:FG_CELL1_BOX1] FG_CMAC_BWP_SWITCHING_REQ (FG_DL_SCH
[1:FG_CELL1_BOX1] FG_MAC_MACRO_EVENT_IND
[1:FG_CELL1_BOX1]
[1:FG_CELL1_BOX1] FG_PDCP_DATA_IND (FG_UL_DCCH#0)
[1:FG_CELL1_BOX1] FG_MAC_MACRO_EVENT_IND
[FG_CELL1] UL-DCCH-Message ulInformationTransfer
5GMM,Authentication response
[1:FG_CELL1_BOX1] FG_MAC_MACRO_EVENT_IND
[1:FG_CELL1_BOX1] FG_MAC_MACRO_EVENT_IND
[1:FG_CELL1_BOX1] FG_MAC_MACRO_EVENT_IND
[FG_CELL1] DL-DCCH-Message dlInformationTransfer
5GMM,Security protected 5GS NAS message
5GMM,Security mode command
[1:FG_CELL1_BOX1] FG_PDCP_DATA_REQ (FG_DL_DCCH#0)

图 7-14　Security Mode Command 流程

终端应该返回 Security Mode Complete，此处示例是终端超时未返回，脚本报 Timeout error，之后所有的信令连接都无法建立，进而所有的协议测试用例都无法继续执行。超时未响应 Security Mode Command 如图 7-15 线框所示。

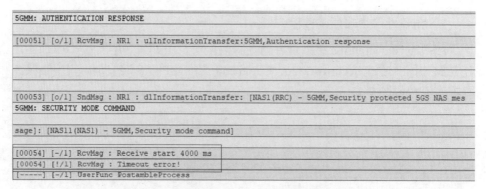

图 7-15 超时未响应 Security Mode Command

协议测试中，完整性保护功能验证一般没有问题，也许会出现终端超时未响应仪表信息的异常情况，可以考虑从以下两个方向解决。

（1）仪表侧 NR 发射功率设置过高，可以尝试调整仪表发射功率来避免此类问题的发生。

（2）终端未正常配置相关参数，涉及的原因比较复杂，需要抓取终端日志发给终端厂家分析，整改后再进行测试。

层 2 协议测试用例问题很少，基本没有因为协议规定检查点判决失败导致用例失败，不过在测试中可能会因为以下两类原因导致用例失败。

（1）开机注册超时导致用例失败。可以尝试在屏蔽环境内测试，排除现网干扰或者查看终端和测试系统的传导连接是否异常。

（2）终端上发了仪表不期望的信令消息，导致正常测试流程被中断。可以尝试在测试前关闭终端的一些可能会触发上行信令的应用程序来避免此问题。

7.3 层 3 RRC

RRC 层在空口协议栈结构中，位于层 2 之上，NAS 层之下，是无线接入网最关键的控制协议层。无线通信系统的空口信道是随着环境以及时间变化的，要保证终端与基站之间信令的正常交互，从而实现无线资源的合理分配以及配置的调整，这些功能都是由 RRC 层来实现的，它充当着无线通信系统大脑的角色。

RRC 技术规范主要集中在 3GPP 协议 TS-38.331 上，从协议的角度看，RRC 层接收来自低层的服务为上层提供以下服务。

（1）PDCP：完整性保护，加密和按顺序传递信息，无须重复。

（2）RLC：可靠的信息传输，不会引入重复数据并支持细分。

同时，为上层 NAS 层提供以下服务。

（1）公共控制信息的广播。

（2）传输专用控制信息，即一个特定 UE 的信息。

7.3.1　RRC 协议主要功能

根据 3GPP 技术规范的描述，RRC 层将对接入网协议栈的各层进行统一的配置和控制，其主要功能如下。

（1）广播系统信息。

（2）RRC 连接管理（RRC 连接的建立/修改/暂停/恢复/释放等）。

（3）安全性管理，如 AS 完整性保护（SRB）和 AS 加密（SRB、DRB）的初始配置等。

（4）SRB/DRB 无线承载的建立/修改/释放等。

（5）小区选择/重选，切换等移动性管理。

（6）网络寻呼。

（7）无线配置控制，如 ARQ 配置的分配/修改、HARQ 配置、DRX 配置等。

（8）测量配置与测量报告。

（9）专用 NAS 信息的传送，UE 无线接入能力信息的传送。

（10）无线链路故障的监测和恢复。

RRC 消息都是由 SRB（signalling radio bearer，信令无线承载）传送，SRB 是只用于 RRC 和 NAS 消息传输的无线承载（RB）。

具体地说，协议定义了以下 4 种 SRB。

（1）SRB0：用于传输使用 CCCH 逻辑信道承载的 RRC 消息。

（2）SRB1：用于传输使用 DCCH 逻辑信道承载的 RRC 消息（可以包括搭载的 NAS 消息）。

（3）SRB2：用于传输 NAS 消息，全部使用 DCCH 逻辑信道（用 RRC 消息承载 NAS 消息）。SRB2 的优先级低于 SRB1，可以在 AS 安全激活后由网络配置。

（4）SRB3：当 UE 在 EN-DC 中时，SRB3 用于特定的 RRC 消息，全部使用 DCCH 逻辑信道。

4 种 SRB 的主要区别如下。

（1）SRB0 不需要建立过程，UE 在 RRC_IDLE 状态下可获得 SRB0 的资源配置（如随机接入过程），需要时可直接使用。

（2）RRC 建立过程可看作在 SRB0 上传输信令（如 RRCSetupRequest）建立 SRB1 的过程，建立 SRB1 后 UE 就进入 RRC_CONNECTED 状态，且激活

安全功能。

（3）SRB1 上可承载大部分 RRC 消息，并且通过搭载的方式传输 NAS 消息。结束业务后，SRB1 上承载的信令可以将所有 SRB、DRB 的资源释放，UE 进入 RRC_IDLE 状态。

7.3.2　UE 的 RRC 状态及状态转换

5G NR 的 RRC 协议定义了终端的 3 种 RRC 状态，分别是 RRC_IDLE、RRC_INACTIVE 和 RRC_CONNECTED。

当已建立 RRC 连接时，UE 处于 RRC_CONNECTED 状态或处于 RRC_INACTIVE 状态。如果不是这种情况，即没有建立 RRC 连接，则 UE 处于 RRC_IDLE 状态。

3 种 RRC 状态的主要区别如下。

1. RRC_IDLE 状态

❑ UE 特定 DRX（discontinuous reception，非连续接收）参数可以由上层（NAS）配置。
❑ UE 监控核心网寻呼信道（寻呼标识为 5G-S-TMSI）。
❑ UE 执行相邻小区测量和小区选择/小区重选。
❑ UE 获取系统信息。

2. RRC_INACTIVE 状态

❑ UE 特定 DRX 参数可以由上层（NAS）或 RRC 层配置。
❑ UE 存储 AS 上下文。
❑ UE 监控核心网寻呼信道（寻呼标识为 5G-S-TMSI）和接入网寻呼信道（寻呼标识为 I-RNTI）。
❑ UE 执行相邻小区测量和小区选择/小区重选。
❑ 在基于 RAN 的通知区域外移动时执行基于 RAN 的通知区域更新。
❑ 获取系统信息。

3. RRC_CONNECTED 状态

❑ UE 存储 AS 上下文。
❑ UE 和网络之间传输单播数据。
❑ 在较低层 UE 可以被配置 UE 特定的 DRX 参数。
❑ 对于支持 CA 的 UE 可使用一个或多个 SCell 和 SPCell 的聚合来增加带宽。

❑ 对于支持 DC 的 UE 可使用一个 SCG（secondary cell group，辅小区组）和 MCG 的聚合来增加带宽。

❑ 网络控制的 NR 内和与 E-UTRAN 之间的移动性管理。

❑ UE 监控寻呼信道。

❑ UE 监视与共享数据信道相关的控制信道以确定网络是否调度自己收发数据。

❑ UE 提供信道质量反馈信息。

❑ UE 执行相邻小区测量和测量报告。

❑ UE 获取系统信息。

终端的 3 种 RRC 状态之间可相互转换，进而实现低能耗、低时延以及高性能之间的切换，满足不同业务场景的需要。

图 7-16 描述了 5G NR 终端 3 种 RRC 状态转换的过程。

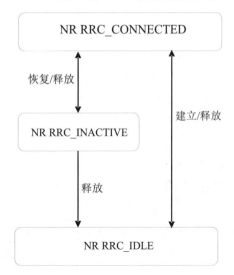

图 7-16 5G NR 终端 3 种 RRC 状态转换的过程

7.3.3 系统信息

终端开机后，在随机接入前并未和网络建立信令连接，此时网络可以通过下发系统信息（system information，SI）的方式控制终端的行为，主要是通过给终端发送配置接入网络的必要参数，保证 UE 可进一步与网络侧建立信令连接和数据通道。

图 7-17 描述了网络给终端发送配置系统信息的过程。

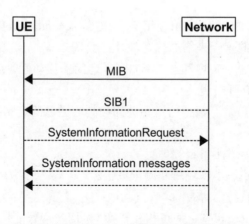

图 7-17 网络给终端发送配置系统信息的过程

5G NR 中，系统信息分为 MIB 和许多系统信息块（system information block，SIB），它们的特性分别如下。

（1）MIB 总是在 BCH 上传输，周期为 80ms，在 80ms 内进行重复，它包括从小区获取 SIB1（System Information Block Type1）所需的参数。

（2）SIB1 在 DL-SCH 上以 160ms 的周期发送，并在 160ms 内进行重复。SIB1 包括关于其他系统信息 SIBx 是否发送的指示和调度信息（如周期性、SI 窗口大小）的信息。它还指示其他 SIB 是通过定期广播还是仅按需提供。如果按需提供其他 SIB，则 SIB1 包括 UE 执行 SI 请求的信息。

（3）SIB1 以外的 SIB 在 DL-SCH 信道上传输，以 SI 消息的形式传送，每个 SI 消息在周期性发生的时域窗口内发送（称为 SI 窗口）。

（4）每个 SI 消息关联一个 SI 窗口，不同 SI 消息的窗口不能重叠，每个 SIB 可配置成小区特定的或区域特定的，并通过 SIB1 指示。

（5）RRC 连接状态下，网络可使用专用的 RRC 消息——RRCReconfiguration 来传输系统信息。

MIB 和各 SIB 包含的具体系统信息如下。

（1）MIB：包含小区禁止状态信息和接收其他系统信息必须的物理层信息。

（2）SIB1：包含初始接入信息以及其他系统信息的调度信息。

（3）SIB2：包含小区重选的相关信息。

（4）SIB3：包含用作同频邻小区的小区重选的信息。

（5）SIB4：包含用作异频邻小区的小区重选的信息。

（6）SIB5：包含用作 E-UTRAN 邻小区的小区重选的信息。

（7）SIB6：包含地震和海啸报警系统的主通知。

（8）SIB7：包含地震和海啸报警系统的辅助通知。

（9）SIB8：包含商用移动告警服务的警报通知。

（10）SIB9：包含GPS时间和UTC时间的信息。

MIB 消息图示如图 7-18 所示。

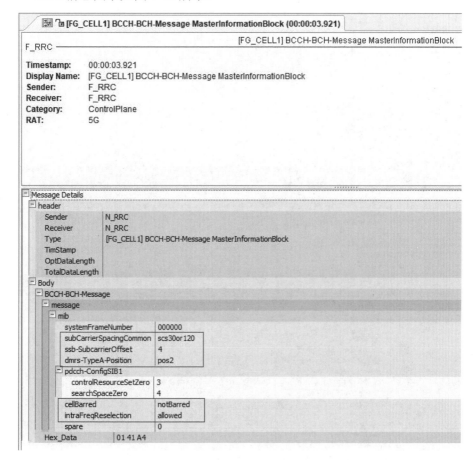

图 7-18　MIB 消息图示

图 7-18 线框内是小区禁止状态等系统信息及接收其他系统信息必须的物理层信息。

SIB1 消息图示如图 7-19 所示。

图 7-19 线框内包含 PLMN、TAC、CellID、小区频点等初始接入信息及其他系统信息的调度信息。

系统信息的更新主要是由网络侧以广播形式发起，包括常规的系统信息更新和突发事件触发的系统信息更新两种。

（1）常规的系统信息更新主要是网络侧配置发生改变引起的，网络侧会在变更前的一个周期内发送系统信息变更指示，指示系统信息即将变更，然后在下一个周期开始发送更新的系统信息。

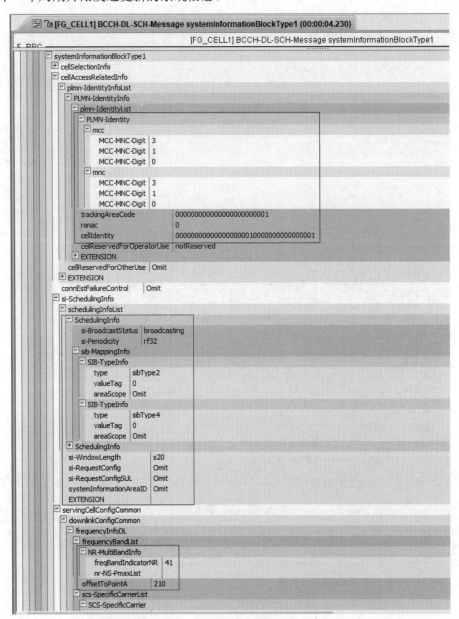

图 7-19 SIB1 消息图示

（2）当发生地震、海啸等公共事件时，网络侧会发送 PWS（public warning system，公共警报系统）指示，指示系统信息即将更新，同时网络广播更新后的系统信息，即突发事件触发的系统信息即时更新，不受周期性限制。

除了网络侧主动广播系统信息，5G NR 新增了一个增强功能，即按需提供系统信息，因为网络发送周期性广播信息消息会占用一定的信令资源，同时由于 5G 小区覆盖区域小，终端在大部分时间里没有必要读取系统信息。

当 UE 需要接收不通过广播发送的系统信息时，会给网络侧发送一个系统信息请求，告知其希望接收系统信息，然后网络在一个配置的窗口内广播该 UE 请求的系统信息，UE 在该窗口内监控 PDCCH 信道并获得发送 SI 的 PDSCH 的位置，最终获取其请求的 SI 系统消息。

相比 LTE，5G NR 的系统信息的机制有了如下较大的改进。

（1）新增按需索取的系统信息方式，在 SIB1 中指示该 SI 消息时通过什么方式发送，即将 SI-BroadcaseStatus 置为广播还是按需请求获取，对于非广播的 SI 消息，若 UE 需要获取，则向网络请求。

（2）可灵活配置一个或多个 SIB 组合成 SI 消息发送，最多可配置 32 个不同的 SI 消息。

（3）SI 窗口的长度、SI 的周期都可配置。

7.3.4　RRC 连接控制过程

RRC 层通过 RRC 流程和消息实现 RRC 连接控制，如 UE 与网络之间的信令和数据通路的建立、释放、重配、恢复等，以及无线链路故障处理、测量控制、测量报告、AS 安全、寻呼等操作。

RRC 连接建立包括 SRB1 的建立，网络在完成 RRC 连接建立之前，即在从 5GC 接收 UE 上下文信息之前完成 RRC 连接建立，因此，在 RRC 连接的初始阶段不激活 AS 安全性。在 RRC 连接的初始阶段，网络可以配置 UE 执行测量报告，但是 UE 仅在 AS 安全性激活之后才发送该测量报告。当 AS 安全性被激活时，UE 才接收带有同步消息的重新配置。

在从 5GC 接收 UE 上下文后，RAN 使用初始 AS 安全激活过程激活 AS 安全性（加密和完整性保护）。用于激活 AS 安全性（命令和成功响应）的 RRC 消息是有完整性保护的，而加密仅在完成该过程之后开始。即对用于激活 AS 安全性的消息的响应不加密，而后续消息（如用于建立 SRB2 和 DRB）都是完整性保护和加密的。

在启动初始 AS 安全激活过程后，网络可以发起 SRB2 和 DRB 的建立，即网络可以在从 UE 接收到初始 AS 安全激活的确认之前执行此操作。在任何情况下，网络将对用于建立 SRB2 和 DRB 的 RRC 重新配置消息应用加密和完整性保护。如果初始 AS 安全激活和/或无线承载建立失败，网络应释放 RRC 连接。

RRC 连接的释放通常由网络发起。该过程可用于将 UE 重定向到 NR 频率或 E-UTRA 载波频率。

RRC 连接的暂停由网络发起。当 RRC 连接暂停时，UE 存储 UE 非活动 AS 上下文和从网络接收的任何配置，并转换到 RRC_INACTIVE 状态。暂停 RRC 连接的 RRC 消息是完整性保护和加密的。

当 UE 需要从 RRC_INACTIVE 状态转换到 RRC_CONNECTED 状态，或通过 RRC 层执行 RAN 更新时，上层启动暂停的 RRC 连接的恢复。当恢复 RRC 连接时，网络基于存储的 UE 非活动 AS 上下文和从网络接收的任何 RRC 配置，根据 RRC 连接恢复过程配置 UE。RRC 连接恢复过程重新激活 AS 安全性并重新建立 SRB 和 DRB。

网络可以响应恢复 RRC 连接的请求，恢复暂停的 RRC 连接并且将 UE 转换到 RRC_CONNECTED 状态，或者网络拒绝恢复 RRC 连接的请求，并且将 UE 转换到 RRC_INACTIVE 状态（具有等待定时器）。此外，网络也可以直接重新暂停 RRC 连接并将 UE 转换到 RRC_INACTIVE 状态，或直接释放 RRC 连接并将 UE 转换到 RRC_IDLE 状态，或指示 UE 发起 NAS 级恢复（在这种情况下，网络发送 RRC 建立消息）。

1. 寻呼过程

网络通过在 TS 38.304 中规定的 UE 的寻呼场合发送寻呼消息来启动寻呼过程，网络可以通过为每个 UE 包括一个 PagingRecord 来寻址寻呼消息内的多个 UE。寻呼过程的目的是将寻呼信息发送到 RRC_IDLE 或 RRC_INACTIVE 状态的 UE。

寻呼流程包括 RAN 寻呼和 CN 寻呼。

1）RAN 寻呼

RAN 寻呼是通过更新流程传递 UE 的上下文、UE 的位置，由最后服务的 gNB 锚点基站发起，在 RAN 区域内进行寻呼，其网络侧信令开销小于 CN 寻呼，使用 I-RNTI 作为 UE ID，寻呼前 UE 一般处于非激活态，当由下行数据或信令到达时启动寻呼过程。UE 保存上下文信息，包括网络测试配置、安全参数等，UE 的数据缓存于最后服务的 gNB，RAN 寻呼的时延相对 CN 寻呼较低。

2）CN 寻呼

CN 寻呼通过更新流程实现 UE 的可达性管理及位置管理，同时 CN 寻呼流程更新 UE 的能力和协议参数。

CN 寻呼是由核心网的 AMF 单元发起的，在 RA 的区域内进行寻呼，其网络侧信令开销要大于 RAN 寻呼，使用 5G-S-TMSI 作为 UE ID 进行寻呼，寻呼前 UE 一般处于 IDEL 态，当有下行数据或信令到达时启动该寻呼过程，UE 侧不保存上下文信息，UE 的数据缓存于核心网 UPF 单元，其时延高于 RAN 寻呼。

UE 在非激活态时同时监听 RAN 寻呼和 CN 寻呼，因为非激活态 UE 的核心网的控制面和用户面都有连接存在，当有下行数据到达时，会直接下发给最后服务的 gNB，发起 RAN 寻呼，寻呼消息的开销会比较小。同时因为 UE 侧保存有上下文信息，可以通过 RRC 恢复过程快速恢复 RRC 连接，因此寻呼的整体时延也会降低。

2. RRC 连接建立过程

RRC 连接建立流程的目的是建立 RRC 连接，将 UE 从 IDLE 状态迁移到 CONNECTED 状态，同时建立 SRB1。

该流程与 4G LTE 相比没有本质的变化，只是在部分信令的名称上有变化，如 RRCConnectionRequest 变为 5G 中的 RRCSetupRequest。

当 UE 处于 RRC_IDLE 状态，并且已经获得了基本系统信息时，UE 在上层请求建立 RRC 连接时启动 RRC 连接建立流程。

在启动该流程之前，UE 应确保具有有效和最新的基本系统信息。在启动该流程后，UE 使用上层提供的接入类别和接入标识执行统一接入控制流程，除了在 SIB1 中提供的参数，应用相应物理层规范中指定的默认 L1 参数、MAC 小区组配置及 CCCH 配置，启动计时器 T300，发起 RRCSetupRequest 消息的传输。

图 7-20 展示了 RRC 连接建立成功的过程，图 7-21 展示了 RRC 连接建立被网络拒绝而失败的过程。

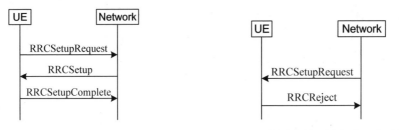

图 7-20　RRC 连接建立成功的过程　　图 7-21　RRC 连接建立被网络拒绝而失败的过程

UE 按如下原则设置 RRCSetupRequest 消息的内容。

（1）根据上层提供的 5G-S-TMSI，将 UE-Identity 设置为 ng-5G-S-TMSI-Part1，根据从上层收到的信息设置 establishmentCause，然后将 RRCSetupRequest 消息提交给较低层以进行传输。

（2）UE 在收到网络侧 RRCSetup 消息后，丢弃任何已存储的 UE 非活动 AS 上下文和任何当前的 AS 安全上下文，为除 SRB0 之外的所有已建立的 RB 释放无线资源，包括释放 RLC 实体、相关 PDCP 实体和 SDAP，停止计时器

T380，然后根据收到的 masterCellGroup 执行小区组配置过程，根据收到的 radioBearerConfig 执行无线承载配置流程，将当前的小区视为 PCell。

（3）在 RRCSetupComplete 消息中，UE 将 ng-5G-S-TMSI-value 设置为 ng-5G-S-TMSI-Part2，将 PLMN-Identity 设置为上层从包含在 SIB1 中的 PLMN-Identity List 中选择的 PLMN，然后将 RRCSetupComplete 消息提交给较低层进行传输，最后流程结束。

（4）如果 T300 到期后，UE 未收到 RRC Setup 消息，则 UE 重置 MAC，释放 MAC 配置并为已建立的所有 RB 重新建立 RLC，如果 T300 在同一个小区上连续 connEstFailCount 次到期（其中 connEstFailureControl 包含在 SIB1 中），找不到合适的或可接受的小区，则告知上层关于建立 RRC 连接的失败，流程结束。

RRC 连接建立的原因多样化（由 establishmentCause IE 给出），但最后目的都是要与核心网建立连接，而与核心网的信息交互是由 NAS 消息传递的，所以在 RRCSetupComplete 消息中会携带初始 NAS 消息，由 DedicatedNAS Message IE 携带，该消息的内容对 RCC 层是完全透明发送的，同时 RRCSetupComplete 消息中还会携带一些核心网接入相关的参数，如上次注册过的 AMF，以及实现网络切片需要的切片接入辅助信息等。

3. RRC 连接重配过程

RRC 连接重配流程的目的是修改 RRC 连接，其功能如下。

（1）建立/修改/释放 RB。

（2）执行具有同步的重新配置。

（3）设置/修改/释放测量对象。

（4）添加/修改/释放 SCell 和小区组。

（5）在 UE 和网络之间传递 NAS 消息。

（6）AS 安全更新。

（7）UE-Specific 的系统信息的传输。

RRC 连接重配过程在 RRC 协议中异常重要，如之前介绍，RRC 连接建立流程完成后，网络只为 UE 建立了 SRB1，并不建立其他的 SRB 和 DRB，即 UE 在完成 RRC 连接建立流程后，还不能收发用户数据，也不能与核心网交互 NAS 消息（初始 NAS 消息除外），必须通过 RRC 重配过程修改 RCC 连接后才能建立其他的 SRB 和 DRB。

图 7-22 展示了 RRC 重配成功的过程，图 7-23 展示了重配失败后发起 RRC 重建的过程。

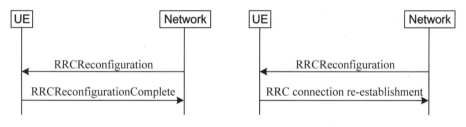

图 7-22　RRC 重配成功的过程　　图 7-23　重配失败后发起 RRC 重建的过程

网络可以向处于 RRC_CONNECTED 状态的 UE 发起 RRC 重新配置过程，UE 在接收到 RRC 重配消息后，其行为如下。

（1）如果 RRCReconfiguration 包含 secondaryCellGroup，进行 SCG 的小区组配置。

（2）如果 RRCReconfiguration 消息包含 radioBearerConfig，进行无线承载配置。

（3）如果 RRCReconfiguration 消息包含 measConfig，执行测量配置流程。

（4）如果 SCG 的 SpCellConfig 中包含 reconfigurationWithSync，UE 在 SpCell 上启动随机接入过程。

总体而言，RRC 重配消息功能强大，实现了对 MCG、SCG、SRB/DRG、UE 测量参数的重配置，也支持对系统消息和 NAS 消息的传输。

此外，相比于 4G，还引入了一个新的功能——过热指示，即当 UE 在 RRC 重配消息中被配置为开启过热指示功能，当 UE 也支持该功能时，UE 可在其内部出现过热时（如长时间玩游戏或看视频）向基站上报辅助信息、指示一些 UE 当前支持的降温措施，如降低 CC 数、减低带宽、降低 MIMO 层数等，然后基站根据这些辅助信息实施进一步的措施，以协助 UE 降温。

4．RRC 连接重建过程

RRC 连接重建流程的主要目的是，当处于 RRC 连接态的 UE 因为某种原因丢失了 RRC 连接后进行 RRC 连接的重建。与 RRC 建立流程相比，RRC 重建流程已经在网络侧保留了 UE 的上下文信息，安全机制也已经激活，UE 发起 RRC 连接重建流程的主要原因如下。

（1）检测到无线链路故障。

（2）重配 MCG 同步失败。

（3）切换失败。

（4）完整性检查失败。

（5）RRC 连接重配失败。

图 7-24 展示了 RRC 连接重建过程。

RRC 连接建立消息和重建消息的不同主要在于建立原因及 UE ID 的不同。

RRC 连接建立请求消息携带的 UE ID 是 5G-S-TMSI，这个 UE ID 的范围是核心网层面的，而 RRC 连接重建请求消息携带的 UE ID 是小区层的 C-RNTI 和物理层的 Cell ID，这也表明 RRC 连接过程和重建过程的不同，RRC 连接建立前，网络侧并没有 UE 的上下文信息，因此网络需要一个全局的 ID 来为该 UE 建立上下文信息；而 RRC 重建流程发起前，网络已经为该 UE 建立了上下文信息，因此 RRC 重建消息中的 UE ID 仅用来检索已建立的 UE 上下文信息。

另外，RRC 重建请求消息和重建完成消息里也没有携带 UE-Specific 的配置参数及接入网相关的辅助参数，这是因为在重建流程之前，UE 已经获取到这些配置信息，RRC 重建过程只是基于已有的 UE 上下文信息直接恢复 SRB1。

5. RRC 连接释放过程

RRC 连接释放的主要目的是释放 RRC 连接，包括释放已建立的无线承载以及所有无线资源，网络侧发起 RRC 连接释放过程以将 RRC_CONNECTED 状态中的 UE 迁移到 RRC_IDLE 状态，或仅当在 RRC_CONNECTED 状态中设置了 SRB2 和至少一个 DRB 时，将 RRC_CONNECTED 状态中的 UE 迁移到 RRC_INACTIVE 状态，RRC 连接释放过程还可用于释放 UE，同时将其重定向到另一个频率。

图 7-25 展示了 RRC 连接释放过程。

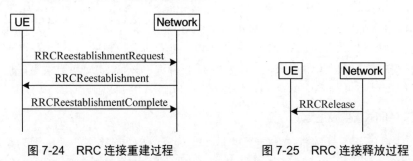

图 7-24　RRC 连接重建过程　　　　图 7-25　RRC 连接释放过程

如果 RRCRelease 消息包含指示重定向到 EUTRA 的 redirectedCarrierInfo 及 cellReselectionPriorities，UE 将存储 cellReselectionPriorities 提供的小区重选优先级信息，在系统信息中应用小区重选优先级信息广播，执行重定向到目的小区的重选过程。

6. RRC 连接恢复过程

RRC 连接恢复过程主要是指当 UE 处于 RRC 挂起状态，然后需要重新进入 RRC 状态时发起，或处于执行 RAN 的更新/寻呼时发起。

图 7-26 展示了 RRC 连接恢复过程。

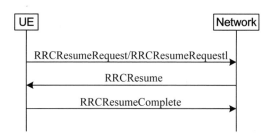

图 7-26　RRC 连接恢复过程

关于 RRC 挂起，根据 TS 38.331 的描述，当 UE 处于 RRC 挂起时，将保存所有的 AS 上下文信息及从网络侧收到的配置信息，并且进入 RRC 非激活态。

RRC 连接恢复过程将重建 SRB、DRB，重新激活安全状态，执行 RAN 的更新。相比于 RRC 连接建立消息只能建立 SRB1，RRC 连接恢复过程可以重建 DRB 和 SRB，这也表明了二者的目的不同。RRC 连接恢复的目的是除了重新建立信令连接，还需要重建数据连接，即可以保证 UE 在恢复信令连接后马上收发数据，该过程服务于非激活态，可以降低数据传输的时延。而 RRC 连接建立消息则主要是建立基本的信令连接 SRB1。

与 RRC 连接重建过程类似，在 RRC 恢复过程在发起前时，UE 已经和网络建立了上下文信息，UE 侧也保存了网络的配置参数，因此，RRC 恢复过程也不需要携带 UE 的全局 ID，而是携带用于检索非激活态 UE 的接入网层面的 ID、shortI-RNTI-Value。

综合以上介绍，可以将 RRC 重建流程和恢复流程看作是简化版的 RRC 建立流程，其目的就是最大化地降低时延和信令开销。时延是 5G 的核心指标，在控制面时延中，一个重要的组成就是信令连接建立的时延，因此，虽然 RRC 连接建立、连接重建、连接恢复这 3 个流程的目的都是建立 RRC 信令连接，但基于应用场景的不同，为了尽可能地降低信令时延和开销，NR 中定义这 3 个 RRC 流程来差异化地实现信令连接的建立。

同时，这 3 个 RRC 流程之间也有相互的交叉，例如，当网络无法获取或无法验证 UE 上下文信息时，RRC 重建流程可以回退为 RRC 建立流程，类似的，RRC 恢复流程也可以回退为 RRC 建立流程。

7.3.5　RRC 测量过程

1. 测量配置

测量是支持 UE 完成移动性管理的主要方式，相比于 4G LTE，因为 NR 采用了基于多波束的底层架构，除了类似 4G LTE 的小区级的测量外，还增加了对波束级的测量。

网络通过测量配置过程给 UE 配置一系列的测量，UE 执行测量并进行测量报告，网络根据测量报告的内容进行后续操作，如 UE 是否需要切换，是否需要添加辅小区等。

网络对处于 RRC 连接态的 UE，通过专用的 RRC 信令 RRCReconfiguration进行测量配置，具体可配置如下内容。

（1）网络可以为终端配置执行以下类型的测量：① NR 测量；② E-UTRA频率的 RAT 间测量。

（2）网络可以将 UE 配置为基于 SS/PBCH 块上报以下测量信息：① 每个SS/PBCH 块的测量结果；② 基于 SS/PBCH 块的每个小区的测量结果；③ 基于 SS/PBCH 块索引的测量结果。

（3）网络可以将 UE 配置为基于 CSI-RS 资源上报以下测量信息：① 每个CSI-RS 资源的测量结果；② 基于 CSI-RS 资源的每个小区的测量结果；③ 基于 CSI-RS 资源测量标识符的测量结果。

NR 中，测量配置的要素主要包括测量对象、测量上报配置以及测量标识。

1）测量对象

该要素定义了 UE 应测量什么参考信号、参考信号的频率/时间位置等。

对于同频和异频测量，测量对象指示要测量的参考信号的频率/时间位置和子载波间隔。与该测量对象相关联，网络可以配置小区特定偏移的列表，如"列入黑名单"的小区的列表和"白名单"小区的列表。列入黑名单的小区不适用于事件评估或测量报告。白名单小区是唯一适用于事件评估或测量报告的小区。

2）测量上报配置

该要素主要定义了 UE 应该在什么情况下上报什么内容，一个测量对象可以配置一个或多个测量上报配置，每个测量上报配置包括如下内容。

（1）测量报告的条件：触发 UE 进行测量上报的条件，可以是周期性上报，也可以是一系列的事件触发。

（2）测量报告的格式：UE 在测量报告中包括的每个小区和每个波束的数量和其他相关信息，如上报的最大小区数和最大波束数。

3）测量标识

该要素是指 UE 某一次具体测量行为的标识，主要用来将一个测量对象与一个报告配置匹配关联。

通过配置多个测量标识，可以将多个测量对象关联到同一个测量报告配置，或将多个测量报告配置关联到同一测量对象。

除了以上 3 个要素，测量配置中还包括测量间隙，即 UE 可用于执行测量的周期。

测量配置区分以下类型的小区。

（1）NR 服务小区，这些是 SpCell 和一个或多个 SCell。

（2）列出的小区，这些是测量对象中列出的小区。

（3）检测到的小区，这些小区是未在测量对象内列出但在测量对象指示的 SSB 频率上被终端检测到的小区。

对于 NR 测量对象，UE 测量并报告服务小区、列出的小区及检测到的小区。

2. 测量报告

NR 的测量配置过程非常灵活，网络可以根据需要配置 UE 执行各种测量，然后通过测量上报来充分了解网络的状态及 UE 的状态，并做出切换、添加辅小区等操作。

测量上报触发包括周期性测量上报和事件触发测量上报。

（1）周期性测量上报：UE 根据测量配置消息，在网络指定的测量间隙，周期性地执行测量并进行上报。

（2）事件触发测量上报：在实际网络中，为了避免频繁的测量和测量上报导致 UE 耗电增加，以及减轻基站进行大量的上报数据分析的工作，降低基站做出切换或重选等决策的复杂度，NR 定义了一系列预设的测量上报机制，即事件触发测量上报。事件触发测量报告的主要参数包括触发测量报告的阈值、用来避免乒乓切换效应的滞后因子，以及满足条件时触发测量报告的保持时间配置等。

NR 中定义的测量事件如下。

（1）事件 A1（Event A1）：服务小区的测量值好于绝对阈值。

（2）事件 A2（Event A2）：服务小区的测量值差于绝对阈值。

（3）事件 A3（Event A3）：邻小区的测量值比 PCell/PSCell 好一个偏移值。

（4）事件 A4（Event A4）：邻小区的测量值好于绝对阈值。

（5）事件 A5（Event A5）：PCell/PSCell 的测量值差于绝对阈值 1，并且邻小区/SCell 的测量值好于绝对阈值 2。

（6）事件 A6（Event A6）：邻小区的测量值好于 SCell 的一个偏移值。

以上是 IntraRAT 测量事件，此外，NR 还定义了如下 InterRTA 测量事件。

（1）事件 B1（Event B1）：邻小区的测量值好于绝对阈值。

（2）事件 B2（Event B2）：PCell 的测量值差于绝对阈值 1，并且邻小区的测量值好于另外一个绝对阈值 2。

NR 中的测量事件基本沿用了 4G LTE 的规定，定义了多个测量事件，但并未指定具体用法，采用什么测量事件、在什么条件下触发切换或重选完全由基站决定，这也充分反映了 NR 标准的灵活性。

7.3.6 UE 能力信息

在移动网络中，UE 需要将自己的能力信息上报网络，以便网络侧确认如何选择合适的算法或功能为 UE 更好地服务，这是通过能力质询过程实现的，UE 从网络侧接收 UECapabilityEnquiry，然后响应 UECapabilityInformation。

UE 的能力信息包括 UE 的核心网能力信息和 UE 的无线能力信息。UE 的无线能力主要是 NR-RAN 使用的参数，因为无线能力内容多，UE 每次状态转变时，不希望每次都重新将参数通过空口传输给 NR-RAN，因此，UE 的无线能力可以保存在核心网 AMF 单元里。UE 的核心网能力主要是核心网节点使用的参数，也保存在 AMF 单元。

UE 初始注册或 UE 的能力信息发生改变时，都需要通知 AMF 单元及时进行能力更新，当网络侧需要获取 UE 的无线能力时，可以通过 RRC 消息 UECapabilityEnquiry 获取，如果核心网 AMF 单元没有保存该 UE 的核心网能力，则通过 UE Context Setup 流程触发，通过发送终端无线能力信息指示（UE radio capability info indication）消息从 NR-RAN 处获取。

如果处于注册态和空闲态的 UE 更新了自己的无线能力，则需要触发移动性注册更新过程实现能力的更新。

如果处于连接态的 UE 更新了自己的无线能力，则需要先进入空闲态，然后再通过注册过程实现 UE 能力的更新。

当 UE 处于去注册态时，核心网 AMF 单元删除该 UE 的所有无线能力信息。

7.3.7 无线链路故障和 SCG 失败

SCG 失败主要是通知 EUTRAN 或 NR 关于 UE 经历的 SCG 故障，SCG 失败过程如图 7-27 所示。

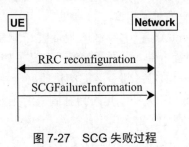

图 7-27 SCG 失败过程

当发生如下情况时，启动 SCG 失败过程。

（1）检测到 SCG 的无线链路故障。

（2）SCG 同步失败。

（3）SCG 配置失败。

（4）完整性检查 SCG 故障。

在启动 SCG 失败流程时，UE 暂停所有 SRB 和 DRB 的 SCG 传输，重置 SCG-MAC，并启动 SCGFailureInformationNR 消息的传输。

SCG 故障的类型如下。

（1）如果 UE 因 T310 过期而发起 SCGFailureInformationNR 消息的传输，将 failureType 设置为 t310-Expiry。

（2）如果 UE 发起 SCGFailureInformationNR 消息的传输，以提供具有 SCG 的同步失败信息的重新配置，将 failureType 设置为 scg-ChangeFailure。

（3）如果 UE 发起 SCGFailureInformationNR 消息的传输，以提供来自 SCG MAC 的随机接入问题指示，将 failureType 设置为 randomAccessProblem。

（4）如果 UE 发起 SCGFailureInformationNR 消息的传输，以从 SCG RLC 提供已达到最大重传次数的指示，将 failureType 设置为 rlc-MaxNumRetx。

（5）如果 UE 由于 SRB3 IP 检查失败而发起 SCGFailureInformationNR 消息的传输，将 failureType 设置为 srb3-IntegrityFailure。

（6）如果 UE 由于 NR RRC 重新配置消息的重新配置失败而发起 SCGFailureInformationNR 消息的传输，将 failureType 设置为 scg-reconfigFailure。

通过 failureType 的定义可了解终端发起 SCG 失败的具体原因，进而为后续的故障恢复和解决明确具体的策略及方法。

RRC 层是整个无线通信协议栈接入层的消息配置中心和控制中心，其重要性不言而喻，它负责对接入网协议栈其他各层进行配置的调整和资源的合理分配，从而保证终端和无线接入网之间在复杂的空口信道上实现信令的有效交互，在移动通信系统中扮演了大脑的角色。

7.4 NAS

终端接入 5G 网络，首先与基站进行 RRC 连接，RRC 连接建立成功意味着终端和基站的空口连接建立成功。然后终端还要与 5GC 的 AMF 建立 NAS 连接，最终在 5GC 成功注册后，才会建立 PDU 会话，为后续的业务和数据传输做准备。

NAS 是终端和核心网单元 AM 之间控制面协议栈的最高层，负责 3GPP 和非 3GPP 网络的接入、终端的移动性管理和会话管理。

NAS 的主要功能如下。

（1）支持 UE 的移动性管理功能，还包括认证、用户标识、通用 UE 配置更新和安全控制模式等。

（2）支持 UE 的会话管理功能，以建立和维护 UE 与数据网络之间的数据连接。

（3）在 NAS 传输过程中，提供 SMS、LPP、UE 策略容器，SOR 透明容器和 UE 参数更新信息有效载荷的传输。

7.4.1 MM 移动性管理功能

移动性管理功能是蜂窝移动通信系统的一个核心功能和必备机制，主要用于移动网络对终端的位置信息，以及通信业务连续性的管理，能够辅助系统实现负载均衡，提高用户体验以及系统整体性能。

注册管理和切换管理是移动性管理中的核心功能，下面分别加以介绍。

1．注册管理

注册管理主要负责终端的位置管理和更新，用于终端和网络之间进行注册和去注册过程、位置更新过程、在网络中建立用户上下文信息。终端要获得网络的服务，必须首先完成网络注册过程。

5G 的注册管理包括以下几类。

1）初始注册

主要用于终端初次开机，在网络中完成注册、建立上下文信息，从而获取后续的网络服务，包括终端标识上报、鉴权、加密等过程。

2）移动性注册

主要用于终端位置发生变化时，告知终端已移出当前服务区，同时在网络中更新终端的位置信息，用于 UE 的可达性管理及下行业务的寻呼等，同步更新网络 UE 的能力和协议参数等。

3）周期性注册

终端周期性地执行注册与网络同步其所在位置。

4）紧急注册

主要用于终端处于限制服务状态时，发起紧急呼叫服务。

5G 的注册管理过程和 LTE 的 Attach（附着）/Detach（分离）过程以及 TAU 过程类似。5G 的初始注册类似于 4G LTE 的 Attach 过程，用于 UE 在网络中完成注册、建立用户上下文信息，从而获取网络服务；5G 的移动新注册和周期性注册类似于 4G LTE 的 TAU 过程，主要用于周期性或移动性触发对 UE 的位置管理。

4G LTE 的注册过程称为附着过程，5G 的注册过程在名称上变为注册过程，它们存在以下几点差异。

（1）LTE 的附着过程为终端建立一个默认承载，加速终端的业务发起，当终端有业务发起，且该业务可由默认承载提供时，不需要再建立专用承载，从而快速地为用户提供用户面通道，而 5G 的注册过程不建立核心网侧的默认承载，但可以激活 always-on 的 PDU 会话，这是因为 5G 对控制面和用户面做了更彻底的分离，从功能上看，注册过程和 PDU 会话过程是两个独立的过程，注册流程中不再涉及用户面的操作，但是在后续的 PDU 会话管理过程中可以为终端建立一个 always-on 的 PDU 会话。

（2）LTE 的附着过程建立默认承载是不需要网络侧允许的，即完成附着后无论是否有业务，马上建立默认承载，而 5G 的 PDU 会话的建立则需要终端请求并得到网络的允许才能建立，这也更符合业务逻辑，即可以提高资源利用率。

（3）在安全层面，LTE 的附着过程的 UE ID，如 IMEI 和 IMSI 是明文传递的，而 5G 的注册过程是加密传输的。

（4）LTE 的附着过程可能集成 TAU 过程，也保留了单独的 TAU 过程用于位置更新，而 5G 是将位置更新和注册流程合并，统一归为注册管理流程，没有单独的位置更新过程。

（5）相比于 LTE，5G 定义了 4 种注册类型。

（6）LTE 支持非 3GPP 的接入，但是无法实现后台统一的注册管理，而 5G 支持 UE 同时通过 3GPP 和非 3GPP 接入统一网络获取业务。

注册流程在 5G 系统中是一个涉及范围最广（包括终端、接入网、核心网各网元设备），触发场景最多（不同场景下触发的注册流程，其参数和具体流程都不同），涉及子过程最多（包括网络选择、RRC 连接建立、鉴权加密、建立承载等）的复杂流程，但抓其核心，从宏观的角度看，注册流程可以分为如下4 个流程。

（1）建立信令连接流程：UE 通过下行同步，接收系统广播消息等物理层过程，获取网络给 UE 配置的各类参数，然后发起随机接入过程，完成 RRC 连接的建立，与接入网建立信令传输通道，同时将注册请求消息发送给核心网网元 AMF，建立到核心网的信令连接。

（2）鉴权加密等安全建立流程：主要是用于对终端和网络进行双向的身份认证，完成 NAS 安全的建立。

（3）签约数据和策略获取流程：主要目的是从 UDM 统一数据管理网元和UDR 统一数据数据库网元获取终端的签约数据，在 AMF 中完成注册过程，并选择合适的 PCF 获取终端服务策略。

（4）后续流程：主要是包括 PDU 会话的建立、更新和释放，AMF 的更新、发送 registration accept 和 registration complete 消息完成注册过程等。

2．切换管理

在 7.1 节介绍了终端的小区选择和小区重选过程，是空闲态和非激活态下终端的移动性管理过程，而连接态下的终端，其移动性是由切换流程管理的。

和注册流程类似，切换流程也是一个贯穿了无线接入网和核心网的大流程，涉及 5G NR 移动通信系统中的大部分网元，包括 UE、gNB、AMF、UPF、SMF 等。

切换流程由于涉及网元众多，整体流程非常复杂，根据切换路径的不同或涉及节点的不同，如源 gNB 和目标 gNB 之间是否有可用的 Xn 接口、切换中是否改变 UPF、是否改变 AMF、切换是发生在 3GPP 系统内，还是 3GPP 系统和非 3GPP 系统的切换等，可分为多种不同类型的切换。

抽离这些纷繁的过程，切换流程整体上可分为如下 4 个过程：切换决策、切换准备、切换执行和切换完成。

考虑一个相对简单的切换场景，源 gNB 和目标 gNB 之间有 Xn 接口，切换中 AMF 和 UPS 网元没有发生变化，Xn 切换流程如图 7-28 所示。

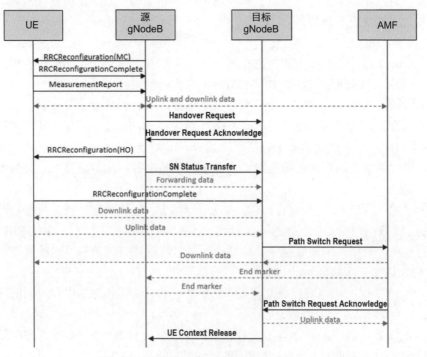

图 7-28　Xn 切换流程

1）切换决策

终端在 Source gNodeB（源 gNB）上正常运行业务，收发上下行数据，同时源 gNB 通过测试配置控制终端进行测量上报。源 gNB 根据测量结果和切换判决算法决定触发切换。

2）切换准备

源 gNB 通过 Xn 接口发送 Handover Request 消息给 Target gNodeB（目标 gNB），该消息中包含了基本的 AS 配置（含目标小区 ID，UE 的 C-RNTI、RRM 配置，终端的天线信息和下行载波频率等）、终端的 QOS Flow 到 DRB 的映射规则、终端的 RAT 能力、PDU 会话相关信息等，这些都是目标小区准备切换所必要的信息。

目标小区收到 Handover Request 后就会执行切换准备动作，包括接入网的准入控制、L1/L2 的资源配置，及通过 PDU Session Resource Setup 建立目标 gNB 与 UPF 之间的 PDU 会话，然后通过 Xn 接口返回 Handover Request Acknowledge 消息，该消息中包含了需要发给终端的 Handover Command 消息。

至此，目标小区完成了切换准备工作，预建了 gNB 到 UPF 的 PDU 会话，配置了无线资源，也建立了源 gNB 到目标 gNB 的数据前转 PDU 会话。

3）切换执行

源 gNB 收到 Handover Request Acknowledge 消息后，将终端的上行数据发给目标 gNB 进行缓存，同时给终端发送 Handover Command 消息，指示终端启动切换。

终端接到 Handover Command 消息后，根据重配的参数在目标 gNB 里完成同步、随机接入过程、建立 RRC 连接，之后就可以从目标 gNB 接收由源 gNB 发送来的下行数据，同时也可以通过目标 gNB 向 UPF 发送上行数据。

4）切换完成

终端接入目标 gNB 后，目标 gNB 通知核心网 AMF 网元将终端的下行数据路径从源 gNB 变为目标 gNB，并建立目标 gNB 和 AMF 的 NG-C 连接。

同时 AMF 通知 SMF 控制 UPF 改变用户面路径，UPF 告知源 gNB 和目标 gNB 哪些分组将由目标 gNB 从 UPF 接收并发送给终端，至此，终端的下行数据路径成功切换到目标 gNB。

AMF 向目标 gNB 发送确认消息，确认路径切换完成，目标 gNB 收到后向源 gNB 发送 UE Context Release 消息，指示其释放终端的上下文信息，至此切换流程结束。

以上是相对简单的一个切换场景，如果源 gNB 和目标 gNB 之间不存在有效的 Xn 接口，则切换请求消息无法直接从源 gNB 发给目标 gNB，需要通过 AMF 的间接通道转发给目标 gNB；如果目标 gNG 和源 gNB 不属于同一个 AMF、UPF 或 SMF，切换流程中还需要新增 AMF、UPF、SMF 的选择操作等，过程更加复杂，但整体的切换流程都类似，都是如上介绍的 4 个过程。

7.4.2 会话管理

会话（session）是为了实现用户间、用户与服务器间的数据交互。会话管理（session management，SM）功能是实现会话的建立、修改和释放，以及在这些过程中涉及的 IP 分配、用户面功能选择和控制等功能的集合。

会话管理过程如下。

1．PDU 会话建立

PDU 会话建立流程用于创建新的 PDU 会话，在 PDU 会话创建成功后，网络为 UE 分配 IP 地址，并且建立了 UE 到 DN（数据网络）的专用通道，UE 可使用该 IP 地址访问位于 DN 上的业务。它具有以下特点。

（1）PDU 会话建立请求只能由 UE 发起。

（2）5GC 中的 AMF 为 PDU 会话建立选择 SMF。

（3）SMF 需要从 UDM 中获取会话相关的签约数据，从 PCF 中获取会话相关的策略信息。

2．PDU 会话鉴权和授权

在 PDU 会话建立过程中，SMF 根据 DN 的策略判断 DN 是否需要对 PDU 会话进行鉴权和授权。若需要，SMF 触发 DN 对 PDU 会话的建立进行认证。认证过程中，认证信令通过 UPF 透明传输。

3．PDU 会话修改过程

当终端与网络之间交换的 QoS 参数中有一个或多个被修改时，使用此流程。可以修改 PDU 会话的 Session-AMBR、QoS rule。UE 或网络都可能触发 PDU 会话修改。

（1）UE 通过发送 NAS 消息来启动 PDU 会话修改的过程，NAS 消息由（R）AN 转发给 AMF，并携带有用户位置信息的指示。AMF 调用 Nsmf_PDUSession_UpdateSMContext（SM 上下文 ID、N1 SM 容器（PDU 会话修改请求））。

（2）PCF 发起会话策略关联修改：PCF 启动 SM 策略关联修改程序，以有关的策略修改信息通知 SMF。

（3）UDM 通过 Nudm_SDM_Notification（SUPI 会话管理签约数据）更新 SMF 的签约数据，SMF 更新会话管理签约数据，并通过返回带有（SUPI）的 Ack 来确认 UDM。

4．PDU 会话释放过程

PDU 会话释放过程用于释放与 PDU 会话关联的如下所有资源。

（1）基于 IP 的 PDU 会话分配的 IP 地址。

（2）PDU 会话使用的任何 UPF 资源。

（3）PDU 会话使用的任何接入资源。

UE 或网络都可能触发 PDU 会话释放过程。

（1）UE 通过传输 NAS 消息来启动 PDU 会话释放过程，NAS 消息由（R）AN 转发给 AMF，并携带有用户位置信息的指示。

（2）PCF 可以调用 SM 策略关联终止过程来请求释放 PDU 会话，同时删除会话相关的所有 QoS 规则。

（3）由 SMF 发起的 PDU 会话释放，如基于来自 DN 的请求（取消 UE 对 DN 的访问授权）或 SMF 从 AMF 接到的事件通知，表明 UE 不在 LADN（local area data network，本地数据网）服务区域内等情况，SMF 可以决定释放 PDU 会话。

下面以 PDU 会话建立过程为例（见图 7-29）讲解 UE 与 5GC 核心网元间的信令交互。

（1）UE 发送 NAS 消息——PDU Session Establishment Request 给 AMF。

（2）AMF 执行 SMF selection（SMF 选择）。SMF 选择将由请求类型（Initial Request、Existing PDU Session、Modification Request 等）决定。

（3）AMF 发送 Nsmf_PDUSession_CreateSMContext Request（请求类型为 Initial Request）给 SMF。如是 Nsmf_PDUSession_UpdateSMContext Request，请求类型为 Existing PDU Session。

（4）SMF 在 UDM 处注册，并取回用户会话管理签约数据。

（5）SMF 发送 Nsmf_PDUSession_CreateSMContext Response 消息给 AMF。SMF 创建 SM 上下文，并向 AMF 提供 SM 上下文 ID。

（6）二次鉴权和授权。

（7）如果采用动态的策略和计费控制，则 SMF 执行 PCF 选择，并执行 SM Policy Association Establishment 过程，与 PCF 建立 SM 策略的关联。

（8）SMF 执行 UPF selection（UPF 选择）。UPF 根据规则可以选择一个或多个 UPF 为本会话服务。

（9）SMF 执行 UPF SMF initiated SM Policy Association Modification 流程。

（10）SMF 指示 UPF 执行 N4 Session Establishment 或 N4 Session Modification 流程。

（11）SMF 发送 Namf_Communicaton_N1N2MessageTransfer 给 AMF。

（12）AMF 发送 N2 PDU Session Request 给 AN。其中包含需要转发给 UE 的 NAS 消息。此消息触发 N3 通道和无线承载的建立。

（13）AN 发送 PDU Session Establishment Accept 给 UE，并在空口重配

RRC 配置，在空口为会话建立 DRB。

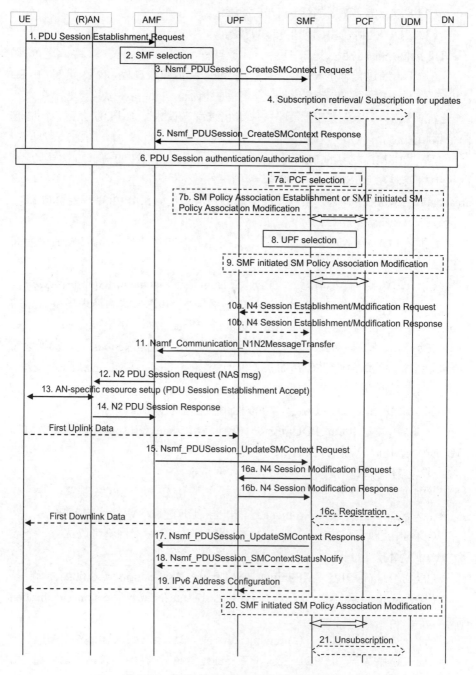

图 7-29　PDU 会话建立过程（非漫游场景）

（14）AN 发送 N2 PDU Session Response 给 AMF。

（15）AMF 发送 Nsmf_PDUSession_UpdateSMContext Request 给 SMF。

（16）SMF 发起 N4 Session Modification 过程。

（17）～（19）UPF 到 UE 的下行通道建立，UPF 将所有缓存的下行数据分组发送给 UE。

5GC 支持的 PDU 连接业务就是通过 5GS、UE 和 DN 之间交换 PDU 数据分组的业务。PDU 连接业务通过 UE 与网络建立 PDU 会话实现，一个 PDU 会话以及 PDU 会话中的 QoS 流建立后，即建立了 UE 和 DN 的数据传输通道。

参 考 文 献

[1] 3rd Generation Partnership Project; Technical Specification Group Radio Access Network; NR; User Equipment (UE) procedures in Idle mode and RRC Inactive state (Release 17): 3GPP TS 38.304 V17.2.0 (2022-09) [S/OL]. https://portal.3gpp.org/desktopmodules/Specifications/SpecificationDetails.aspx?specificationId=3192.

[2] 3rd Generation Partnership Project; Technical Specification Group Radio Access Network;Evolved Universal Terrestrial Radio Access (E-UTRA); Radio Resource Control (RRC); Protocol specification (Release 16): 3GPP TS 36.331 V16.5.0 (2021-06) [S/OL]. https://portal.3gpp.org/desktopmodules/Specifications/SpecificationDetails.aspx?specificationId=2440#.

[3] 3rd Generation Partnership Project; Technical Specification Group Core Network and Terminals;Non-Access-Stratum (NAS) protocol for 5G System (5GS); Stage 3; (Release 17): 3GPP TS 24.501 V17.7.1 (2022-06) [S/OL]. https://portal.3gpp.org/desktopmodules/Specifications/SpecificationDetails.aspx?specificationId=3370.

[4] 3rd Generation Partnership Project; Technical Specification Group Radio Access Network; NR; User Equipment (UE) radio access capabilities (Release 17): 3GPP TS 38.306 V17.2.0 (2022-09) [S/OL]. https://portal.3gpp.org/desktopmodules/Specifications/SpecificationDetails.aspx?specificationId=3193.

[5] 3rd Generation Partnership Project; Technical Specification Group Radio Access Network; NG-RAN; NG general aspects and principles (Release 17): 3GPP TS 38.410 V17.1.0 (2022-06)[S/OL]. https://portal.3gpp.org/desktopmodules/Specifications/SpecificationDetails.aspx?specificationId=3220.

[6] 3rd Generation Partnership Project; Technical Specification Group Radio Access Network; NG-RAN; NGsignalling transport (Release 17): 3GPP TS 38.412 V17.0.0 (2022-04)[S/OL]. https://portal.3gpp.org/desktopmodules/Specifications/SpecificationDetails.aspx?specificationId=3222.

[7] 3rd Generation Partnership Project; Technical Specification Group Radio Access Network; NG-RAN; Xn general aspects and principles (Release 17): 3GPP TS 38.420 V17.2.0 (2022-09)[S/OL]. https://portal.3gpp.org/desktopmodules/Specifications/SpecificationDetails.aspx? specificationId=3225.

[8] 3rd Generation Partnership Project; Technical Specification Group Radio Access Network; NG-RAN; Xnsignalling transport (Release 17): 3GPP TS 38.422 V17.0.0 (2022-04)[S/OL]. https://portal.3gpp.org/desktopmodules/Specifications/SpecificationDetails.aspx?specificationId= 3227.

[9] 3rd Generation Partnership Project; Technical Specification Group Radio Access Network; NR; NR and NG-RAN Overall Description; Stage 2 (Release 16): 3GPP TS 38.300 V16.8.0 (2021-12) [S/OL]. https://portal.3gpp.org/desktopmodules/Specifications/SpecificationDetails.aspx? specificationId=3191.

[10] 3rd Generation Partnership Project; Technical Specification Group Radio Access Network; NG-RAN; Architecture description (Release 16): 3GPP TS 38.401 V16.9.0 (2022-04)[S/OL]. https://portal.3gpp.org/desktopmodules/Specifications/SpecificationDetails.aspx? specificationId=3219.

[11] 3rd Generation Partnership Project; Technical Specification Group Services and System Aspects; Procedures for the 5G System (5GS); Stage 2 (Release 16): 3GPP TS 23.502 V16.5.0 (2020-07)[S/OL]. https://portal.3gpp.org/desktopmodules/Specifications/SpecificationDetails.aspx? specificationId=3145.

第 8 章

协议测试实践

协议一致性测试利用测试脚本对终端信令流程进行测试，验证其是否符合
TS 38.523-1 的要求。本章将重点介绍 5G 协议一致性测试系统、测试准备、部
分测试用例的注意事项及常见问题等。

8.1　5G 协议一致性测试系统

5G 协议一致性测试用例代码由 ETSI TF160 专家组将文本标准转化成
TTCN 测试集，测试设备供应商拿到 TTCN 代码后再进行开发适配到自己的仪
表上，然后按照 GCF/PTCRB 验证要求对开发完成的每条用例进行验证，验证
通过的用例可用于终端的一致性认证测试。

8.1.1　5G 协议一致性测试系统

目前支持 5G 协议一致性测试的系统有 5 套，具体如表 8-1 所示。其中 TP207
和 TP300 是两家国内厂家。5G 测试脚本基本随着测试标准的更新每三个月升
级一次，新版本的测试脚本会融合一些 TTCN CR，之前测试有问题的用例很可
能在升级后测试通过，所以测试系统维护人员需要及时进行版本的升级。

表 8-1　5G 协议一致性测试系统

测试平台编号	名　　称	制　造　商
TP168	是德一致性工具集	是德科技
TP207	SP9500 5G 无线测试平台	星河亮点
TP251	ME7834NR 5G 协议一致性测试系统	安立
TP300	大唐联仪 ECT9610	大唐联仪
TP292	R&S 5G 协议一致性测试系统	罗德与施瓦茨

FR1 协议测试系统由 5G 和 LTE 综测仪实现，FR2 测试系统在综测仪基础
上增加毫米波相关的射频前端、OTA 暗室等仪表。以 TP168 Keysight 协议一致

性测试系统为例，测试软件是 S8704A，FR1 测试只需 UXM 综测仪一台仪表，Keysight 协议一致性测试系统及组成分别如图 8-1 和表 8-2 所示。

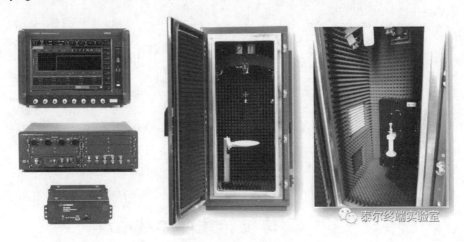

图 8-1   Keysight 协议一致性测试系统

表 8-2   Keysight 协议一致性测试系统组成

仪表型号	名 称	描 述
E7515B	UXM 5G 综测仪	支持频率范围 380MHz～6GHz，可以模拟 5G 及 LTE 小区，实现 NR SA 及 NSA 测试。支持 8 个发射机和 4 个接收机
E7770A	通用接口单元	支持频率范围 6～18GHz
2DMpac	暗室	毫米波 OTA 测试暗室
M1740A	射频前端	频率范围 24.25～29.5GHz、37～43.5GHz

8.1.2 仪表认证状态

由于各家仪表脚本开发程度不同，导致认证用例数量、认证状态不同，需要注意的是每条测试用例必须在认证的平台上执行。GCF、PTCRB 提供的测试用例列表中可查看用例在每套仪表的认证状态，以下是常见的 3 种状态。

（1）V（validated）：完全满足认证规则和最新测试标准要求的平台。

（2）E（exception）：部分满足认证规则和/或部分符合最新测试标准要求的平台。

（3）D（downgrade）：已被降级，目前不建议用于认证测试的平台。

需要注意的是认证平台状态有 V 的用例测试结果必须为 Pass，认证平台状态只有 E 的用例的测试结果可以为 Fail，但 Fail 原因需符合 exception 描述。

由于 5G 技术仍然在不断演进，部分新增用例很可能只有一两套系统支持并认证，这也是实际测试过程中常遇到的问题。例如 TC 8.1.5.8.2.2[CA_DL_n28A-n41A] Processing delay / RRC_Inactive to RRC_Connected / Success / Latency check / SCell addition / Inter-band CA，如图 8-2 所示，目前 GCF 认证平台只有 TP292，所以测试只能在 R&S 的测试系统上执行。

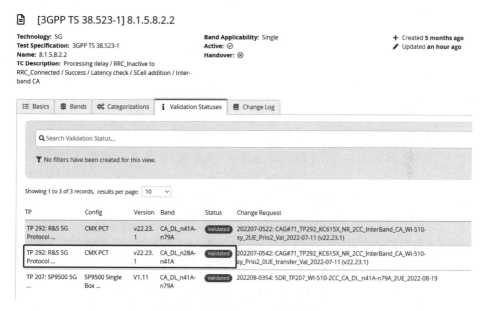

图 8-2　TC8.1.5.8.2.2 认证状态

8.2　测 试 准 备

5G 协议一致性测试执行前需要在仪表上配置终端能力、列测试序列、配置自动测试等。在终端侧需要确认射频端口、安装驱动调试 AT 收发、对终端进行一些设置等。

8.2.1　PICS 表格

PICS（protocol implementation conformance statement，协议实现一致性陈述），5G 协议相关 PICS 内容详见 TS 38.508-2。在终端认证测试前，客户根据被测终端能力填写 PICS 表格，测试实验室根据 PICS 的支持情况、TS 38.523-2 用例适用条件、GCF/PTCRB 用例认证状态可挑选该款终端认证需要执行的测试用例。

执行测试用例前在协议一致性测试系统上按照 PICS 表格声明的能力进

行配置，之后执行测试时系统将自动调用此配置文件。目前大部分仪表的测试软件具备检查用例适用性的功能，即 PICS 适用性条件满足时所选用例才能被执行。

PTCRB 测试实验室需确保 UE 接入网络时上报的能力与提供的 PICS 表格声明的能力保持一致，除非改型内容只涉及人机界面。5G 终端可以通过以下认证的用例进行验证。

（1）5G only device: TS38.523-1 用例 8.2.1.1.1。

（2）E-UTRA/5G device: TS 36.523-1 用例 8.5.4.1 和 TS 38.523-1 用例 8.2.1.1.1。

（3）GERAN/UTRA/E-UTRA/5G device: TS 34.123-1 用例 8.1.5.7、TS 36.523-1 用例 8.5.4.1 和 TS 38.523-1 用例 8.2.1.1.1。

在系统测试日志的 RRC 消息中能查看被测终端上报给网络的 UE capability，如图 8-3 所示。如果 PICS 设置与终端上报不一致，TC 8.2.1.1.1 或 TC 8.1.5.1.1 测试时将有失败提示，客户可以根据测试系统日志和终端日志判断是终端能力设置有误还是 PICS 声明不对。

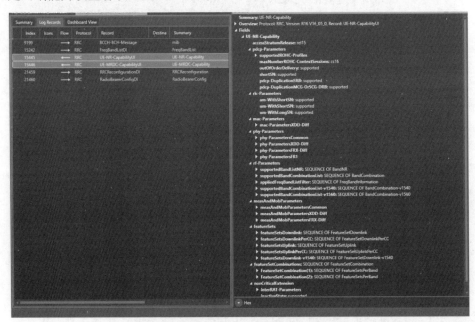

图 8-3　系统测试日志中查看 UE capability

8.2.2　AT 命令及自动测试

5G 协议一致性测试用例执行过程中需要按脚本下发指令对终端进行操作，

如开关机、手动注册到指定小区、接打电话或发送指定 AT 命令等操作。大部分操作可以通过发送 AT 命令来实现。因此测试前开启终端收发 AT 命令端口很重要，通用的 AT 命令参考 3GPP TS 27.007，若被测终端不适用通用的 AT 指令，则需要客户提供其支持的指令。

调试好 AT 命令后就可以在测试软件上配置自动测试，大概 90%的协议一致性用例可以实现自动化测试，这将大幅提升测试效率。不能自动化测试的用例内容包括在终端界面确认是否收到短信、警报、来电，验证终端能力上报的，查看终端 SVN 的，用特殊 SIM 卡的等。

自动测试经常遇到的问题有两类，第一类是测试前调不出终端 AT 命令端口或有端口发送 AT 命令不能返回的，这种情况可以尝试换计算机、终端驱动、AT 命令工具，若都没作用就要马上反馈终端客户。第二类是测试阶段按测试脚本提示的默认信息下发 AT 命令，但终端不返回信息、上报不期望的信令，这种情况有可能是由于终端配置不对，或有指定的 AT 命令，这时需要跟终端客户沟通。

以 TP168 Keysight 协议一致性测试系统为例，自动测试软件为 TAG（terminal automation gateway，终端自动化网关），自动测试软件示例如图 8-4 所示，一般安装在独立的 UE 控制计算机上，另外 Keysight 提供了一份 XML 文件模板用于编辑自动测试脚本。可以按以下步骤设置自动测试。

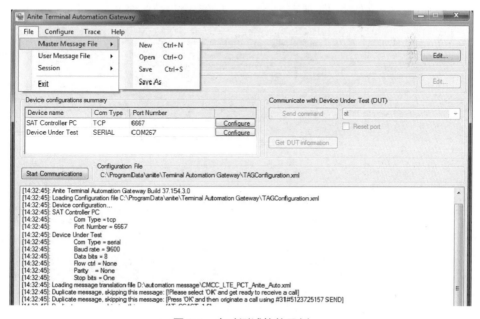

图 8-4　自动测试软件示例

（1）从 TAG 加载自动脚本后，如果需要可以单击 Edit 按钮对此文件进行编辑，最后单击 Save 按钮保存修改。

（2）用 USB 线连接被测终端与 TAG 所在计算机，安装 UE 驱动，找到能发送 AT 命令的端口，单击 Device Under Test 的 Configure 按钮，在下拉列表中选择此端口。

（3）在 Conformance Toolset 测试软件的 Setting 页面，选择 Automation 设置成自动，之后执行测试用例时就是自动测试了。

8.2.3 终端射频端口

FR1 协议用例是通过传导方式测试的，由于 5G 终端支持的频段多，射频端口多、精密度高、端口复用等情况导致测试时终端与测试仪表连接难度加大，为确保测试的准确性，需按照终端客户提供的端口说明进行连接。

终端射频端口如图 8-5 所示，终端射频端口对应表如表 8-3 所示。SA 主频段为 n66 测试时，NR 主天线连接 ant1，接收分集连接 ant3。NSA 主频段为 DC_12A_n66A，LTE 主天线连接 ant0，NR 主天线连接 ant3，接收分集连接 ant2。由此可见即使相同的 NR n66A，在不同组网模式下，天线也可能不一样。如果测试时从系统端看到终端不发起注册、无法附着 NR 小区、终端上报信令不符合规范要求等问题，测试人员首先要检查射频端口连接是否正确。

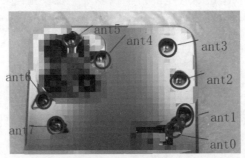

图 8-5 终端射频端口

表 8-3 终端射频端口对应表

Single	PRX/DRX/PRXM/DRXM	ENDC	ENDC	PRX/DRX/PRXM/DRXM
NR n66	ant1/3/2/6	DC_12A_N66A	LTE 12A	ant0/3
NR n70	ant1/3/2/6		NR N66A	ant3/2/1/6
NR n71	ant0/3	/	/	/

毫米波 FR2 终端 NSA 和 SA 都是通过辐射的方式进行测试的，不涉及射频端口接线问题。

8.3　注意事项及常见问题

5G 技术起步阶段，由于文本标准、TTCN 代码、仪表实现不完善等原因导致用例执行结果失败的情况比较常见，测试执行人员需要对此类问题进行筛选、判断分析，及时与测试设备供应商和终端客户进行沟通，协助终端定位测试用例执行结果失败的原因。

1. GCF 认证协议用例测试特殊要求

TS 38.523-1 属于 WI-503-XX、WI-504-XX 的用例，应在 FDD 或 TDD FR1 频段执行一次，且在终端客户选择的一个 TDD FR2 频段再执行一次，同时按以下规则执行。

（1）7.1.1.1.×、7.1.1.2.×、7.1.1.3.×、7.1.1.5.× 节的用例应该在 FDD 频段和 TDD 频段各执行一次。如果是既支持 NR EN-DC 又支持 NR/5GC 的终端这些用例在 NR EN-DC 或 NR/5GC 模式下执行一次即可。如果是既支持 FR1 又支持 FR2 的终端，这些用例需要在一个 FDD 或 TDD FR1 频段和一个 TDD FR2 频段执行。

（2）8.2.2.×、8.2.3.×、8.2.1.1.× 节的用例需要在一个 FDD 和一个 TDD 频段各执行一次。

（3）7.1.1.4.× 节的用例只需在终端支持的任意一个频段并且终端在此频段支持的最大带宽执行一次。

2. NR MFBI

MFBI（multi frequency band indicator，多频段指示功能）支持重叠频谱互识别功能。NR MFBI 支持的频段组合如表 8-4 所示，目前只有一条测试用例 6.1.2.23，执行测试前根据表 8-4 所示设置 px_NR_OverlappingNotSupportedBand_MFBI 和 px_NR_PrimaryBand。需要注意的是，被测终端应该支持一个或多个 MFBI 频段且不支持至少一个重叠频段。如果终端支持重叠频段组合，则该重叠频段组合的 MFBI 用例无须测试。

表 8-4　NR MFBI 频段组合

px_NR_OverlappingNotSupportedBand_MFBI	px_NR_PrimaryBand
n2	n25
n25	n2
n38	n41
n41	n38

续表

px_NR_OverlappingNotSupportedBand_MFBI	px_NR_PrimaryBand
n77	n78
n78	n77
n257	n258、n261
n258	n257
n261	n257

TC 6.1.2.23 的测试条件如图 8-6 所示，根据 TS 38.523-1 的要求，系统配置了 4 个小区，NR Cell1、NR Cell 2、NR Cell 3 和 NR Cell 10，其中 NR Cell1、NR Cell 2、NR Cell 3 是 MFBI 小区，而 NR Cell 10 是 inter-band cell 参考 TS 38.508-1。按照表 8-4 的要求，px_NR_PrimaryBand 应配置成 n77，对应的 px_NR_OverlappingNotSupportedBand_MFBI 应该配置成 n78，并且被测终端 UE 能力须不支持 n78。另外此条用例涉及的 inter-band、px_NR_SecondaryBand 应配置成除了 n77 外终端支持的另外一个 NR FR1 频段。如上述配置出现错误，测试系统会报"Band is wrongly reported as supported in the PICS"的错误。

6.1.2.23.3.1   Pre-test conditions

System Simulator:

- NR Cell 1, NR Cell 2, NR Cell 3 and NR Cell 10 are configured according to TS 38.508-1 [4] Table 4.4.2-3. NR Cell 1, NR Cell 2 and NR Cell 3 are MFBI capable cells.

- Cell 1 belongs to the frequency which overlaps between bands controlled by IXITs px_NR_OverlappingNotSupportedBand_MFBI and px_NR_PrimaryBand.

- Cell 10 is defined by IXIT px_NR_SecondaryBand.

- Cell 2 belongs to the frequency which overlaps between bands controlled by IXITs px_NR_OverlappingNotSupportedBand_MFBI and px_NR_PrimaryBand.

- Cell 3 belongs to the frequency which overlaps between bands controlled by IXITs px_NR_OverlappingNotSupportedBand_MFBI and px_NR_PrimaryBand.

- System information combination NR-4 as defined in TS 38.508 [4] clause 4.4.3.1.2 is used in NR cells.

UE:

- UE does not support the px_NR_OverlappingNotSupportedBand_MFBI band.

图 8-6　TC 6.1.2.23 的测试条件

3. 其他注意事项

5G 协议一致性用例测试前需要对终端做一些设置，确保顺利注册网络。在部分用例测试时要按被测终端实际情况设置 PICS/PIXIT，否则测试结果会失败，注意事项总结如表 8-5 所示。另外终端侧工程模式设置、参数修改等操作也比较常见，由于终端对芯片做定制化修改的程度不同，在此不做介绍。

表 8-5　注意事项总结

注　意　情　况	操　　作
测试前	在终端设置界面或用 AT 命令 at+cgdcont?查看终端是否配置了默认 APN，如果没有，需要添加一路名称为 internet 的 APN
终端上报不期望的数据信令	终端设置界面关闭数据连接、蓝牙、WIFI、同步、自动更新日期功能
特殊 SIM 卡	TS 38.523-1 测试规范中有些用例测试时需使用特殊 SIM 卡，SIM 卡参数在 TS38.508-1 查看中，测试设备供应商有提供配套 SIM 卡，这些用例测试前按要求换卡即可
8.2.3.x.1b	属于切换用例，需设置终端支持的第二个 NSA 频段 px_ENDC_SecondaryBandCombination
9.1.2.1	查看终端 IMEI 和 SVN，然后设置两个 PIXIT px_IMEI_Def 和 px_IMEISV_Def
10.1.3.2	先用 AT 命令 at+cgdcont?查询终端 APN，把第一路 APN 名称改为 internet，at+cgdcont=1,"IPV4V6","internet"，再查询一遍第一路 APN 名称可能会变，把 pc_APN_ID_internet 设置成第一路 APN 名称

参 考 文 献

[1] 3rd Generation Partnership Project; Technical Specification Group Radio Access Network; 5GS; User Equipment (UE) conformance specification: Part 1 Common test environment: 3GPP TS 38.508-1 V17.6.0[S/OL]. (2022-11-08). https://portal.3gpp.org/desktopmodules/Specifications/SpecificationDetails.aspx?specificationId=3384.

[2] 3rd Generation Partnership Project; Technical Specification Group Radio Access Network; 5GS; User Equipment (UE) conformance specification: Part 2: Common Implementation Conformance Statement (ICS) proforma: 3GPP TS 38.508-2 V17.6.0[S/OL]. (2022-10-05). https://portal.3gpp.org/desktopmodules/Specifications/SpecificationDetails.aspx?specificationId=3392.

[3] 3rd Generation Partnership Project; Technical Specification Group Radio Access Network; 5GS; User Equipment (UE) conformance specification: Part 1Protocol: 3GPP TS 38.523-1 V17.0.0[S/OL]. (2022-10-05). https://portal.3gpp.org/desktopmodules/Specifications/SpecificationDetails.aspx?specificationId=3378.

[4] 3rd Generation Partnership Project; Technical Specification Group Radio Access Network; 5GS; User Equipment (UE) conformance specification: Part 2 Applicability of protocol test cases: 3GPP TS 38.523-2 V17.0.0[S/OL]. (2022-10-05). https://portal.3gpp.org/desktopmodules/Specifications/SpecificationDetails.aspx?specificationId=3377.

[5] 3rd Generation Partnership Project; Technical Specification Group Radio Access Network; 5GS; User Equipment (UE) conformance specification: Part 3 Protocol Test Suites: 3GPP TS 38.523-3 V17.4.0[S/OL]. (2022-10-06). https://portal.3gpp.org/desktopmodules/Specifications/SpecificationDetails.aspx?specificationId=3379.

[6] Version Specific Technical Overview of PTCRB Certification Program: NAPRD03 V6.10[S/OL]. (2022-09). https://www.ptcrb.com/certification-program/.

[7] Global Certification Forum Certification Criteria: GCF-CC V3.86.0[S/OL]. (2022-08-09). https://www.globalcertificationforum.org/document/GCF-CC-v3.86.0.html?document_class=FD00A6C8-F4B0-4CDE-BCF858FDA6C07569&showLatestVersion=true&sortOrder=upload_time-desc.

第 9 章

自定义协议测试

一致性测试都是基于测试标准的规定执行的，测试设备供应商通常会限制测试人员对已验证的测试用例脚本做任何修改。但实际研发中，还是存在一些针对具体情况进行自定义协议测试的需求。本章将主要介绍自定义协议测试的需求和基于 R&S CMsquares 和 Keysight SAS 的测试实现。

9.1 自定义协议测试需求

随着 5G 网络应用场景越来越广泛，除 GCF、PTCRB 国际标准测试外，为了实现各大运营商内部和运营商之间的网络互通互连，不仅需要 5G 现网环境的验证，自定义模拟 5G 网络的验证也必不可少。本章结合在测试过程中遇到的自定义协议测试进行介绍，现列举如下两个使用场景。

1. 自定义使用场景一：5G 网络的漫游验证

5G 终端设备在国内主要运营商的 5G 网络环境下注册都没有问题，但涉及国外运营商的 5G 网络的漫游注册情况，除场测的测试需求外，也有一定的实验室模拟器测试需求，即可以借助测试仪表的自定义网络功能模拟国外运营商 5G 网络，如英国 BT、德国 Vodafone、法国 SFR 等商用网络，来验证终端的网络漫游功能。

2. 自定义使用场景二：针对现有脚本的修改应用

现有测试用例的测试场景、目的满足某个功能的验证需求，但是现有脚本的主要网络参数终端不支持，可根据终端能力对现有脚本的参数进行修改实现功能的验证。

涉及仪表测试的，无论什么样的测试需求，首先需要配置网络环境——根据 3GPP 规范规定的具体网络参数来配置网络环境。以 5G 网络的漫游验证为例，首先需要知道漫游国家的 PLMN、支持的频段以及频段对应使用的带宽、载波中心频点、PointA、k_{SSB}、absoluteFrequencyPointA[ARFCN]等，这些都需要在仪表上进行对应的参数设置。对于 4G，同样需要知道终端支持的频段、频段对应使用的带宽、需要验证的 PLMN，根据 3GPP 的规范只需知道支持频段对应的频率就可以了。5G 的参数设置要复杂很多。

如上所述，我们可以了解自定义测试流程：明确测试需求→针对需求设置对应的参数→执行验证。

注意：本章根据 R&S 和 Keysight 仪表自定义测试环境来讲解自定义协议测试。

9.2　基于 R&S CMsquares 的测试实现（5G）

CMsquares 是 R&S 5G 综测仪采用全新 WebGUI 界面架构设计的软件。每个功能都对应一个窗口。打开默认界面有两种方式：在 Chrome 浏览器地址栏中输入 localhost:5555，或在桌面上双击 WebGUI 图标。该软件具有如下功能。

（1）Test Environment：网络及小区参数配置窗口。

（2）Current Workspaces：当前工作界面窗口。

（3）Message Analyzer：实时日志输出窗口。

（4）Sequencer：测试序列编辑和脚本编辑窗口。

CMsquares 初始界面如图 9-1 所示。

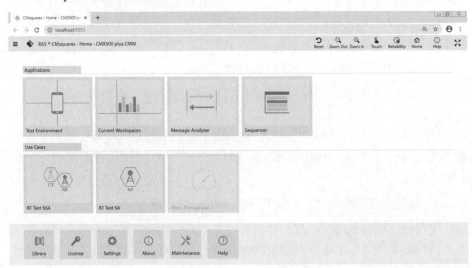

图 9-1　CMsquares 初始界面

9.2.1　网络参数配置

图 9-2 打开的是 EN-DC 模式小区配置界面，其中，NR 小区的 n78 默认参

数配置如表 9-1 所示。目前 n78 默认参数配置已经可以适配大部分商用 5G 终端。

图 9-2 小区配置界面

表 9-1 n78 默认参数配置

3GPP 38.508 协议参数	仪表配置参数
Carrier centre	Multi Eval->Frequency
absoluteFrequencyPointA[ARFCN]	NR ARFCN
offsetToCarrier	Offset To Carrier
absoluteFrequencySSB[ARFCN]	NR Cell0-SSB-Absolute Frequency SSB->Nr ARFCN
k_{SSB}	k_{SSB}
CORESET 0 Index (Offset[RBs])	Control Resource Zero
offsetToPointA(SIB1)[PRBs]	Offset To PointA

LTE 和 NR 小区配置可以通过点击六边形的 "LTE cell 0" 和 "NR Cell 0" 进行修改,也可以在右边栏选择 Network 窗口选择小区,如图 9-2 所示。

3GPP 38.508 协议参数和仪表配置参数对应关系如表 9-1 所示。表 9-1 中默认参数的含义如下。

1. PointA

这是 5G 中新增的概念,PointA 作为所有资源格在频域中的公共参考点,是最低资源格公共资源块 0 的子载波的中心。PointA 是资源格的公共参考点。与 LTE 中不同，PointA 指出了信道带宽的较低频率边缘不再以带宽为中心。因为在 5G 中，频带宽度大幅增加，频域资源分配的灵活度增加，因此使用 PointA 作为频域上的参考点来进行其他资源的分配。

PonitA 用 FrequencyInfoDL 中的高层参数 absoluteFrequencyPointA 发出，用 ARFCN 表示。

2. absoluteFrequencyPointA[ARFCN]

PointA 的绝对频率，即 RB0 的第 0 个子载波的中心点频率，用 ARFCN-ValueNR 表示，在 FrequencyInfoDL 中传输。

3. offsetToCarrier

每个资源格使用特定的 5G NR 参数集，资源格从距离 PointA 的一个固定频率偏移量为起点，跨度一定的带宽，偏移量用 offsetToCarrier 表示。

4. absoluteFrequencySSB[ARFCN]

代表 SSB 的中心频点，也不是 SSB 的绝对中心（1/2 处），absoluteFrequencySSB 对应第 10 个 RB（从 0 编号）的第 0 号子载波的中心点频率。

5. CORESET 0

RRC 层为 UE 配置了控制和资源集信息，这些信息构成了搜索空间，搜索空间包含了 UE 期望的 DCI，DCI 由物理信道 PDCCH 传输。UE 监控一个或多个控制资源集内的一组 PDCCH 候选项，这些控制资源集简称为 CORESET。

在 NR 的下行同步过程中，UE 要先盲检到 SSB，根据 SSB 找到对应的 CORESET 0，然后在 CORESET 0 内盲检 PDCCH，进而可以得到 DCI 信息，从而找到承载 SIB1 的 PDSCH。和 LTE 类似，NR 中的 PDCCH 信道有多种搜索空间，包括公共搜索空间和 UE 专用的搜索空间。其中公共搜索空间 Type 0 Common Search space 仅用于 RMSI 调度；在 NR 中引入了 CORESET，即对应 PDCCH 信道的物理资源集合，一个小区 PDCCH 信道可以有多个 CORESET，而且每个 CORESET 都有 ID 编号。其中 CORESET 0 就是 Type 0 Common Search space(RMSI)对应的物理资源集合。

6. k_{SSB}

子载波偏移量参数，是 SSB 在整个资源块网格间的频域偏移量，用子载波数量表示。

（1）对于 FR1：k_{SSB} 范围为 0～23，子载波间隔为 15kHz。这里的 k_{SSB} 用 5b 表示，其最高位为 PBCHpayload 的第（A+6）b，其中 A 为 PBCHpayload 大

小，由高层生成，低 4 位由 MIB 中的 ssb-SubcarrierOffset 字段组成。当 $k_{SSB}>$ 23 时，意味着 SSB 对应的控制资源集（CORESET）CORESET 0 不存在。

（2）对于 FR2：k_{SSB} 范围为 0～11，子载波间隔为 60kHz。这里的 k_{SSB} 用 4b 表示，直接由 MIB 中的 ssb-SubcarrierOffset 字段组成。当 $k_{SSB}>$11 时，意味着 SSB 对应的 CORESET 0 不存在。

除了表示当前 SSB 是否存在对应的 CORESET 0 之外，k_{SSB} 的另一个重要作用便是指示 CORESET 0 和 SSB 的频域偏移了。由于在频域位置上，SSB 的放置位置服从同步栅格，而 PDSCH/PDCCH 所在的载波中心频率放置位置服从信道栅格。此外，SSB 和 CORESET 0（PDCCH）也可以采用不同的子载波间隔，所以，SSB 子载波 0 和 CORESET 0 子载波 0 的起始位置可能存在多种偏移。频率偏移如图 9-3 所示。

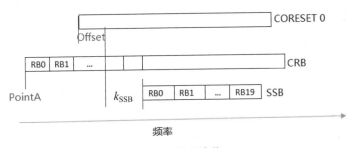

图 9-3　频率偏移

7．offsetToPointA(SIB1)[PRBs]

该参数表示的是 PointA 和 SSB 的 0 号 RB0 子载波相差的资源块（RB）数量，offsetToPointA 的单位是 RB。

UE 按照 PSS（主同步信号）→SSS（辅同步信号）→MIB（主信息块）→SIB1（系统消息 1）的顺序，得到了 offsetToPointA 和 k_{SSB}，就可以推出 PointA 的位置。以 PointA 为基准，为每一种 SCS 建立独立的 CRB/带宽部分网格。

9.2.2　实际操作

打开软件 CMsquares，选择 Test Environment，通过 Add PLMN 或左边框 Predefined Network 直接拖入 Cells 框添加小区，如图 9-4 所示。

在右侧 Network Configuration 中，根据测试需求进行 General、LTE Cell 和 NR Cell 的配置，其中 NR 小区参数配置需要根据 3GPP 38508-1 标准查找不同 Band 对应的网络参数进行对应的配置，图 9-5 是 FR1 TDD n78 的默认配置。

图 9-4　添加小区

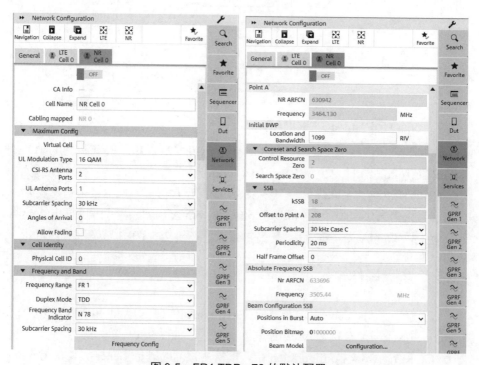

图 9-5　FR1 TDD n78 的默认配置

当 NR 处于 Connected 状态时，则表示注册成功，如图 9-6 所示。

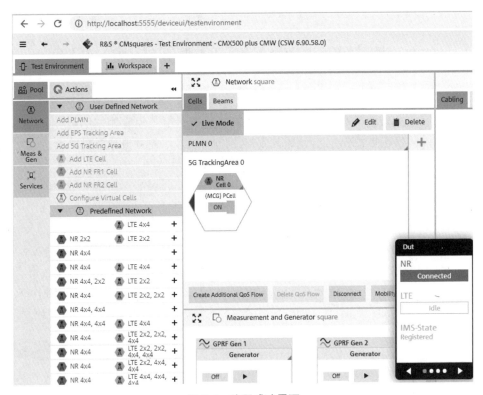

图 9-6　注册成功界面

实时信令跟踪分析界面如图 9-7 所示。

图 9-7　实时信令跟踪分析界面

9.3 基于 Keysight SAS 的测试实现（4G）

Keysight SAS 测试工具的自定义测试包括 SAS 交互模式和脚本修改应用。SAS 交互模式较为简单，就不在这里讲解。此节是基于现有测试用例脚本修改应用的讲解，根据测试需求查找对应的测试脚本，一般可根据样机的支持情况重新配置、修改一些脚本参数实现对被测终端的验证。

需要配置的网络参数包括 Bandwidth、Band、PLMN、Frequency、APN、TAI（tracking area identity，跟踪区标识）、GUTI、LAC（location area code，位置区码）等。

1. Bandwidth 修改

dl-Bandwidth：下行带宽参数，指示当前下行链路的带宽大小。取值可以是 n6（对应 1.4MHz）、n15（对应 3MHz）、n25（对应 5MHz）、n50（对应 10MHz）、n75（对应 15MHz）、n100（对应 20MHz），分别表示当前带宽占用的资源块数，如 n6 表示带宽占用 6RB。

在 Cell Information/System Information 中，MIB 消息解码后可以在 BCCH-BCH-Message/message 下，对 dl-Bandwidth 进行所需 Bandwidth 的修改，如图 9-8 所示。

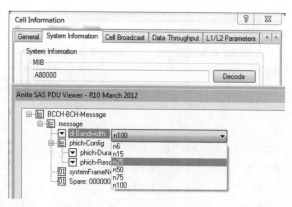

图 9-8 修改 Bandwidth

2. Band 修改

在 Cell Information/General 中可以修改所需 Band，如图 9-9 所示。

3. PLMN 修改

在 Cell Information/System Information 下的 SIB1 中可以配置所需的 PLMN（MCC-MNC），如图 9-10 所示。

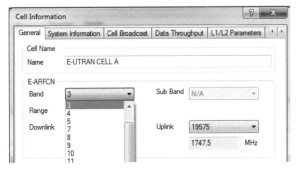

图 9-9　修改 Band

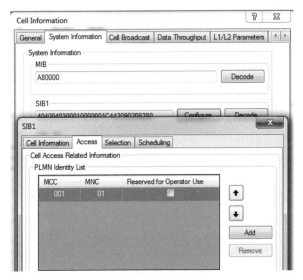

图 9-10　修改 PLMN

4．Frequency 修改

当选定了所需的 Band、Downlink 和 Uplink 的 Frequency 自动配置在 Mid，当然也可以根据需要选择 Low 或 High，如图 9-11 所示。

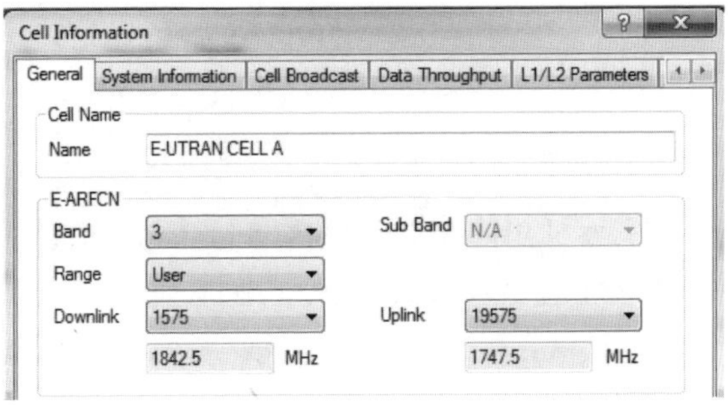

图 9-11　修改 Frequency

5. APN 修改

在 Activate Default EPS Bearer Context Request 这条脚本信令解码后，找到 APN Address 参数，进行修改即可，如图 9-12 所示。APN 的修改需要对应十六进制码表查询。例如：修改 APN 值为 ABC，查询十六进制码表，并将脚本相应的值修改如下。

- ❑ IE Length：4，4 代表 APN Value 的长度。
- ❑ Value：03544146，03 在此代表后面有 3 个字符。

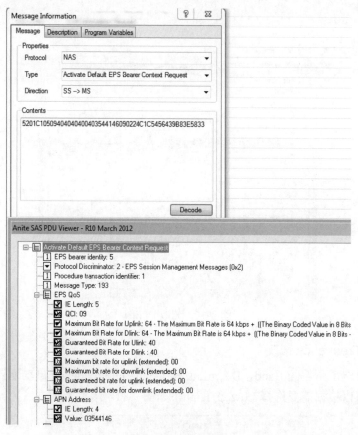

图 9-12　修改 APN

6. TAI、GUTI、LAC 修改

当修改 PLMN 后，在使用的测试卡 IMSI 同修改的 PLMN 一致时，也需要在脚本 ATTACH ACCEPT 信令中修改 TAI、GUTI、LAC，如图 9-13 所示。

当如上参数修改并且保存后，就可以根据需要修改后的脚本执行自定义测试了。

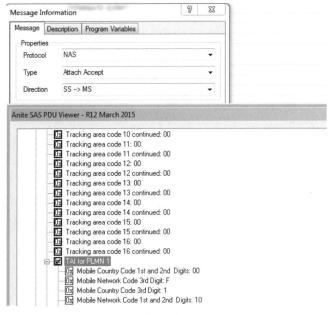

（a）修改 TAI

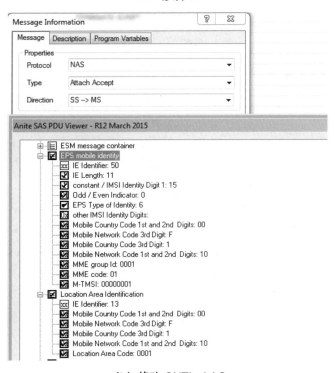

（b）修改 GUTI、LAC

图 9-13　修改 TAI、GUTI、LAC

参 考 文 献

[1] 3rd Generation Partnership Project; Technical Specification Group Radio Access Network; NR; NR and NG-RAN Overall Description;Stage 2 (Release 16): 3GPP TS 38.300 V16.8.0 (2021-12)[S/OL]. https://portal.3gpp.org/desktopmodules/Specifications/SpecificationDetails.aspx?specificationId=3191.

[2] 3rd Generation Partnership Project; Technical Specification Group Radio Access Network; NG-RAN; Architecture description (Release 16): 3GPP TS 38.401 V16.9.0 (2022-04)[S/OL]. https://portal.3gpp.org/desktopmodules/Specifications/SpecificationDetails.aspx?specificationId=3219.

[3] 3rd Generation Partnership Project; Technical Specification Group Core Network and Terminals; 5G System; Session Management Services; Stage 3 (Release 17): 3GPP TS 29.502 V17.4.0 (2022-03)[S/OL]. https://portal.3gpp.org/desktopmodules/Specifications/SpecificationDetails.aspx?specificationId=3340.

[4] 3rd Generation Partnership Project; Technical Specification Group Services and System Aspects;Procedures for the 5G System (5GS); Stage 2 (Release 16): 3GPP TS 23.502 V16.5.0 (2020-07)[S/OL].   https://portal.3gpp.org/desktopmodules/Specifications/SpecificationDetails.aspx?specificationId=3145.

[5] 3rd Generation Partnership Project; Technical Specification Group Radio Access Network; NR; Physical channels and modulation (Release 16): 3GPP TS 38.211 V16.7.0 (2021-09)[S/OL]. https://portal.3gpp.org/desktopmodules/Specifications/SpecificationDetails.aspx?specificationId=3213.

[6] 3rd Generation Partnership Project; Technical Specification Group Radio Access Network; Evolved Universal Terrestrial Radio Access (E-UTRA); Radio Resource Control (RRC); Protocol specification (Release 16): 3GPP TS 36.331 V16.5.0 (2021-06)[S/OL]. https://portal.3gpp.org/desktopmodules/Specifications/SpecificationDetails.aspx?specificationId=2440#.

[7] 3rd Generation Partnership Project; Technical Specification Group Core Network and Terminals; Non-Access-Stratum (NAS) protocol for Evolved Packet System (EPS); Stage 3 (Release 17): 3GPP TS 24.301 V17.3.0 (2021-06)[S/OL]. https://portal.3gpp.org/desktopmodules/Specifications/SpecificationDetails.aspx?specificationId=1072.